MILITARY OPERATIONS RESEARCH

2판

군사 OR

이규헌 · 조성식 · 이병진 · 강원석 · 안남수 ·
이종길 · 박선욱 · 김수찬 · 김민수 지음

교문사

머리말

복잡하고 커다란 조직 또는 시스템을 효율적으로 운용 및 관리하기 위해서는 그에 속한 여러 자원 요소들을 어떻게 운용할 것인가에 대한 과학적 접근이 필요하다. 특히 현대 전쟁에서는 지상, 해상, 공중 등 다차원 공간에서 매우 다양한 무기체계가 동시에 운용되므로, 전쟁을 수행해야 할 군사 지도자는 전쟁에 투입되는 복잡 다양하고 방대한 양의 자원을 효율적으로 배치하고 운용할 수 있는 과학적 방법론을 잘 이해하고 있어야 한다. 이러한 이유로 육군사관학교에서는 생도들에게 조직 운영관리에 대한 과학적 방법론인 OR(Operations Research)을 가르치고 있으며, 이 책은 여러 OR 방법론 중 특히 군사 분야에 많이 적용되는 내용들을 위주로 한 학기 동안 강의할 수 있도록 구성되었다.

이 책의 제목은 비록 《군사OR》이지만 그 내용과 방법론은 학부 수준의 일반적인 OR 기법을 다룬 다른 책들과 큰 차이가 없으며 단지 예제와 연습문제 등이 군사 분야의 내용으로 기술되었다. 이 책에서는 1장에서 OR의 기원과 특성, 연구절차 등을 설명하였으며, 2장과 3장에서는 각각 선형계획법과 쌍대이론 및 민감도 분석을 다루었다. 4장과 5장에서는 군사 분야와 밀접한 관계가 있는 수송 및 할당 문제와 AHP 기법을 각각 소개하였으며, 6장에서는 정수계획법을 간단히 다루었다. 7장과 8장에서는 네트워크 모형과 PERT/CPM 기법을 소개하였고, 9장에서는 기대가치를 기준으로 한 의사결정을 설명하였다. 10장과 11장에서는 확률을 기반으로 한 문제 해결방법인 마코브 분석과 대기행렬이론을 각각 다루었다. 비록 한 학기 강의 분량을 기준으로 내용을 구성하느라 각 장별로 좀 더 심도 깊은 내용을 다루지 못하였고 동적계획, 비선형계획 등 몇 가지 방법론은 아예 포함시키지 못했지만 이 책을 통해 군사 분야에 적용할 수 있는 기초적인 OR 방법론을 이해하는 데는 큰 지장이 없을 것이라 생각한다.

마지막으로 책을 완성하느라 수고해주신 도서출판 청문각과 본 교재를 출판할 수 있도록 지원해주신 육군사관학교에 감사드리는 바이다.

2018년 4월

화랑대에서 대표저자 씀

차례

10장 마코브 분석

11장 대기행렬이론

1장 서론

1.1 개요

OR은 Operations Research의 약자로 운영(operations)에 관한 연구(research) 또는 분석을 말하며 다양한 분야의 인간 조직(또는 시스템), 즉 생산, 건설, 교통, 통신, 공공서비스, 국방 등의 운영(또는 활동)을 어떻게 수행하고 조정하느냐의 문제들이 연구 대상이 된다. 다시 말해서 OR은 인간 조직의 활동과 관련된 제 문제를 과학적으로 해결하기 위한 방법론이라 할 수 있으며, 그 목적은 주어진 조건과 제한사항을 만족시키면서도 가장 좋은 실행 가능 대안을 찾아 의사결정자에게 제공하는 것이다. 이런 의미에서 군사 OR은 일반적인 OR 기법과 다른 것이 아니며 단지 군사 분야의 제 문제를 해결하는 데 주안을 둔 OR 분야라 할 수 있다. 한편 OR이 조직 경영을 위한 의사결정문제의 과학적 해결 도구라는 관점에서 OR을 경영과학(management science) 또는 운영과학이라 부르는 이들도 있다.

OR의 발달과정을 살펴보면 OR이 어떠한 학문 분야라는 것을 좀 더 쉽게 이해할 수 있다. 여러 가지 의견이 있겠지만 OR이 하나의 학문 분야로 발전하기 시작한 시기는 19세기 말에서 20세기 초까지라고 할 수 있다. 이 시기의 대표적인 OR 연구자는 미국의 공학자인 테일러(Frederick Taylor)로서 그는 과학적 관리의 창시자라고 일컬어지며, 제조문제의 과학적 접근을 공식적으로 주창하여 산업공학을 하나의 학문 분야로 발전시키는 데 중요한 역할을 한 사람이다. 그는 주어진 과업을 달성하는 데 최선의 방법(best one way)이나 효율적인 방법이 존재한다고 믿고 노동자의 성취도를 평가하고 작업방법을 분석하여 생산성을 향상시키기 위한 방법을 연구하였다. 그 결과 과업을 고도로 단순화시키고 효율을 증대시키기 위해 시간연구(time study)와 동작연구(motion study)를 이용하게 되었고, 전문화 원칙에 기초하여 기능적 반장제도를 도입하였으며, 생산성 향상을 위해 의욕을 높이는 차별적 인센티브, 즉 차별적 성과급제도를 도입하여 과학적 관리의 원리를 제공하여 산업공학의 기틀을 형성했다. 같은 시대의 인물로 간트(Henry Gantt)는 기계에 업무를 배치하는 일정계획 체계를 위해 고안된 간트 차트를 제시하여 배치계획을 통해 업무완성의 지연을 최소화하였다. 그 외에 란체스터(F. Lanchester)는 1914년 의사결정문제의 수학적 모형화를 최초로 시도하였으며, 무기의 수량과 병력 수에 의한 보병전의 결과를 예측할 수 있는 란체스터 예측 방정식을 제시하였다. 해리스(F. W. Harris)는 1915년 재고통제의 기초로 많이 활용되는 로트 크기(lot-size) 결정공식을 발표함으로써 재고통제이론을 제시하였다. 같은 시기에

덴마크의 얼랑(A. K. Erlang)은 자동전화 교환기 사용자의 대기시간 예측을 위한 수리적 모형을 제시하여 대기행렬이론을 개발하였다. 미국의 레빈슨(H. Levinson)은 광고와 판매의 관계, 소득과 거주지역이 구매에 미치는 영향 등을 연구하여 그 결과를 처음으로 경영문제에 적용한 사람 중의 하나였다.

제2차 세계대전은 OR이 하나의 학문 분야로 정착하게 된 시기라고 볼 수 있다. 제2차 세계대전 시 전차, 전투기, 항공모함 등이 본격적으로 전쟁에 투입되었으며 이에 따라 대량의 탄약과 물자가 소요되었고 이렇게 많은 무기들을 좀 더 효과적으로 전장에 배치하고 운영하기 위한, 그리고 탄약과 물자를 어떻게 적시에 공급할 것인가에 대한 연구에 관심이 높아지게 되었다. 사실 산업혁명 이후로 거대해진 생산현장에서의 문제를 해결하기 위한 방법이 연구되기는 하였으나 OR이라는 이름으로 본격적인 연구가 시작된 것은 제2차 세계대전에서 군사 분야의 문제를 해결하기 위한 것으로 보아도 무방하다. 1937년 영국은 국방문제를 해결하기 위하여 자연과학자, 수학자, 공학자 및 장교 등의 전문가로 구성된 연구팀(operational research team)을 조직했고, 이 연구팀은 시스템 전체를 파악하는 오늘날의 OR이란 용어의 효시가 되었다. 실제로 영국 OR팀의 연구 결과는 영국의 승리에 큰 공헌을 하였다. 이에 영향을 받은 미국은 1940년대 초에 군 참모부에 수학자, 통계학자, 확률이론가 및 컴퓨터 전문가 등으로 구성된 작전분석팀(operational analysis team)을 조직하였다. 이 팀의 구성원이었던 대표적인 인물인 폰 노이만(John von Neuman)은 게임이론과 효용이론의 정립에 큰 공헌을 했고, 단치히(George Danzig)는 선형계획법의 해를 구하는 과정으로 심플렉스법을 개발하여 수리계획법의 신기원을 이룩하였다.

전후 군에서는 연구계획을 확대하고 OR팀을 유지하면서 방법론을 계속 발전시켰으며 일반 산업계에서도 이에 관심을 가지게 되었다. 그러므로 군사 OR은 일반 분야에서의 OR과 구분되는 것이 아니며 오히려 OR의 탄생을 이끈 핵심이라 할 수 있고 현재도 군사 분야에서 매우 중요한 위치를 차지하고 있다고 할 수 있다. 한편 군사 분야뿐만 아니라 일반 산업에까지 OR 방법론이 확산될 수 있었던 것은, 첫째 단치히가 제시한 선형계획법 및 그 해법이 최소자원의 최적 배분결정에 사용되어 실제로 산업 분야에서의 많은 문제에 효과적으로 활용되었기 때문이며, 둘째 컴퓨터 기술의 발전으로 매우 많은 요인이 관련된 복잡한 문제의 수학적 모형을 신속하게 계산할 수 있게 되었기 때문이다. 대부분의 OR 기법은 해를 얻기 위해 많은 시간이 소요되는 복잡한 계산이 필요하여 경제성이 없다고 생각되었는

데, 컴퓨터가 이 문제를 해결하게 된 것이다. 이로 인해 OR 방법론은 급속한 발전의 계기를 맞게 되어 많은 전문 단체가 설립되었는데, 대표적인 단체로 영국의 OR 협회(Operational Research Society, 1950년)와 미국의 OR 학회(Operations Research Society of America, 1952년), 경영과학회(The Instintute of Management Science, 1953년) 등을 들 수 있다. 이 시기에 OR의 표준적인 기법들이 개발되었는데 선형계획법, 동적계획법, 재고통제이론 및 대기행렬이론 등이 대표적인 것이다. 이후 1960년대에는 불확실성이 큰 비정형적인 문제를 다루는 분야로 발전하여 목표계획법과 다목적 선형계획법 등이 개발되었다.

1.2 OR의 특성

OR은 자연현상 그 자체를 연구하는 것이 아니라 인간 조직의 문제를 해결하기 위한 방법론을 연구한다는 측면에서 자연과학과 다른 면이 있지만, 그 이름 자체에 포함된 연구(research)라는 표현에서 알 수 있듯이 기존 자연과학에서의 연구 방법론이 유사하게 사용된다. 또한 문제 해결을 위해 전체적 관점에서 접근하며 여러 분야의 전문가들이 함께 팀을 구성하여 활동하며 최적의 해결책을 찾기 위해 노력하는 것이 OR의 일반적 특성이라 할 수 있다.

(1) 과학적 방법의 적용

OR에서는 관련 문제를 조사하고 그 해법을 찾기 위해 과학적 접근방법이 사용된다. 일반적으로 과학적 절차의 시작은 연구 대상 문제를 세밀하게 관찰하고 관련 자료를 수집하여 문제를 적절하게 설명할 수 있는 모형을 구상하는 것이며, 그 후 복잡한 실제 문제를 추상화하고 이를 논리적으로 설명할 수 있는 과학적(주로 수학적) 모형을 구축하게 된다. 다음 단계에서는 모형이 문제 상황의 본질적인 특성을 충분히 반영하고 실제 문제에도 유의하게 적용될 수 있는지에 대한 가설을 세운다. 그 다음 단계로 이러한 가설에 대해 적절한 실험 등을 통하여 검증이 수행된다. 이렇듯 OR은 인간 조직의 활동(또는 운영)에 대한 근본적인 성질을 설명하기 위한 창조적이고 과학적인 연구이다. 또 OR은 조직의 현실적인 관리에도 관심을 기울이고 있으며 결국 조직을 운영하는 의사결정자들이 필요로 할 때 이해가 가능한 긍정적인 결론을 제공하기 위한 연구방법이다.

(2) 전체적 관점에서의 접근

시스템이나 조직은 특정 목적을 달성하기 위해 상호 관련된 하부시스템(또는 조직)의 유기적 결합으로 구성된 전체이기 때문에 조직의 특정 부분에 대한 최적해가 전체 조직의 관점에서는 최적해가 아닐 수도 있다. 그러므로 OR에서는 조직 전체의 목표를 달성하기에 최적인 방안을 찾기 위해 전체적 관점에서 문제 해결을 위해 접근하게 된다.

(3) 팀에 의한 연구

어떤 한 개인이 전체 조직의 다양한 측면과 문제들에 대해 모두 전문가가 될 수 있는 것은 아니다. 따라서 전체적 관점에서 문제를 해결하기 위해서는 다양한 배경과 기술을 가진 사람들이 하나의 팀으로 구성되어 '팀에 의한 연구'가 필요하다. 이와 같은 OR팀에는 보통 수학, 통계학, 확률론, 경제학, 경영학, 컴퓨터과학, 공학, 물리학, 행동과학과 OR의 특정 기술에 대한 전문가들이 포함되곤 한다.

(4) 최적해의 추구

또 하나의 OR의 특성은 해결하려는 문제에 대해 가장 좋은 해결책(보통 최적해라고 불림)을 찾으려 한다는 것이다. 다시 말해서 OR이 추구하는 목표는 단순히 현재의 상태를 지금보다 조금 더 좋게 개선하는 것이 아니라 현 상태에서 가장 좋은 방안을 찾아내는 것이다. 하지만 실제 복잡한 문제에서의 의사결정에서는 OR 기법에 의해 얻어진 '최적해'가 실제 최종적인 결론이 될 수 없는 경우도 발생할 수 있음에 유의해야 한다.

1.3 OR의 연구절차

OR에서는 합리적 의사결정을 위해 조직에서 나타나는 문제에 대하여 객관적으로 평가하고 대안을 선택하는 일련의 과학적 방법을 사용하게 되는데, 이러한 일반적인 의사결정 절차는 그림 1.1과 같다.

(1) 문제의 정의

OR에서 해결해야 하는 대부분의 실제 문제들은 처음에는 매우 모호하고 부정확하게 묘사된 상태이다. 그러므로 제일 먼저 수행해야 할 일은 해결해야 할 문제

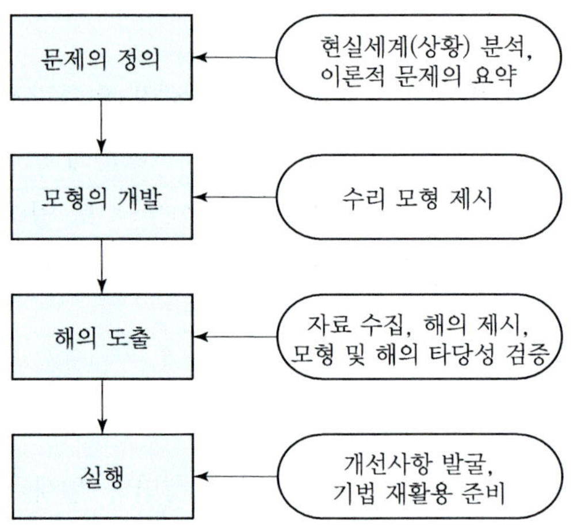

그림 1.1 의사결정 절차

를 잘 정의된 문장으로 기술하는 것이다. 실제로 문제를 얼마나 잘 파악하고 제대로 정의하였느냐에 따라 차후 모형의 개발과 도출된 해의 유용성 여부를 결정할 수 있다. 여기에는 문제의 목적, 실제 상황에서의 제한사항, 조직 간의 관계, 의사결정을 위한 가용시간 등이 포함된다. 이를 위해 문제와 관련된 자료를 수집하고 이를 정리하는 데 상당히 많은 시간이 소요되기도 한다. 다양하고 풍부한 양의 자료는 문제를 정확히 이해하는 데 필요하며 다음 단계인 모형의 개발 시 필요한 입력 자료를 제공해준다.

(2) 모형의 개발

모형의 개발은 OR의 문제 해결 과정에서 가장 핵심이 되는 부분으로, 보통 OR에서는 수학적 모형을 많이 사용한다. 이전 단계에서 정의된 문제의 본질을 정확하게 반영할 수 있는 수학적 모형은 의사결정과 관련된 요소들의 관계를 수학적 방정식의 형태로 표현한 것이다. 즉 문제와 관련된 의사결정 요소를 결정변수(의사결정 요소가 n개일 경우 결정변수는 x_1, x_2, $\cdots$, x_n)로 정하고, 의사결정을 위한 성능척도를 목적함수 값(최대 이익 또는 최소 손실 등)으로 정함으로써, 목적함수 값$=f(x_1,\ x_2,\ \cdots,\ x_n)$과 같이 결정변수들로 이루어진 함수 형태로 목적함수를 표현하는 것이다. 또한 실제 상황을 고려하여 여러 결정변수의 제한사항을 제약식의 형태로 표현해야 하며, 문제의 정의 단계에서 수집된 자료를 바탕으로 목적함수식과 제약식에 사용된 계수, 즉 매개변수들의 값을 선정해야 한다. 이때 모형의 매개변수들에 대해 적절한 값을 선정하는 것은 매우 중요하다. 왜냐하면 매개변수의 값에 따라 최적해의 값도 달라질 수 있으며, 실제 문제에서 정확한 매개변수의 값을 찾아내는 것은 그리 쉬운 일이 아니므로 그 자체가 또 다른 연구 대상이 되는 경우도 있을 수 있기 때문이다.

(3) 해의 도출

모형으로부터 해를 얻기 위해 필요한 자료를 수집하고 입력하면, 반복 연산 과정을 거쳐 특정한 해를 얻게 된다. 문제와 관련된 모든 특성을 모형에 반영할 경우 결정변수가 너무 많아지고 수식이 너무 복잡하여 해를 구하기 어려운 반면, 모형이 지나치게 단순하면 해를 구하기에는 쉬울 수 있으나 문제의 정의에 맞는 해를 구하는 데 한계가 있다. 그러므로 문제의 특성에 따라 현실적으로 타당한 해를, 다시 말해서 가능한 최적해를 구하되 어려운 경우에는 만족해를 도출하는 것으로 제한된 합리성을 추구하는 것이 요구된다.

수학적 모형에 대한 해가 구해지면 그것의 유용성 또는 적절성을 검토하여 모형 및 해의 타당성을 검증해야 한다. 예를 들어 구해진 값이 너무 크거나 작아 현실적으로 적용하기 어려울 경우에는 모형에서의 문제 정의가 현실적인 상황을 정확하게 반영하지 못했거나 아니면 개발된 모형에 오류가 있을 수도 있는 것이다. 또한 해결해야 할 문제의 환경은 계속 변화될 수 있으므로 모형의 구성요소, 상호관계 및 평가기준 등에 대한 계속적인 수정이 요구된다. 결국 위의 세 단계는 문제의 정의, 모형의 개발, 해의 도출 및 검증 과정을 만족한 해가 도출될 때까지 반복하게 된다.

(4) 실행

실제로 존재하는 문제의 최적 해결방안을 찾기 위해 문제를 정의하고 모형을 개발한 후 그 최적해를 구한 다음에는 다시 그 해를 실제 문제에 적용하여 문제를 해결해야 한다. 즉, OR의 실질적 가치는 모형으로부터 도출된 해를 실제 상황에 적용함으로써 실현된다. 그러므로 실행 단계에서의 성공 여부는 OR팀과 조직의 최고경영진 및 관리자 간의 상호협조 관계에 의해 좌우된다.

실행 단계는 몇 가지 세부 단계를 가지게 되는데, 먼저 OR팀은 실제 시스템에 적용해야 할 최적해의 의미와 그것이 실제 운영에 어떻게 반영되어야 할지를 경영진 및 관리자에게 설명해야 한다. 그런 다음 경영진 및 관리자는 관련 직원들에게 이를 교육한 후 새로운 방안을 실행에 옮기도록 한다. 만일 그 결과가 성공적이라면 OR 연구의 결과로 얻어진 최적해에 의한 새로운 운영방안은 당분간 지속

될 것이다. 그러나 어떤 문제가 발생한다면 이를 개선하기 위해 최초 단계에서부터 어떤 오류가 존재하는지 다시 살펴보아야 할 것이다. 이렇듯 새로운 운영방안이 적용되는 전체 기간 동안 시스템이 얼마나 잘 작동하고 있으며 모형의 가정이 계속 만족되는지 지속적으로 피드백을 얻을 필요가 있다. 이러한 사후 분석 결과를 정확하고 명확하게 문서화함으로써 향후 유사한 문제에 개발된 모형을 다시 적용하고자 할 때 모형의 유용성을 평가할 수 있게 된다.

1.4 OR의 모형

(1) OR 모형의 분류

모형(model)은 실제 세계의 특정 현상이나 실체를 단순하게 표현하거나 또는 추상화한 것이다. 좋은 모형이란 실체의 핵심적 특징이나 성질을 정확하게 표현하여 나타낸 것이다. 모형을 만들어 사용하는 이유는 표현하고자 하는 현상과 관련된 특정 정보를 얻거나 또는 전반적인 상황을 쉽게 이해하기 위함이다. 실제 세계를 대상으로 실험하여 원하는 정보를 얻기 어려운 경우, 모형을 이용함으로써 핵심 변수 간의 인과관계와 상호작용에 대한 정보를 효과적으로 얻을 수 있다.

모형은 다양한 분야에서 사용목적에 따라 여러 가지 형태가 존재한다. 모형의 의의에 기초하여 추상화의 정도에 따라 모형을 구분한다면 형상모형, 상사모형, 그리고 수리모형으로 분류된다. 형상모형(iconic model)은 실제 대상과 유사한 물리적 표현을 의미하는데, 예를 들면 자동차 또는 비행기의 모형물이나 모형 건축물 등을 예로 들 수 있다. 상사모형(analog model)은 실제 대상과 외관은 다르지만 그와 동일한 기능을 수행하는 것으로, 속도계나 컴퓨터 프로그램의 흐름도 등을 예로 들 수 있다. 수리모형(mathematical model)은 추상화의 정도가 가장 높은 모형이며, 수학적 기호를 사용하여 실제 상황을 표현한 방정식이나 공식 등이 좋은 예이다. 수리모형에는 서술적 모형(descriptive model)과 규범적 모형(normative model)이 있다. 규범적 모형은 목적 달성을 위한 행동지침을 주는 것으로 최적화 모형(optimization model)이라고 한다. 서술적 모형은 시스템의 형태를 기술해주는 것으로 시뮬레이션이 한 예이다.

어떤 모형도 실제 상황과 동일할 수 없으며, 만일 실제 상황과 같은 모형이 가능하다고 해도 시간, 비용 등의 한계 때문에 사용에 제한이 따른다. 그러므로 효과적인 모형이라면 문제의 본질을 나타내기에 충분할 정도로 상세하면서도 계산 및 실행이 용이해야 하는 두 가지 상충요소를 모두 만족시켜야 한다.

(2) 수리모형

앞에서 언급했듯이 모형은 실제 세계를 좀 더 단순화시킨 것인데, 수학적 표현을 사용할 경우 그 추상성과 모호성을 극복할 수 있는 이점이 있다. 즉 수리모형은 정확하고 간략하며 목표가 확실하므로 일반적으로 원래 표현하고자 하는 내용을 논리적 왜곡 없이 잘 반영할 수 있다. 그러므로 수리모형에서는 현실 세계를 실제로 변화시켜보지 않고도 모형에 반영된 특정 요소를 변화시킴으로써 가상의 결과를 예측하는 것이 가능하다. 실제보다 단순한 모형을 통하여 복잡한 운영 시스템을 이해하고, 그 구성요소 간의 상호관계를 분석하며, 다양한 조건에서의 시스템 운영 결과를 예측할 수 있다는 것은 수리모형의 큰 장점이며 이런 이유로 OR에서는 주로 수리모형을 구축하여 문제를 해결한다.

수리모형을 구축하기 위해서는 먼저 현실 세계를 표현하는 시스템의 형태를 설명할 수 있는 중요한 요소들을 추출하여 수리적으로 표현해야 하는데 그 요소들을 변수라고 한다. 변수는 종속변수(dependent variables), 독립변수(independent variables), 매개변수(parameters)로 구분된다. 종속변수는 시스템의 성과달성 수준을 나타내는데 이는 독립변수의 값에 의해 결정된다. 독립변수는 오로지 종속변수의 값에 영향을 미치면서 모형 내의 다른 변수에게는 영향을 미치지 않는 변수로서 의사결정변수와 외생변수로 구분된다. 의사결정변수는 시스템 운영자의 의사결정에 의해 변화될 수 있는 변수로서 통상적으로 생산기계 수량, 노동자 수 등과 같이 시스템에 투입 가능한 자원들이 의사결정변수가 된다. 외생변수는 모형에 영향을 주지만 시스템 운영자가 스스로 통제할 수 없는 변수로서 이자율, 세율, 공해 관리기준 등을 예로 들 수 있다. 한편 매개변수는 종속변수와 독립변수 외의 잔여변수로서 변수 간 상호관계의 정도를 규정하는 역할을 수행한다.

수리모형은 전술한 서술적 모형과 규범적 모형으로 분류할 수도 있고, 다른 기준에 의한 분류, 즉 확정적 모형과 확률적 모형, 선형모형과 비선형 모형, 그리고 정적 모형과 동적 모형으로도 분류할 수 있다.

규범적 모형(normative model)은 목적 달성을 위한 행동지침을 주는 것으로 최적화 모형이라고도 하며, 서술적 모형(descriptive model)은 시스템의 형태를 기술하는 데 중점을 두는 모형으로 시뮬레이션이 이에 속한다.

선형모형(linear model)은 모형의 모든 변수가 일차 함수로 표현되어 있는 경우, 즉 종속변수는 독립변수에 비례적이다. 비선형 모형(nonlinear model)은 모형에 포함된 함수 중 적어도 하나 이상이 비선형 함수인 모형이다.

정적 모형(static model)은 특정기간 동안 문제의 상황이 변하지 않는다는 가정하에 주어진 특정 시점에서의 문제 상황을 모형화한 것이며, 동적 모형(dynamic model)은 여러 기간 또는 단계에 걸쳐 효과가 발생하는 상호 관련된 문제를 하나로 결합하여 최적해를 찾는 모형이다.

확정적 모형(deterministic model)은 모형의 계수들이 모두 확실하게 알려져 있는 고정값인 경우로 독립변수 입력값이 동일할 경우 항상 같은 결과를 나타내게 된다. 반면 확률적 모형(stochastic model)은 불확실성을 내포하고 있으며 함수관계의 일부 또는 전부가 확률적으로 변할 수 있는 경우로 독립변수 입력값이 동일하더라도 매 계산 시마다 결과물이 달라질 수 있다.

일반적으로 OR 기법은 크게 확정형 모형과 확률형 모형의 두 가지 범주로 분류할 수 있으며, 표 1.1에서 보는 바와 같이 확정형 모형을 사용하는 기법에는 선형계획법, 수송계획법, 정수계획법, 목표계획법, 네트워크 모형 등이 있으며, 확률

표 1.1 의사결정 상황, 모형의 형태 및 기법

분류	OR 기법	대표적 활용영역	군사 분야 활용영역
확정형 모형	선형계획법	자원분배 문제	전력 할당, 보급 계획, 작전 계획
	수송계획법	수송 및 분배 문제	인력 및 물자 수송 계획
	정수계획법	인원 및 장비 할당	전투 편성 및 배치, 인력/물자 할당
	목표계획법	복수목표 문제	전력소요 기획, 정책/사업 분석
	네트워크 모형	회로문제, 일정계획, 최단거리 문제 등	수송 및 이동계획, 프로젝트 관리
	동적계획법	다단계의 의사결정문제	작전 계획, 물자 수송 계획
	비선형계획법	비선형적 현상의 제 문제	탄력적 표적 할당 또는 전력 배치
확률형 모형	의사결정이론	최적대안 선택문제	정책 기획, 작전 계획
	게임이론	경쟁·상충 관계의 의사결정문제	작전 대안 비교/선택
	마코브 분석	반복적·장기적 예측	수요 예측, 수리부속 지원
	대기행렬모형	서비스 시스템 문제	정비체계 설계, 수송 계획
	시뮬레이션	시스템 설계 및 평가 문제	워게임, 전투실험, 전략/작전 계획
	확률적 재고모형	적정재고 수준 결정 문제	경제적 물자 보급 관리

형 모형을 사용하는 기법에는 의사결정이론, 게임이론, 마코브 분석, 대기행렬모형, 시뮬레이션, 확률적 재고모형 등이 있다.

1.5 요약

OR은 인간 조직의 활동과 관련된 제 문제를 과학적으로 해결하기 위한 방법론이라 할 수 있으며, 그 목적은 주어진 조건과 제한사항을 만족시키면서도 가장 좋은 실행 가능 대안을 찾아 의사결정자에게 제공하는 것이다. 이런 의미에서 군사 OR은 일반적인 OR 기법과 다른 것이 아니며 단지 군사 분야의 제 문제를 해결하는 데 주안을 둔 OR 분야라 할 수 있다.

산업혁명 이후로 거대해진 생산현장에서의 문제를 해결하기 위한 방법이 연구되기는 하였으나 OR이라는 이름으로 본격적인 연구가 시작된 것은 제2차 세계대전에서 군사 분야의 문제를 해결하기 위한 것으로 볼 수 있다. 제2차 세계대전 당시 전차, 전투기, 항공모함 등이 본격적으로 전쟁에 투입되었으며 이에 따라 대량의 탄약과 물자가 소요되었고 이렇게 많은 무기들을 좀 더 효과적으로 전장에 배치하고 운영하기 위한, 그리고 탄약과 물자를 어떻게 적시에 공급할 것인가에 대한 OR 연구가 진행되었다.

OR의 일반적 특성은 기존 자연과학에서의 연구 방법론이 유사하게 사용되며, 문제 해결을 위해 전체적 관점에서 접근하고, 여러 분야의 전문가들이 함께 팀을 구성하여 활동하며, 최적의 해결책을 찾기 위해 노력하는 것이다.

수리모형은 추상화의 수준이 가장 높은 모형이며 수학적 기호를 사용하여 실제 상황을 표현한 방정식이나 공식 등을 예로 들 수 있다. 또 현실 세계를 실제로 변화시켜보지 않고도 모형에 반영된 특정 요소를 변화시킴으로써 가상의 결과를 예측하는 것이 가능하므로 OR에서는 주로 수리모형을 구축하여 문제를 해결한다.

연습문제

1.1 OR이란 어떤 학문인지 정의하시오.

1.2 과학적 문제해결 방법이란 어떤 것이며 그 단계에 대하여 설명하시오.

1.3 OR의 특징을 나타내는 대표적인 요소를 기술하시오.

1.4 모형이란 무엇이며 모형의 종류를 분류하여 설명하시오.

1.5 OR에서 수리모형을 주로 사용하는 이유를 설명하시오.

1.6 군사 분야에서 OR의 역할 및 세부 적용 분야에 대하여 설명하시오.

1.7 수리모형을 구성하는 변수의 종류를 들고 간단히 설명하시오.

선형계획법과 심플렉스법

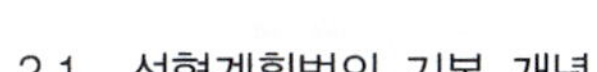

2.1 선형계획법의 기본 개념

선형계획법(LP, Linear Programming)은 단일목표를 달성하기 위하여 제한된 자원을 합리적으로 배분하는 문제를 해결하는 데 활용되는 수리적 의사결정기법 중의 하나로, 모형의 변수들 간의 관계를 모두 일차방정식으로 표현할 수 있을 경우(2.2.4절에서 언급할 선형계획모형의 가정을 만족할 경우)에 최적의 해를 구하는 방법이다. 여기서 단일목표란 이익의 최대화, 비용의 최소화, 투자수익률의 극대화 또는 시장점유율이나 시간의 최적배분 등이 될 수 있다.

최초로 일반적인 선형계획모형의 형태를 정립하고 그 해를 구하는 방법을 제시한 사람은 러시아 수학자인 칸토로비치(Leonid Kantorovich)이다. 그는 제2차 세계대전 당시 군의 비용을 감축할 수 있는 자원 운용 계획을 개발하였으며, 거의 같은 시기에 수학자이자 경제학자인 쿠프만스(T. C. Koopmans)도 고전적 경제학 문제를 선형계획모형으로 구축하였다. 이러한 성과를 인정받아 두 학자는 1975년 노벨 경제학상을 공동 수상하였다. 한편 1947년 단치히는 미 공군이 관심을 가지는 문제들에 대한 선형계획모형을 개발하는 업무를 수행하면서 대부분 선형계획 문제의 해를 효율적으로 구할 수 있는 심플렉스법을 주창하였다. 선형대수 이론에 기초한 심플렉스법은 제약조건을 만족하는 수많은 해 중에서 최적의 해를 매우 빨리 찾을 수 있는 절차를 제시하였고, 이를 컴퓨터 프로그래밍에 적용하게 되면서 매우 많은 변수를 포함하는 커다란 선형계획문제도 빠른 시간에 해결할 수 있게 되었다.

선형계획법이 개발된 초기에는 군사 분야와 관련된 병참, 수송, 할당 및 배치 등의 의사결정문제에 주로 이용되었으나, 모형을 구성하기가 쉽고 다양한 문제해결에 효과적으로 적용될 수 있다는 장점 때문에 전후에도 다양한 분야에서 널리 사용되기 시작했다. 선형계획법을 최초로 산업의 실제 문제에 적용한 것은 찬스(A. Charnes)와 쿠퍼(W. W. Cooper)가 정유산업에서 휘발유 혼합 문제를 효과적으로 해결한 것이었으며, 그 후 응용 범위가 확대되어 기업경영뿐만 아니라 공공기관의 업무 분야에 이르기까지 의사결정의 거의 모든 분야에 응용되고 있다. 예를 들어 생산계획, 예산계획, 인력계획 등은 제한된 자원과 환경의 조건하에서 하나의 목표를 성취하고자 하는 의사결정문제로써 선형계획법이 활용되는 대표적인 분야라고 할 수 있다.

2.2 선형계획모형의 구조

2.2.1 구성요소

선형계획모형은 하나의 목적함수와 일련의 제약조건들로 구성되어 있으며, 모든 수식은 일차함수로 되어 있다. 문제의 유형 및 크기와 관계없이 선형계획모형은 목적함수(objective function), 제약조건(constraints), 비음조건(non-negativity constraints)의 세 가지 기본요소로 구성되어 있다.

(1) 목적함수

선형계획모형에서 목적함수는 달성하고자 하는 목적에 영향을 미치는 각 의사결정변수(x_j, decision variables)와 그 기여계수(c_j, contribution coefficients)를 곱한 값의 합으로 나타내며, 성취목적에 따라 최대화 또는 최소화로 구분할 수 있다. 목적함수의 수리적 표현은 다음과 같다.

$$\text{최대화(또는 최소화)} \quad Z = c_1x_1 + c_2x_2 + \cdots + c_nx_n$$

결정변수 x_j는 의사결정문제의 목적 값에 영향을 미치는 변수로 주로 투입해야 하는 자원 요소이며, 기여계수 c_j는 결정변수 x_j의 목적함수 Z에 대한 단위당 기여도를 나타낸다. 즉 기여계수 값이 큰 결정변수일수록 목적함수 값에 큰 영향을 미치게 된다. 한편 최대화 문제에서는 결정변수 값이 커질수록, 즉 자원을 많이 투입할수록 목적함수 값이 커지게 되며 최소화 문제에서는 결정변수 값이 작아질수록 목적함수 값이 작아지게 된다. 하지만 실제 상황에서는 가용자원이 한정되기 때문에 결정변수 x_j의 값도 일정 범위 내에서 한정되어야 하며, 이는 다음의 제약조건에 의해 표현되어야 한다.

(2) 제약조건

제약조건은 선형계획모형에서 의사결정자가 선택할 수 있는 결정변수 값의 범위를 한정하는 요인들을 반영하는 것으로, 투입할 수 있는 자원의 한정조건은 다음과 같은 부등식으로 표현된다.

$$\text{제약조건:} \ \sum_{j=1}^{n} a_{ij}x_j \le b_i \ (i = 1,\ 2,\ \cdots,\ m)$$

선형계획모형은 반드시 복수의 결정변수와 제약조건을 갖게 되며 결정변수 수를 n개, 제약조건 수를 m개로 나타낸다. 제약조건은 주로 선형부등식($\leq$, $\geq$)으로 이루어지나 문제의 내용에 따라 등식(=)으로 나타내어질 수 있다. 모형에서 '제약조건' 또는 'subject to'로 시작되는 제약조건은 결정변수 값과 목적함수 값을 결정하는 전제조건을 뜻하며, 가용자원이 한정된 상태에서 의사결정자의 추구목표인 최대화 또는 최소화에 대한 현실적 제한이므로 제약조건의 일부가 아닌 전부를 충족시켜야 한다.

제약조건은 두 부분으로 나뉘어 구성되어 있는데, 우변은 자원의 총 가용량을 나타내며 우변상수라고 표현한다. 좌변은 결정변수와 그에 상응하는 기술계수(technical coefficients)와의 곱들의 합으로 이루어진다. 기술계수는 결정변수가 1단위 변화할 때 우변 자원 사용의 변화율을 나타내는 것으로 자원의 이용률을 의미한다.

(3) 비음조건

선형계획모형에서 비음조건은 결정변수 값이 음수가 될 수 없다는 것을 나타낸다. 결정변수 값은 주로 자원의 사용결과인 생산될 품목의 양을 표시하는 것으로 음수가 될 수 없으므로 문제규정에 있어서 일종의 필요조건이라 할 수 있다. 만약에 결정변수가 음으로 표시된 경우에는 변수를 변형시켜 비음조건을 충족시킬 수 있도록 해야 한다. 비음조건은 모형의 마지막 부분에 다음과 같이 표현한다.

$$x_1,\ x_2,\ \cdots,\ x_n\ \geq\ 0$$

2.2.2 선형계획모형의 일반구조

앞 절에서 소개된 선형계획모형의 구성항목을 기초로 하여 모형의 일반구조를 최대화 모형과 최소화 모형으로 나누어 표현하면 다음과 같다. 추구하는 목적이 이익을 최대화하는 경우이면 최대화 모형, 투입해야 할 자원이나 비용을 최소화하는 경우에는 최소화 모형이 사용된다.

(1) 최대화 문제의 일반구조

최대화 $Z = c_1x_1 + c_2x_2 + \cdots + c_nx_n$

제약조건(또는 s.t.)

$$a_{11}x_1 + a_{12}x_2 + \cdots + a_{1n}x_n\ \leq\ b_1$$

$$a_{21}x_1 + a_{22}x_2 + \cdots + a_{2n}x_n \le b_2$$
$$\vdots$$
$$a_{m1}x_1 + a_{m2}x_2 + \cdots + a_{mn}x_n \le b_m$$
$$x_1,\ x_2,\ \cdots,\ x_n \ge 0$$

여기서, Z: 목적함수의 값

c_j: 기여계수로 주어진 상수

x_j: 의사결정변수

a_{ij}: 기술계수로 주어진 상수

b_i: 우변상수로 자원 i의 양

m: 제약조건의 수

n: 의사결정변수의 수

(2) 최소화 문제의 일반구조

최소화 문제의 구조는 최대화 문제와 거의 같지만 목적함수 값을 최소화시켜야 한다는 것과 투입되어야 할 자원의 최소량을 표현하기 위해 제약조건식에서 부등호가 $\ge$가 된다는 차이가 있다. 그러나 대부분의 현실적인 문제는 제약조건이 복합적으로 나타나기 때문에 최대화나 최소화 문제와 관계없이 $\le$, $\ge$, $=$ 이 혼합되어 사용될 수도 있다.

최소화 $Z = c_1x_1 + c_2x_2 + \cdots + c_nx_n$

제약조건(또는 s.t.)

$$a_{11}x_1 + a_{12}x_2 + \cdots + a_{1n}x_n \ge b_1$$
$$a_{21}x_1 + a_{22}x_2 + \cdots + a_{2n}x_n \ge b_2$$
$$\vdots$$
$$a_{m1}x_1 + a_{m2}x_2 + \cdots + a_{mn}x_n \ge b_m$$
$$x_1,\ x_2,\ \cdots,\ x_n \ge 0$$

2.2.3 선형계획모형의 해

일반적으로 '해(solution)'라는 용어는 어떤 문제에 대한 최후의 답을 의미하지만 선형계획법에서는 문제 해결 과정에서 가능해, 불가능해, 최적해 등 다음과 같이 여러 의미를 가진 용어들이 사용된다.

가능해(feasible solution)는 모든 제약조건을 만족하는 해로, 제약조건만을 만족하는 해이기 때문에 최대 또는 최소 목적함수 값을 가지게 하는 최적해가 아닐 수도 있다.

가능해 영역(fcasible region)은 모든 가능해의 집합으로 제약조건을 모두 만족시키는 영역을 의미하며 최적해는 가능해 영역 내에 존재한다.

최적해(optimal solution)는 목적함수가 가장 좋은 값을 갖는 가능해이다.

불가능해(infeasible solution)는 제약조건 중 적어도 하나 이상 불만족되는 해이다.

그림 2.1에서처럼 어떤 선형계획문제는 **가능해가 없을**(no feasible solutions) 수도 있다. 이런 경우는 모든 제약조건을 만족시키는 것이 불가능하다는 의미이므로 수립된 선형계획모형의 제약조건을 다시 검토해볼 필요가 있다.

가능해 영역이 존재하면, 선형계획의 목표는 가능해 중에서 목적함수 값을 최대 또는 최소화할 수 있는 가장 좋은 해를 찾는 것이 된다. 이때 대부분 문제는 하나의 최적해를 가지지만 어떤 경우에는 2개 이상의 최적해가 존재할 수도 있다. 그림 2.2와 같은 문제는 **복수의 최적해**(multiple optimal solutions)가 존재하고 그 해의 수는 무한개이며 최적해들의 목적함수 값은 모두 같은 하나의 예이다.

이와 달리 선형계획문제의 **최적해가 존재하지 않는**(no optimal solutions) 경우도

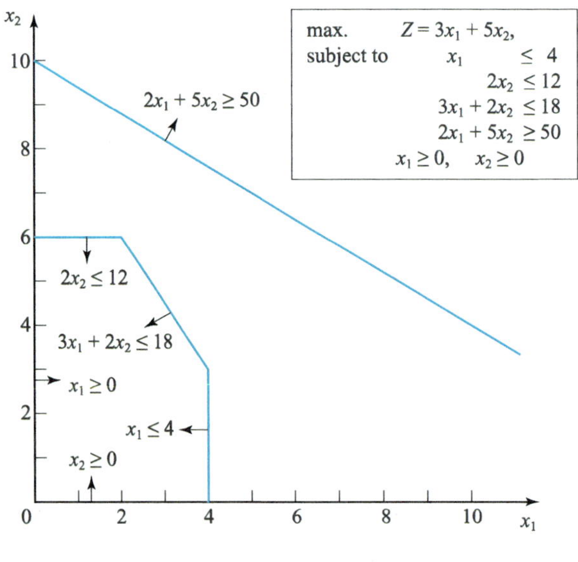

그림 2.1 가능해가 없는 경우

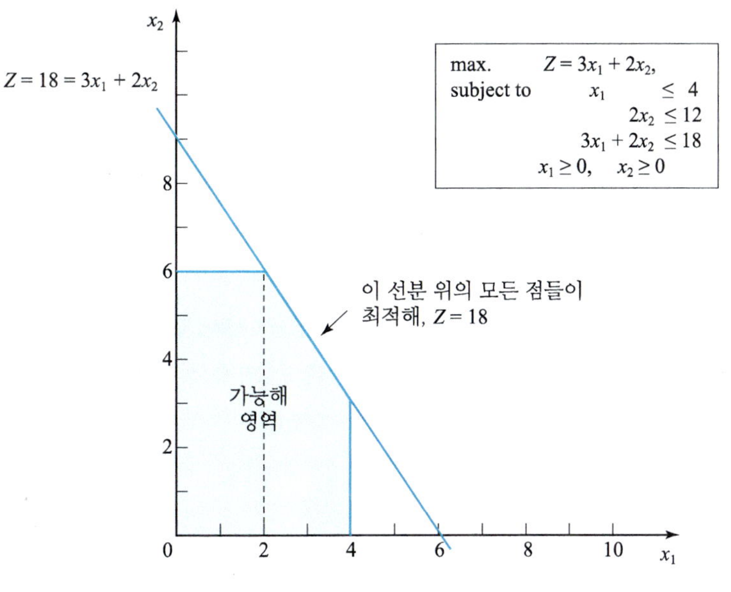

그림 2.2 복수의 최적해를 갖는 경우

있다. 첫째는 앞서 설명한 것처럼 가능해를 갖지 못하는 경우이며, 둘째는 제약식이 목적함수 값을 바람직한(양이든지 음이든지) 방향으로 무한대까지 개선하는 것을 제한하지 못하는 경우이다. 즉 결정변수가 무한히 커지거나 작아질수록 목적함수 값 역시 무한히 변화되는 경우로, 수립된 선형계획모형을 다시 검토하여 추

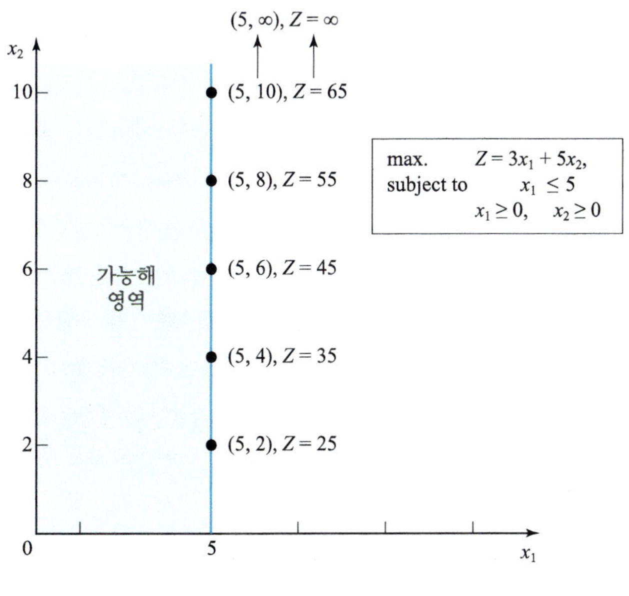

그림 2.3 최적해가 없는 경우

가 제약조건을 설정할 필요가 있다.

한편 가능해의 특별한 경우로 심플렉스 방법에서 최적해를 찾을 때 중요한 역할을 하는 **꼭짓점 가능해**(corner-point feasible(CPF) solution, CPF**해**)는 가능해 영역의 꼭짓점에 놓여 있는 가능해이다. 어떤 선형계획문제가 가능해를 갖고 유한한 가능해 영역을 갖는다면 이 문제는 CPF해를 반드시 갖고, 적어도 하나 이상의 최적해를 갖는다. 따라서 문제가 하나의 최적해만 갖는다면, 그것은 반드시 CPF해가 된다. 만일 문제가 복수의 최적해를 갖는다면, 그중 최소한 2개는 CPF해이다. 이는 기하학적 관점에서 선형계획문제의 최적해는 가능해 영역의 꼭짓점 또는 2개의 꼭짓점으로 연결된 모서리에 존재한다고 이해할 수 있다.

2.2.4 선형계획모형의 가정

모든 선형계획모형은 비례성, 가합성, 분할성, 그리고 확실성 등의 가정들을 전제조건으로 하고 있다. 이 가정에서 어느 하나라도 위반되는 경우에는 모형 자체가 타당성을 잃거나 그 모형의 해는 유효하지 못하게 된다. 그러므로 어떤 문제를 해결하기 위하여 선형계획모형을 적용할 때는 해결해야 할 문제가 이 가정들을 만족하는지 검토해야 하며, 어느 하나의 가정이라도 만족하지 못할 경우에는 선형계획이 아닌 다른 모형을 사용하여야 한다.

(1) 비례성

비례성(proportionality) 또는 선형성(linearity)의 가정이란 각 의사결정변수 값이 1단위 증가할 때마다 목적함수나 제약조건식이 그 계수만큼 비례하여 변동한다는 것이다. 즉, 입력량(자원 사용량)과 출력량(결과) 사이의 관계가 일정해야 함을 의미한다. 예를 들어, 제품생산의 경우 원자재의 사용량을 10% 증가시켰을 때 산출량이 20% 증가된다면 사용량을 20% 증가시켰을 경우에는 산출량이 40% 증가되어야 한다는 것이다. 비례성 또는 선형성의 가정에 위배되어 문제의 상황을 선형계획모형으로 표현할 수 없는 경우에는 다른 형태의 함수가 포함되는 비선형계획모형(non-linear programming)을 사용해야 한다.

(2) 가합성

가합성(additivity)의 가정이란 선형계획모형의 목적함수나 제약조건식의 총합은 각 항의 합과 항상 일치한다는 것을 의미한다. 예를 들어 예상 총 이익(목적함수)

은 각 제품(결정변수)의 예상이익의 합과 같고, 총 소비자원은 개별 제품을 생산하는 데 소요되는 자원의 합과 같다는 것 등이다.

비례성이나 가합성을 가정하는 것은 규모의 경제라든지 한계생산비 체감의 법칙 또는 대체재나 보완재의 속성을 지닌 문제의 경우 비합리적일 수 있다. 비례성과 가합성이 동시에 충족될 때 비로소 목적함수와 제약조건식들이 모두 일차식, 즉 선형이 되므로 이 두 가정을 묶어서 선형성의 가정이라고도 한다.

(3) 분할성

분할성(divisibility)의 가정이란 선형계획모형에서 도입된 모든 의사결정변수들의 값이나 자원의 양은 분수(또는 소수)값을 갖는 실수이어야 함을 의미한다. 예를 들어 의사결정변수 값이 분수 또는 소수일 때 실제 문제의 해석이 곤란하다면(예, 사람 1.3명, 자동차 10.5대 등), 이는 실행할 수 없거나 의미가 없는 경우가 될 것이므로 그 변수가 정수이어야 한다는 제약조건을 추가해야 한다. 의사결정변수가 정수이어야 하는 제약조건이 포함되면 선형계획법으로 문제를 해결할 수 없으며 이 경우에는 수리계획모형 중 정수계획법(integer programming)을 적용해야 하고, 이는 6장에서 설명하기로 한다.

(4) 확실성

확실성(certainty)의 가정이란 선형계획모형에서 사용하는 모든 매개변수들의 값이 확실하게 알려진 것이어야 한다는 것을 의미한다. 즉 목적함수와 제약조건의 계수, 그리고 우변상수는 각각 단위당 이익, 자원의 사용량 및 가용자원의 양 등을 확실하게 나타내어야 모형의 결과가 타당하게 된다는 것이다. 실제 문제에 있어서는 이 가정을 만족시키기가 가장 어렵다. 매개변수(a_{ij}, b_i, c_j 등)의 값들은 미래의 상황을 추정한 것이므로 어느 정도의 불확실성은 피할 수 없기 때문이다. 따라서 최선의 추정값을 사용하여 최적해를 구한 후에 매개변수의 변화와 최적해의 관계를 분석하는 것이 요구된다. 이와 같은 분석을 민감도 분석(sensitivity analysis)이라고 한다.

2.3 모형화 절차 및 예제

2.3.1 기본절차

선형계획법을 적용하고자 할 때는 우선 문제의 전체적 의미와 구조를 파악하는 것이 중요하다. 문제의 성격이 파악되면 달성하고자 하는 목적, 사용 가능한 자원 및 제약조건의 상태가 나타나게 되며, 그 후 기본절차에 따라 선형계획모형을 구성하면 된다.

(1) 제1단계: 의사결정변수의 정의

모형화하려는 문제에 관한 상황을 파악한 후 주요 변수들을 정의하여야 하는데, 이러한 변수들을 의사결정변수라 한다. 예를 들어 가구를 생산하는 문제에 있어서 결정변수 x는 책상의 1일 생산량이라고 정의할 수 있다. 결정변수가 명확하게 정의되면 누구나 문제를 쉽게 이해할 수 있다.

(2) 제2단계: 목적함수의 구성

문제 상황에서 성취목적, 즉 이익의 최대화 또는 비용의 최소화, 투자수익률의 최대화 또는 운송거리의 최소화 등과 같은 것을 결정하고, 앞 단계에서 명확히 정의한 의사결정변수에 대한 기여계수를 구하면 목적함수는 쉽게 구해진다.

(3) 제3단계: 제약조건의 구성

의사결정변수와 목적함수가 결정된 후에 제약조건식을 구성하게 되는데, 이는 제한된 자원의 양 또는 최소 필요량 등을 부등식 또는 등식으로 표현하게 된다. 예를 들어 총 생산 가용시간은 주당 40시간이라든가 또는 1일 필요한 비타민 C는 10 mg이라든가 하는 것 등을 수식으로 표현하면 된다.

(4) 제4단계: 비음조건의 기술

비음조건은 선형계획모형의 유형과 관계없이 모든 결정변수는 0보다 크거나 같아야 한다는 것을 나타내는 것으로 모형의 마지막 부분에 추가하면 된다. 이는 단지 음수의 값을 갖는 결정변수를 허용하지 않는다는 의미이다.

2.3.2 예제

선형계획모형을 구성해가는 과정을 살펴보기 위해 두 종류의 간단한 예제를 살펴볼 것이다. 실제 문제를 해결하게 될 경우 복잡한 문제가 일반적이므로 약간 큰 문제를 소개한다. 과거와는 다르게 컴퓨터 및 소프트웨어의 발달에 따라 문제의 해를 구하는 것보다 모형구성이 더 어렵고 중요한 부분으로 되었다.

예제 2.1

KM전자회사는 1대당 이익이 12만 원인 A형과 15만 원인 B형 TV를 조립하여 생산·판매한다. 두 종류의 TV는 2개의 공정을 거치면서 완제품으로 판매가 되는데, 제1공정은 부품조립 공정이고 제2공정은 품질검사 및 포장을 하는 공정이다. A형 TV와 B형 TV는 부품조립에 필요한 시간이 각각 2시간 및 1시간이며, 품질검사 및 포장에 걸리는 시간은 1시간 및 3시간이다. 제1공정라인의 총 가동가능시간은 월간 500시간이며 제2공정라인은 600시간이라고 할 때, 최대이익을 실현하기 위하여 KM전자회사는 A형과 B형 TV를 각각 몇 대씩 생산해야 하는지 구하시오.

선형계획모형 구성절차에 따라 예제 2.1에 대한 선형계획모형을 구성해보기로 한다.

- **제1단계:** 의사결정변수의 정의

  x_1: A형 TV의 월간 생산대수

  x_2: B형 TV의 월간 생산대수

- **제2단계:** 목적함수의 구성

  이익에 관한 문제이므로 목적함수 Z를 최대화하는 문제가 된다.

  A형 TV의 단위당 이익 = 12만 원

  B형 TV의 단위당 이익 = 15만 원

$$\text{최대화 } Z = 12x_1 + 15x_2$$

- **제3단계:** 제약조건의 구성

  제1공정의 가용시간: 500시간/월

  제2공정의 가용시간: 600시간/월

  A형 TV: 제1공정에서의 소요시간 = 2시간

제2공정에서의 소요시간 = 1시간

B형 TV: 제1공정에서의 소요시간 = 1시간

제2공정에서의 소요시간 = 3시간

제약조건은 두 공정의 가용시간(제한된 자원)에 의해 결정되므로

$$2x_1 + 1x_2 \le 500 : \text{제1공정}$$

$$1x_1 + 3x_2 \le 600 : \text{제2공정}$$

■ **제4단계:** 비음조건의 기술

$$x_1,\ x_2 \ge 0$$

위의 모든 단계를 종합하면 KM전자회사의 TV 월간 생산량 결정문제에 대한 선형계획모형은 다음과 같다.

$$
\begin{aligned}
&\text{최대화} && Z = 12x_1 + 15x_2 \\
&\text{제약조건(s.t.)} && 2x_1 + 1x_2 \le 500 \\
& && 1x_1 + 3x_2 \le 600 \\
& && x_1,\ x_2 \ge 0
\end{aligned}
$$

예제 2.2

운동선수에게 필요한 비타민 A와 B의 1일 최소요구량은 각각 60 mg과 20 mg이다. 비타민 A와 B는 소고기 100 g당 4 mg과 1 mg, 돼지고기 100 g당 3 mg과 2 mg이 포함되어 있다고 한다. 소고기 가격은 100 g당 1,000원이며 돼지고기는 100 g당 800원이라고 할 때, 최소비용으로 비타민 A와 B의 요구량을 섭취하기 위한 소고기와 돼지고기의 양은 각각 얼마나 되는지 구하시오.

선형계획모형 구성절차에 따라 앞의 예제와 같은 방법으로 모형을 구성해보기로 한다.

■ **제1단계:** 의사결정변수의 정의

x_1: 소고기 1일 소비량

x_2: 돼지고기 1일 소비량

- **제2단계:** 목적함수의 구성

  비용에 관한 문제이므로 목적함수 Z를 최소화하는 문제가 된다.

  소고기 100 g당 가격 = 1,000원

  돼지고기 100 g당 가격 = 800원

$$\text{최소화 } Z = 1{,}000x_1 + 800x_2$$

- **제3단계:** 제약조건의 구성

  비타민 A의 1일 최소 요구량 = 60 mg

  비타민 B의 1일 최소 요구량 = 20 mg

  소고기 100 g당 포함된 비타민 A의 양 = 4 mg

  비타민 B의 양 = 1 mg

  돼지고기 100 g당 포함된 비타민 A의 양 = 3 mg

  비타민 B의 양 = 2 mg

제약조건은 두 종류의 비타민이 필요한 최소의 양에 의해 결정되므로

$$4x_1 + 3x_2 \geq 60 : \text{ 비타민 A}$$
$$1x_1 + 2x_2 \geq 20 : \text{ 비타민 B}$$

- **제4단계:** 비음조건의 기술

$$x_1,\ x_2 \geq 0$$

위의 모든 단계를 종합하여 선형계획모형을 구성하면 다음과 같다.

$$\begin{aligned} &\text{최소화} && Z = 1{,}000x_1 + 800x_2 \\ &\text{제약조건(s.t.)} && 4x_1 + 3x_2 \geq 60 \\ & && 1x_1 + 2x_2 \geq 20 \\ & && x_1,\ x_2 \geq 0 \end{aligned}$$

예제 2.3

KM정유회사는 원유를 정제하여 네 가지 제품, 즉 휘발유, 난방연료, 윤활유 및 제트연료를 생산한다. 이들 제품은 네 종류의 원유로부터 추출되며, 원유 1, 2, 3은 공정 I 에서, 그리고 원유 4는 공정 I 이나 공정 II 에서 정제된다. 원유 1과 원유 3은 각각 20만 배럴, 원유 2는 15만 배럴, 원유 4는 25만 배럴을 공급받을 수 있다. 또 원유 1을 정제할 경우 휘발유, 난방연료, 윤활유 및 제트연료가 각각 50%, 30%, 10%, 10%의 비율로, 원유 2는 40%, 20%, 20%, 20%의 비율로, 원유 3은 60%, 20%, 10%, 10%의 비율로 추출되며 원유 4는 공정 I 을 거칠 경우 50%, 10%, 20%, 20%의 비율로 추출되고 공정 II 를 거칠 경우 40%, 10%, 30%, 10%의 비율로 추출된다(이때 공정 II 의 경우 10%의 손실이 발생한다). 시장점유율은 양호한 편이어서 네 제품에 주당 판매량이 휘발유 25만 배럴, 난방연료 12만 배럴, 윤활유 3만 배럴, 그리고 제트연료는 10만 배럴이 판매 가능하다. 각 제품당 생산이익을 원유 1배럴당 공정 I 에서 각각 15, 20, 11, 20이 발생하고, 원유 4의 경우에는 공정 II 를 이용할 경우 30의 이익을 실현할 수 있다. KM정유회사가 이익을 최대로 하기 위해서는 제품생산에 필요한 원유를 각각 얼마만큼씩 정제해야 하는지 구하시오.

위 문제에 대한 선형계획모형은 다음과 같다.

$$
\begin{aligned}
\text{최대화} \quad & Z = 15x_1 + 20x_2 + 11x_3 + 20x_4 + 30x_5 \\
\text{s.t.} \quad & x_1 \le 200{,}000 \ (\text{원유 1의 가용량}) \\
& x_2 \le 150{,}000 \ (\text{원유 2의 가용량}) \\
& x_3 \le 200{,}000 \ (\text{원유 3의 가용량}) \\
& x_4 + x_5 \le 250{,}000 \ (\text{원유 4의 가용량}) \\
& 0.5x_1 + 0.4x_2 + 0.6x_3 + 0.5x_4 + 0.4x_5 \le 250{,}000 \ (\text{휘발유}) \\
& 0.3x_1 + 0.2x_2 + 0.2x_3 + 0.1x_4 + 0.1x_5 \le 120{,}000 \ (\text{난방연료}) \\
& 0.1x_1 + 0.2x_2 + 0.1x_3 + 0.2x_4 + 0.3x_5 \le 30{,}000 \ (\text{윤활유}) \\
& 0.1x_1 + 0.2x_2 + 0.1x_3 + 0.2x_4 + 0.1x_5 \le 100{,}000 \ (\text{제트연료}) \\
& x_1,\ x_2,\ x_3,\ x_4,\ x_5 \ge 0
\end{aligned}
$$

단, x_1: 정제될 원유 1의 양

x_2: 정제될 원유 2의 양

x_3: 정제될 원유 3의 양

x_4: 공정 I 에서 정제될 원유 4의 양

x_5: 공정 II 에서 정제될 원유 4의 양

예제 2.4

KM병원은 응급실에 간호사를 효율적으로 배치하는 문제를 고려 중이다. 응급실에 입원하는 환자의 시간대별 입원 건수는 7시부터 4시간 간격으로 조사한 과거 자료의 결과 7시~11시에 80명, 11시~15시에 60명, 15시~19시에 120명, 19시~23시에 60명, 23시~3시에 40명, 그리고 3시~7시에 20명이다. 응급실의 간호사는 시간당 2.5명의 응급환자를 간호할 수 있는 것으로 알려져 있으며, 8시간 교대 근무를 하고 있고, 교대 시간은 7시, 15시, 23시이다. 그러나 3명의 간호사는 11시에, 다른 2명은 19시에 교대하기를 원한다. 임금은 모두 같다고 가정할 때, 모든 간호사의 요구사항을 만족시키면서 간호사 수를 최소화하는 일정계획을 수립하기 위해 시간대별 교대할 간호사 수를 결정하려면 어떻게 해야 하는지 구하시오.

위 문제에 대한 선형계획모형은 다음과 같다.

$$\text{최소화 } Z = 1x_1 + 1x_2 + 1x_3 + 1x_4 + 1x_5$$

$$\begin{aligned}
\text{s.t.} \quad & x_1 \geq 8 \text{ (7시~11시에 필요한 간호사 수)} \\
& x_1 + x_2 \geq 6 \text{ (11시~15시에 필요한 간호사 수)} \\
& x_2 + x_3 \geq 12 \text{ (15시~19시에 필요한 간호사 수)} \\
& x_3 + x_4 \geq 6 \text{ (19시~23시에 필요한 간호사 수)} \\
& x_4 + x_5 \geq 4 \text{ (23시~3시에 필요한 간호사 수)} \\
& x_5 \geq 2 \text{ (3시~7시에 필요한 간호사 수)} \\
& x_2 \geq 3 \text{ (11시에 교대를 원하는 간호사 수)} \\
& x_4 \geq 2 \text{ (19시에 교대를 원하는 간호사 수)} \\
& x_1,\ x_2,\ x_3,\ x_4,\ x_5 \geq 0
\end{aligned}$$

단, x_1: 7시에 교대할 간호사 수

x_2: 11시에 교대할 간호사 수

x_3: 15시에 교대할 간호사 수

x_4: 19시에 교대할 간호사 수

x_5: 23시에 교대할 간호사 수

2.4 도해법

도해법은 선형계획법의 개념을 이해하는 데 유용하게 활용되며, 특히 다음에 소개될 심플렉스법을 이해하는 데 도움이 된다. 그러나 도해법은 좌표평면상에 제약조건식들과 목적함수식을 그래프로 나타내어 해를 구하므로 의사결정변수가 둘인 2차원 모형인 경우에만 효과적으로 적용할 수 있다. 그러므로 실제 문제의 해를 구하는 경우에는 일반적으로 적용되지 않는다. 여기서는 선형계획법의 이해를 돕는 차원에서 해를 구하는 기본적인 절차와 예를 간단히 들고, 기타 사항은 다음에 다루고자 한다.

2.4.1 해의 절차

도해법으로 선형계획모형의 해를 구하는 기본적인 절차는 다음과 같이 네 단계로 나누어진다.

- **제1단계:** 제약조건의 도식

  x_1을 가로축, x_2를 세로축으로 한 2차원 평면상에서 선형계획모형의 비음조건으로 인하여 평면의 제1사분면만 고려한다. 제약조건은 대부분이 부등식이므로 부등식을 등식으로 하여 직선을 그리고 부등식의 방향에 의해 평면을 도식한다.

- **제2단계:** 가능해 영역 결정

  선형계획모형의 해는 모든 제약조건을 동시에 만족시켜야 하므로, 제1단계에서 나타난 각 제약조건에 의해 결정된 영역에서 제약조건을 모두 만족시키는 공통영역이 가능해 영역(feasible solution area)이 된다.

■ **제3단계:** 등이익선 또는 등비용선 도식

제2단계에서 결정된 가능해 영역 내에 있는 모든 점들은 제약조건을 모두 만족시키므로 가능해는 무수히 많게 된다. 이러한 가능해 중에서 최적해를 찾기 위해 목적함수를 도식해야 한다.

목적함수를 x_2가 종속함수로 되는 식으로 변형하여 임의의 Z값을 갖는 직선을 그린다. 이때, 최대화 문제는 등이익선(iso-profit line), 최소화 문제는 등비용선(iso-cost line)을 나타낸다.

■ **제4단계:** 최적해의 결정

무수히 많은 가능해 중에서 목적함수 값 Z를 갖는 평행선(등이익선)을 그려 원점에서 가장 먼 곳의 가능해 영역 내의 접점이 최대이익을 실현하는 최적점이 되며, 최소화 문제에서는 원점에서 가장 가까운 등비용선과의 접점이 최소비용을 실현하는 최적점이 된다. 이 점의 좌표(x_1, x_2)가 의사결정변수의 값이 되고, 이를 최적해(optimal solution)라 하며, 그 값을 목적함수에 대입하여 얻은 Z값이 최대이익 또는 최소비용을 나타내는 최적목적함수 값이다.

2.4.2 예제

앞의 네 단계 절차를 예제 2.1과 예제 2.2에 적용하여 최대화 문제와 최소화 문제에 대한 해를 도해적 방법으로 구해보기로 한다.

(1) 최대화 문제

예제 2.1의 선형계획모형은 다음과 같다.

$$
\begin{aligned}
\text{최대화} \quad & Z = 12x_1 + 15x_2 \\
\text{s.t.} \quad & 2x_1 + 1x_2 \le 500 \\
& 1x_1 + 3x_2 \le 600 \\
& x_1,\ x_2 \ge 0
\end{aligned}
$$

■ **제1단계:** x_2를 종축으로 하여 모든 제약조건식을 그래프에 도식(변형된 제약조건식을 이용)하면 그림 2.4와 같고, 변형된 제약조건식은 다음과 같다.

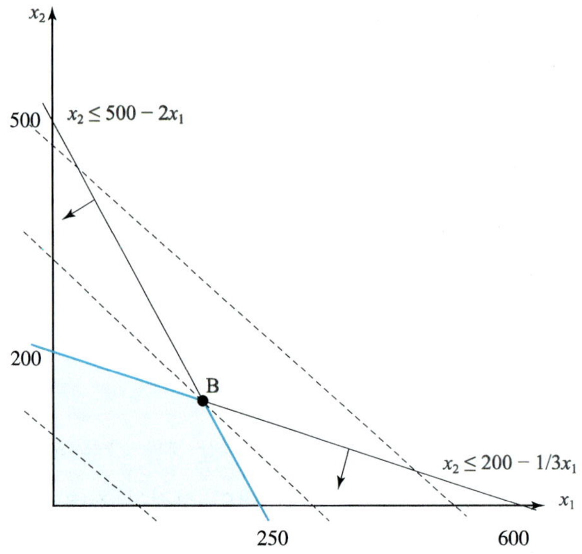

그림 2.4 최대화 문제의 제약조건 및 가능해 영역 도식

$$2x_1 + 1x_2 \le 500 \rightarrow x_2 \le 500 - 2x_1$$
$$1x_1 + 3x_2 \le 600 \rightarrow x_2 \le 200 - 1/3x_1$$

x_1: A형 TV의 월간 생산대수

x_2: B형 TV의 월간 생산대수

- **제2단계:** 그림 2.4에서와 같이 두 제약조건을 모두 만족시키는 영역을 표시하여 가능해 영역을 구한다.
- **제3단계:** 최대화 문제이므로 다음과 같이 변형된 목적함수로부터 얻은 등이익선을 이용하여 그래프에 그림 2.4와 같이 점선으로 나타낸다.

$$Z = 12x_1 + 15x_2$$
$$15x_2 = Z - 12x_1$$
$$x_2 = Z/15 - 12/15x_1 = Z/15 - 4/5x_1 \text{ : 등이익선}$$

- **제4단계:** 최적해를 구하기 위하여 기울기가 −4/5인 등이익선(그림에서 점선)을 원점으로부터 점차 이동해가면 총 이익(Z)은 점점 증가하게 되며, 최적해는 가능해 영역 내에서 원점으로부터 가장 먼 지점인 B점에서 나

타난다. 그러므로 최적해는 B점의 좌표(x_1, x_2)와 그때의 Z값이 되며, 그 값을 구하면 다음과 같다.

$$x_1 = 180,\ x_2 = 140,\ Z = 4,260(\text{만 원})$$

즉, A형 TV 180대, B형 TV 140대를 생산하는 경우 최대이익은 4,260만 원이 된다.

(2) 최소화 문제

예제 2.2의 선형계획모형은 다음과 같으며, 최소화 문제의 해결절차는 최대화 문제와 같으므로 간략하게 기술하고자 한다.

$$\begin{aligned} \text{최대화} \quad & Z = 1,000x_1 + 800x_2 \\ \text{s.t.} \quad & 4x_1 + 3x_2 \geq 60 \\ & 1x_1 + 2x_2 \geq 20 \\ & x_1,\ 1x_2 \geq 0 \end{aligned}$$

■ **제1단계:** 제약조건의 도식(그림 2.5 참조)

$$4x_1 + 3x_2 \geq 60 \rightarrow x_2 \geq 20 - 4/3x_1$$
$$1x_1 + 2x_2 \geq 20 \rightarrow x_2 \geq 10 - 1/2x_1$$

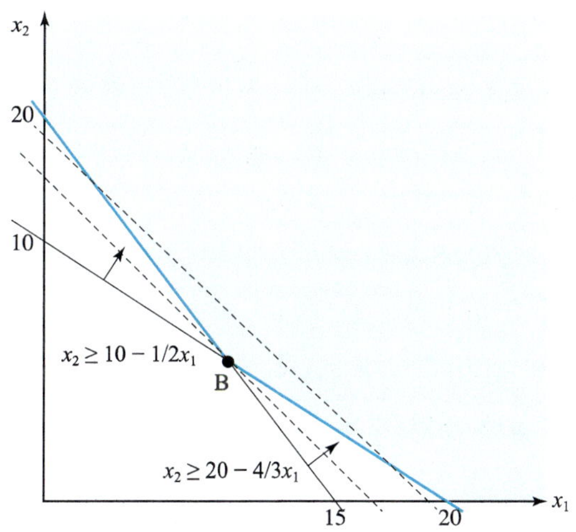

그림 2.5 최소화 문제의 제약조건 및 가능해 영역 도식

- **제2단계:** 그림 2.5에서 음영 부분이 가능해 영역
- **제3단계:** 그림 2.5에서 점선이 등비용선이며, 목적함수 Z를 다음과 같이 x_2에 대해 정리한 것이다.

$$Z = 1{,}000x_1 + 800x_2$$
$$x_2 = Z/800 - 5/4x_1$$

- **제4단계:** 최적해의 결정을 위해 기울기가 −5/4인 등비용선(그림에서 점선)을 원점에서 점차 이동해가면 총 비용(Z)은 점점 증가하게 되며, 최적해는 가능해 영역에서 원점으로부터 가장 가까운 지점인 B점에서 나타난다. 즉, B점은 가능해 영역 내에서 가장 작은 Z값을 갖는 점이며, B점의 좌표(x_1, x_2)와 x_1, x_2의 값을 목적함수에 대입한 Z값이 최적해가 된다.

$$x_1 = 12,\ x_2 = 4,\ Z = 15{,}200$$

즉, 최소비용 15,200원으로 소고기 1,200 g과 돼지고기 400 g을 소비함으로써 원하는 최소요구량의 비타민 A와 B를 섭취할 수 있다.

2.5 심플렉스법

2.5.1 기본 개념

심플렉스법(simplex method)은 선형계획법의 일반적인 해법으로 선형대수 기법을 적용한 단계적 연산과정을 통하여 최적해를 찾는 방법이다. 앞에서 설명한 도해법은 의사결정변수가 2개일 경우에만 적용할 수 있었지만, 심플렉스법은 결정변수의 수가 많은 경우에도 해를 구할 수 있는 일반적인 해법이다.

1947년 단치히에 의해 최초로 개발된 심플렉스법은 복잡한 선형계획문제를 선형대수학적 체계와 절차에 의해 해결하는 매우 실용적인 방법이며 반복적인 연산과정을 통하여 가능해 영역 내에서 더 나은 해를 구해가면서 최종적으로 최적해를 규명하는 수학적 절차라고 할 수 있다.

심플렉스법은 복잡한 해법처럼 보이긴 하지만, 그 개념적인 절차는 비교적 간

단하다. 도해법에서 볼 수 있듯이 선형계획모형의 최적해는 가능해 영역 내의 꼭짓점에서만 존재하게 되는데, 심플렉스법은 이 개념을 적용한 것이다. 그러므로 심플렉스법에서는 가능해 영역 내의 무수히 많은 점을 모두 고려하는 것이 아니라 오로지 꼭짓점 가능해만을 최적해 후보로 고려하며, 최초 원점으로부터 시작하여 목적함수 값이 현재의 해보다 더 나아지는(또는 같은) 인접하는 다른 꼭짓점으로 이동해가면서 더 이상 목적함수 값을 나아지게 하는 인접 꼭짓점 가능해가 존재하지 않을 때까지 같은 절차를 반복하며 최적해를 찾아내는 것이다.

이 절에서는 최대화 문제를 중심으로 심플렉스법의 기본적인 절차를 설명하고, 최소화 문제에 대해서는 최대화 문제와 다른 부분만 간단하게 설명하기로 하겠다. 한편 심플렉스법으로 문제를 해결하는 과정에서 직면할 수 있는 몇 가지 경우들, 즉 제약조건의 부호가 혼합되어 있는 경우, 퇴화현상(degeneracy), 복수해를 갖는 경우, 그리고 가능해 영역이 존재하지 않는 경우 등에 대한 해결책도 간단히 알아볼 것이다.

2.5.2 기본 가능해의 특성과 심플렉스표

선형계획모형은 제약조건식이 부등식으로 이루어져 있는 것이 일반적인 형태인데 이를 정규형(canonical form)이라 하고, 심플렉스법을 적용할 수 있도록 제약조건식을 등식으로 변형시킨 형태를 확장형(augmented form)이라 한다. 제약조건식을 확장형으로 변형시키는 경우 다음과 같은 원칙을 따르면 된다.

① 우변상수가 음수인 경우 양변에 (-1)을 곱하고 부등호를 바꾼다.
② 제약조건이 $\leq$인 경우 좌변에 여유변수(slack variable) S를 도입한다.
③ 제약조건이 $=$인 경우 좌변에 인위변수(artificial variable) A를 도입한다.
④ 제약조건이 $\geq$인 경우 좌변에 잉여변수(surplus variable) $-S$와 인위변수 A를 도입한다.

다음과 같은 정규형 선형계획모형을 심플렉스법 적용을 위해 확장형으로 변형시키는 방법을 알아보기로 하자.

$$\begin{aligned} \text{최대화 } & Z = 2x_1 + 4x_2 \\ \text{s.t. } & x_1 + 2x_2 \leq 6 \\ & x_1 - 2x_2 \geq 8 \end{aligned}$$

$$x_1 + 4x_2 = 3$$
$$x_1,\ x_2 \geq 0$$

위 선형계획모형을 앞에 기술한 원칙을 적용하여 확장형으로 변형하면 다음과 같다.

$$\begin{aligned} \text{최대화 } Z &= 2x_1 + 4x_2 \\ \text{s.t.} \quad & x_1 + 2x_2 + S_1 = 6 \\ & x_1 - 2x_2 - S_2 + A_2 = 8 \\ & x_1 + 4x_2 + A_3 = 3 \end{aligned}$$

이와 같이 선형계획모형을 확장형의 형태로 변형하면, 제약조건식은 일차 연립 방정식 형태로 표현되며, 일반적으로 변수의 수가 방정식의 수보다 더 많아지게 된다. 위의 문제에서는 처음 정규형 모형에서는 결정변수 2개, 제약조건식 3개였으나 확장형으로 변형된 뒤에는 결정변수 2개, 추가된 변수 4개로 변수의 수가 방정식의 수보다 3개 더 많아지게 되었다. 이런 경우에는 연립방정식의 해를 구할 수 없게 된다. 그래서 변수와 방정식 수의 차이만큼의 변수들을 임의로 선택하여 0으로 가정하면 변수의 수와 방정식 수가 같아져 연립방정식의 해를 구할 수 있다. 심플렉스법을 적용하기 위하여 이렇게 변수와 방정식 수의 차이만큼의 변수들을 임의로 0으로 가정한 후 구한 해를 기저해(basic solution)라고 하며, 이 변수들을 기저변수(basic variable)라 하고, 0으로 선택된 변수들을 비기저변수(non-basic variable), 그리고 그 해(변수 값이 0인 해)를 비기저해라 한다.

한편 무수히 많은 해들 중에서 비음조건을 모두 만족하는 해를 실행가능해라 하며, 특히 기저해가 비음조건을 모두 만족하는 경우 이를 실행가능 기저해 또는 기본 가능해(basic feasible solution)라고 한다. 실행가능 기저해는 기하학적으로 가능해 영역의 꼭짓점에 존재하게 된다. 그러므로 심플렉스법은 가능해 영역 내에 존재하는 여러 실행가능 기저해(꼭짓점 가능해)를 이동해가면서 그때마다 최적해 여부를 판정하고 최적해가 아닐 경우 다음 꼭짓점 가능해로 다시 이동해가는 반복과정을 거쳐 최종적으로 최적해를 찾아내는 기법이다. 이 과정에서 목적함수 값이 개선되고 제약조건식들의 행 변환이 이루어진다. 이와 같이 최적해를 탐색하는 과정의 상황을 표의 형태로 나타낸 것을 심플렉스표라 하며 표 2.1과 같다.

표 2.1 심플렉스표

C_j			C_1	C_2	⋯	0	0	⋯	$-M$	⋯
C_b	기저변수	해(우변상수)	x_1	x_2	⋯	S_1	S_2	⋯	A_1	⋯
		b_i	a_{ij}							
Z_j $C_j - Z_j$										

C_j: 목적함수계수, C_b: 기저변수의 목적함수계수

기저변수: 해를 구성하는 변수

해(우변상수): 기저변수의 값(우변상수 값: b_i)

a_{ij}: 제약조건식의 계수(행렬), S_i: 여유변수, A_i: 인위변수

M: Big M(최대화 문제에서는 $-M$, 최소화 문제에서는 $+M$), 변수가 영향을 줄 수 없는 '매우 큰 수'를 의미

Z_j: 현 단계의 해(목적함수 Z값) 및 j번째 변수 1단위 증가 시 목적함수의 감소분

$C_j - Z_j$: j번째 변수 1단위 증가 시 목적함수의 순증가분

$(Z_j - C_j)$: j번째 변수 1단위 증가 시 목적함수의 순감소분

2.5.3 최대화 문제의 심플렉스법

심플렉스법을 이용하여 선형계획모형의 해를 구하는 일반적인 절차는 다음과 같이 다섯 단계로 구분할 수 있다.

제1단계: 최초 심플렉스표의 작성

제2단계: 최적해의 판정 및 해의 분석

제3단계: 진입 기저변수의 결정

제4단계: 탈락 기저변수의 결정

제5단계: 추축연산 및 새로운 심플렉스표의 작성(제2단계로 반복)

여기서는 앞에서 예시한 예제 2.1의 최대화 문제를 심플렉스법으로 위 절차에 따라 최적해를 구하는 과정을 설명하고자 한다.

(1) 제1단계: 최초 심플렉스표의 작성

앞에서 설명한 제약조건의 부등식을 등식으로 변형하여 최초 실행가능 기저해를 나타내는 심플렉스표를 작성하는 단계이다. 예제 2.1의 KM전자회사 문제에

표 2.2 과정 중의 최초 심플렉스표

C_j			12	15	0	0
C_b	기저변수	해(우변상수)	x_1	x_2	S_1	S_2
0	S_1	500	2	1	1	0
0	S_2	600	1	3	0	1
Z_j						
$C_j - Z_j$						

대한 선형계획모형을 다음과 같이 확장형으로 변형하여 심플렉스표에 기재하면 표 2.2와 같이 된다.

$$
\begin{aligned}
\text{최대화 } Z &= 12x_1 + 15x_2 + 0S_1 + 0S_2 \\
\text{s.t.} \quad & 2x_1 + 1x_2 + S_1 = 500 \\
& 1x_1 + 3x_2 + S_2 = 600 \\
& x_1,\ x_2,\ S_1,\ S_2 \geq 0
\end{aligned}
$$

먼저 선형계획모형에서 사용한 변수들(x_1, x_2, S_1, S_2)을 심플렉스표에 기재한다.

- C_j: 목적함수계수들(12, 15, 0, 0)을 기재한다.
- 기저변수: 최초 실행가능 기저해(도해법의 그래프에서 원점에 해당)에서 기저변수는 잔여변수인 S_1과 S_2이므로 이를 기저변수란에 기재한다. 이때, 기저변수 값은 현재 상태의 해가 되며, 그 값은 $S_1 = 500$, $S_2 = 600$이 되는데, 이 값은 사용하지 않고 남아 있는 자원을 의미한다.
- C_b: 기저변수 S_1과 S_2에 대한 목적함수계수, 즉 모두 0을 기재한다.
- 해(우변상수): 최초에는 자원의 사용이 없으므로 가용자원을 나타내는 우변상수(500, 600)가 기재된다.
- a_{ij}: 제약조건식 좌변의 계수행렬(비음조건 제외)을 변수에 맞게 기재한다.

다음에 Z_j값과 $C_j - Z_j$값을 계산하여 해당란에 기재하면 된다.

- Z_j: C_b열과 j번째 변수의 제약조건식 계수열을 곱하여 더한 값, 즉 $\sum C_b \cdot a_{ij}$

의 값을 기재한다. 예를 들어, 해(우변상수)에 해당하는 Z값 $\sum C_b \cdot a_{ij}$는 $(0\times500)+(0\times600)=0$, x_1변수열에 해당하는 Z_1값 $\sum C_b \cdot a_{ij}$는 $(0\times2)+(0\times1)=0$ 등으로 이 값을 기재하면 된다.

- $C_j - Z_j$: Z_j값이 구해지면 각 변수열의 C_j값에서 Z_j값을 뺀 값을 기재하면 된다. 여기서는 해(우변상수)에 해당하는 값은 필요하지 않다. 예를 들어, x_1변수열에 해당하는 $C_j - Z_j$값은 $C_1 - Z_1 = 12 - 0 = 12$가 된다.

Z_j값은 j번째 변수의 1단위 증가에 따른 목적함수의 감소분을 의미하며, C_j는 j번째 변수의 1단위 증가에 따른 목적함수의 증가분이 되므로, 결국 $C_j - Z_j$는 j번째 변수 1단위 증가 시 목적함수의 순증가분이 된다. 이와 같은 방법으로 Z_j값과 $C_j - Z_j$값을 모두 계산하여 기재하면 표 2.3과 같은 최초 심플렉스표가 완성된다.

표 2.3 최초 심플렉스표

C_j			12	15	0	0	
C_b	기저변수	해(우변상수)	x_1	x_2	S_1	S_2	
0	S_1	500	2	1	1	0	
0	S_2	600	1	(3)	0	1	← 추축행
Z_j		0	0	0	0	0	
$C_j - Z_j$		–	12	15	0	0	
				↑ 추축열			

(2) 제2단계: 최적해의 판정 및 해의 분석

최초해는 항상 원점에서 결정되므로 모든 결정변수의 값은 0이 되며 여유변수는 기저해가 된다. 제2단계에서는 현재의 해가 최적해인지 여부를 판정한다. 판정 기준은 $C_j - Z_j$값 중 양의 값이 없으면 최적해, 하나라도 있으면 최적해가 아니므로 다음 단계로 계속 진행된다. 즉 $C_j - Z_j > 0$의 의미는 어떤 변수 값이 증가할 경우 목적함수 값도 증가하게 된다는 것이다(목적함수 값을 최대화하는 문제임을 상기하라).

표 2.3에서 $C_j - Z_j > 0$인 경우가 존재하므로 현재의 해는 최적해가 아니며 다음 단계를 계속한다.

(3) 제3단계: 진입 기저변수의 결정

$C_j - Z_j$값 중에서 양의 값을 갖는 j번째 변수가 새로운 기저변수로 변환된다. 만일 $C_j - Z_j$값이 양인 경우가 하나 이상이면, 가장 큰 값을 갖는 열의 변수를 새로운 기저변수로 결정한다. 그 이유는 목적함수 값을 가능하면 빨리 증가시킬 수 있기 때문이다. 이 변수를 진입 기저변수(ingoing basic variablc)라 하며, 해당 열을 추축열(pivot column)이라 한다.

표 2.3에서 $C_j - Z_j > 0$인 변수는 x_1과 x_2이며, 해당 $C_j + Z_j$값(12, 15) 중에서 x_2에 해당하는 15가 크므로 변수 x_2가 진입 기저변수로 선정되고 그 열이 추축열이 되는데, 표 2.3의 아랫부분처럼 추축열(pivot column) 표시를 해준다.

(4) 제4단계: 탈락 기저변수의 결정

이 단계에서는 현재의 기저변수 중 비기저변수로 되어야 할 변수와 이에 따라 새로 도입될 기저변수를 선정하는 것이다. 기저변수는 음이 될 수 없기 때문에 추축열에서 음의 계수는 제외된다. 진입 기저변수 x_j가 1단위 증가함에 따라 S_i에서 기술계수만큼씩 감소하는데 x_j를 최대로 하면서 다른 기저변수가 음이 되지 않도록 하기 위해서는 해(우변상수) 추축열의 양의 계수로 나눈 값 중에서 가장 작은 값을 갖는 행의 해당 기저변수가 탈락 기저변수(outgoing basic variable)가 되어야 하고, 그 행이 추축행(pivot row)이 된다.

표 2.3에서 진입 기저변수 x_2 1단위 생산에 필요한 S_1과 S_2의 필요량은 각각 1단위와 3단위(모두 양수)이며, S_1과 S_2를 모두 소모했을 때 x_2의 최대량은 각각 500(500 ÷ 1)과 200(600 ÷ 3)이 된다. 이때 500을 택할 경우 x_2의 최대 생산량이 500이 되어 두 번째 제약조건의 $S_2 = 600$을 초과한 1,500이 요구되므로 S_2가 음이 되기 때문에 비음 조건을 위배하게 된다. 그러므로 작은 값을 갖는 200을 택하게 되는데, 이 경우 작은 값을 갖는 행의 기저변수 S_1이 탈락 기저변수, 그리고 그 행을 추축행(pivot row)으로 결정하는 것이다. 그 결과는 표 2.3에서와 같이 나타난다.

(5) 제5단계: 추축연산 및 새로운 심플렉스표의 작성(제2단계로 반복)

심플렉스표에서 추축열과 추축행이 교차하는 원소를 추축원소(pivot element)라고 하며(표 2.3에 동그라미로 표시), 이 원소가 1이 되고 추축열의 나머지 계수가

0이 되도록 기초행변환을 적용하는 것을 추축연산(pivot operation)이라 한다. 그리고 나머지 원소를 모두 새로이 계산하여 새로운 심플렉스표를 만든다. 이러한 과정을 요약하면 다음과 같다.

① 새로운 심플렉스표를 만든다.

② 탈락 기저변수를 진입 기저변수로 대체하고 C_b값을 진입 기저변수의 C_j로 바꾼다.

③ 새로운 심플렉스표의 원소를 계산하여 기재한다.
추축행의 원소: 새 원소 값 = 기존의 값 ÷ 추축원소 값
기타원소: 새 원소 값 = 기존의 값(추축열의 해당행의 원소×추축행의 새 원소 값)

④ Z_j와 $C_j - Z_j$값을 계산하여 기재한다.

⑤ 제2단계로 되돌아간다.

이제는 표 2.3으로부터 새로운 심플렉스표를 같은 절차에 따라 만들어야 하며 이는 새로운 꼭짓점 가능해에서 최적해 여부를 판단하기 위한 것이다.

① 새로운 심플렉스표를 표 2.4와 같이 만든다.

② 탈락 기저변수 S_2를 진입 기저변수 x_2와 대체하고, x_2에 해당하는 기여계수 $C_2 = 15$를 C_b란에 기재한다.

③ 새로운 심플렉스표의 원소를 계산하면
추축행: 추축원소 값이 3이므로 기존의 값(표 2.3의 추축행의 원소 값)을 3으로 나누면 다음과 같다.

$$600 \div 3 = 200$$

$$1 \div 3 = \frac{1}{3}$$

$$3 \div 3 = 1$$

$$0 \div 3 = 0$$

$$1 \div 3 = \frac{1}{3}$$

기타행: 추축열에서 해당행(제1행)의 원소 값이 1이므로

$$500-(1\times 200)=300$$
$$2-(1\times 1/3)=5/3$$
$$1-(1\times 1)=0$$
$$1-(1\times 0)=1$$
$$0-(1\times 1/3)=-1/3$$

이 값을 새로운 심플렉스표에 기재한다.

④ Z_j값과 C_j-Z_j값을 계산한다.

Z_j값: 해(우변상수)열: $(0\times 300)+(15\times 200)=300$

x_1열: $(0\times 5/3)+(15\times 1/3)=5$

x_2열: $(0\times 0)+(15\times 1)=15$

S_1열: $(0\times 1)+(15\times 0)=0$

S_2열: $(0\times -1/3)+(15\times 1/3)=5$

C_j-Z_j값: x_1열: $12-15=7$

x_2열: $15-15=0$

S_1열: $0-0=0$

S_2열: $0-5=-5$

이상의 값을 모두 새로운 심플렉스표에 기재하면 표 2.4와 같이 두 번째 심플렉스표가 완성된다.

표 2.4 두 번째 심플렉스표

C_j			12	15	0	0	
C_b	기저변수	해(우변상수)	x_1	x_2	S_1	S_2	
0	S_1	300	−5 / 3	(0)	1	−1/3	←추축행
15	x_2	200	1/3	1	0	1/3	
Z_j		300	5	15	0	5	
C_j-Z_j		−	7	0	0	−5	
				↑ 추축열			

⑤ 제2단계로 되돌아간 다음, 최적해가 발견될 때까지 제2단계부터 제5단계를 계속 반복한다.

(6) 제2단계

$C_j - Z_j$값 중 양의 값이 존재하므로 최적해가 아니다.

(7) 제3단계

진입 기저변수는 x_1이 된다.

(8) 제4단계

탈락 기저변수는 S_1이 된다($300 \div 5/3 < 200 \div 1/3$).

(9) 제5단계

① 세 번째 심플렉스표 2.5를 만든다.

② S_1을 x_1으로 대체하고, C_b란에 x_1의 기여계수 12를 기재한다.

③ 추축행의 새 원소 값 $= (180,\ 1,\ 0,\ 3/5,\ -1/5)$

기타행의 새 원소 값 $= (140,\ 0,\ 1,\ -1/5,\ 6/15)$

④ Z_j값 $= (4260,\ 12,\ 15,\ 21/5,\ 42/5)$

$C_j - Z_j$값 $= (0,\ 0,\ -21/5,\ -42/5)$

⑤ 제2단계로 되돌아간다.

표 2.5 세 번째 심플렉스표

C_j			12	15	0	0
C_b	기저변수	해(우변상수)	x_1	x_2	S_1	S_2
12	x_1	180	1	0	5/3	1/5
15	x_2	140	0	1	−1/5	−4/15
Z_j		4260	12	15	21/5	32/15
$C_j - Z_j$		–	0	0	−21/5	−32/15

(10) 제2단계

$C_j - Z_j$값 중에서 양수가 없으므로 더 이상 목적함수 값 Z를 증가시킬 수 없다. 그러므로 여기서 얻은 해가 최적해이다. 즉 $x_1 = 180$, $x_2 = 140$일 때 목적함수 값

$Z=4,260$이다.

이런 결과는 KM전자회사 문제에서 x_1(A형 TV) 180대와 x_2(B형 TV) 140대를 생산할 때 최대이익(Z) 4,260만원이 된다는 것을 의미한다. 이 과정을 도해법과 비교해보면, 꼭짓점 O(원점); 최초 심플렉스표, 꼭짓점 A; 두 번째 심플렉스표, 꼭짓점 B(최적해); 세 번째 심플렉스표와 대응됨을 알 수 있다.

이상에서 살펴본 바와 같이 심플렉스법으로 최대화 선형계획문제의 최적해를 구하는 과정을 요약 정리하면 다음과 같다.

제1단계: 최초 심플렉스표의 작성

확장형으로 변형 후 최초 심플렉스표를 작성한다.

이때, 인위변수 사용 시 목적함수의 인위변수계수는 $-M$이다.

제2단계: 최적해의 판정 및 해의 분석

C_j-Z_j값이 모두 음이면 최적해, 아니면 제3단계로 계속한다.

제3단계: 진입 기저변수의 결정

C_j-Z_j값 중 가장 큰 양의 수를 갖는 열의 해당변수를 진입 기저변수로 결정한다.

제4단계: 탈락 기저변수의 결정

각각의 해(우변상수)를 추축열의 양수 값 계수로 나누어 그 값이 최소인 행(추축행)의 기저변수를 탈락 기저변수로 결정한다.

제5단계: 추축연산 및 새로운 심플렉스표의 작성(제2단계로 반복)

2.5.4 최소화 문제의 심플렉스법

최소화 문제 역시 그 기본원리는 최대화 문제와 같으며 다음 두 가지 사항만 추가로 적용하면 된다. 첫째 제약조건식의 부등호가 다르므로 인위변수를 이용하게 될 때 목적함수의 기여계수를 $+M$(Big M)으로 한다는 것과, 둘째 진입 기저변수와 최적해 판정을 위해 사용되는 C_j-Z_j(최대화 문제)값의 의미가 반대이므로 Z_j-C_j값을 이용한다는 것이다. 여기서 Z_j-C_j값은 해당 변수 1단위당 순비용감소분을 나타낸다. 나머지는 모두 같으므로 최소화 문제의 일반적인 해법 절차는 다음과 같다.

제1단계: 최초 심플렉스표의 작성

확장형으로 변형 후 최초 심플렉스표를 작성한다.

이때, 인위변수 사용 시 목적함수의 인위변수계수는 $+M$이다.

제2단계: 최적해의 판정 및 해의 분석

$Z_j - C_j$값이 모두 음이면 최적해, 아니면 제3단계로 계속한다.

제3단계: 진입 기저변수의 결정

$Z_j - C_j$값 중 가장 큰 양의 수를 갖는 열의 해당변수를 진입 기저변수로 결정한다.

제4단계: 탈락 기저변수의 결정

각각의 해(우변상수)를 추축열의 양수 값 계수로 나누어 그 값이 최소인 행(추축행)의 기저변수를 탈락 기저변수로 결정한다.

제5단계: 추축연산 및 새로운 심플렉스표의 작성(제2단계로 반복)

제1단계와 제2단계의 일부만이 다를 뿐 최대화 문제의 해를 구하는 절차와 같다는 것을 볼 수 있다. 위 절차에 따라 최소화 문제인 예제 2.2 영양 문제의 해를 구해보기로 하자.

(1) 제1단계: 최초 심플렉스표의 작성

예제 2.2의 정규형 모형을 확장형으로 변환하면 다음과 같다.

$$
\begin{aligned}
\text{최소화 } Z = \ & 1{,}000x_1 + 80x_2 + 0S_1 + 0S_2 + MA_1 + MA_2 \\
\text{s.t.} \quad & 4x_1 + 3x_2 - S_1 + A_1 = 60 \\
& 1x_1 + 2x_2 - S_2 + A_2 = 20 \\
& x_1,\ x_2,\ S_1,\ S_2,\ A_1,\ A_2 \ge 0
\end{aligned}
$$

그 다음 해당변수의 계수를 기재하고 Z_j값과 $Z_j - C_j$값을 구하면 표 2.6과 같은 최초 심플렉스표를 얻을 수 있다. 이때 최소화 문제임을 고려하여 최초 기저변수로 S가 아닌 A를 도입하는 것과 $C_j - Z_j$가 아닌 $Z_j - C_j$를 이용하는 것에 유의해야 한다. 목적함수에서 인위변수의 기여계수에 M(big M)을 부여하는 이유는 문제의 목적이 총 비용의 최소화이므로 인위변수에 아주 큰 단위의 비용 값을 할당함으로써 해를 구하는 과정 간에 우선적으로 기저해에서 인위변수를 배제하기

표 2.6 최소화 문제의 최초 심플렉스표

C_j			1,000	800	0	0	M	M	
C_b	기저변수	해(우변상수)	x_1	x_2	S_1	S_2	A_1	A_2	
M	A_1	60	4	③	-1	0	1	0	
M	A_2	20	1	2	0	-1	0	1	←추축행
Z_j		$80M$	$5M$	$5M$	$-M$	$-M$	M	M	
$Z_j - C_j$		−	$5M-1000$	$5M-800$	$-M$	$-M$	0	0	
				↑ 추축열					

위한 것이다. 그렇게 함으로써 인위변수는 최초 기저변수로 도입된 이후 다시는 기저변수로 도입되지 않게 된다.

(2) 제2단계: 최적해의 판정 및 해의 분석

$Z_j - C_j$값 중에서 양의 값이 존재하므로 최적해가 아니다.

(3) 제3단계: 진입 기저변수의 결정

$Z_j - C_j$값은 해당변수에 대한 각각의 순비용감소분을 나타내므로 양의 값을 갖는 변수가 선택되어야 하며, 그중에서 목적함수 값(총 비용)을 더 많이 감소시킬 수 있는 변수가 기저변수로 선정되어야 한다. 그러므로 표 2.6에서 가장 큰 양의 $Z_j - C_j$값을 갖는 x_2가 진입 기저변수로 선정되며, x_2열이 추축열이 된다(표 2.6에서와 같이 추축열 표시).

(4) 제4단계: 탈락 기저변수의 결정

각각의 해(우변상수) 값을 추축열(x_2열)의 양의 계수로 나눈 값은 $60 \div 3 = 20$과 $20 \div 2 = 10$이므로, 작은 값 10을 갖는 행의 A_2를 탈락 기저변수로 선정하고 그 행을 추축행으로 하여 표 2.6에서와 같이 표시한다.

(5) 제5단계: 추축연산 및 새로운 심플렉스표의 작성(제2단계로 반복)

추축열과 추축행이 교차하는 원소(추축원소)를 구해 표 2.6에서와 같이 동그라미로 표시한 후, 최적해 탐색을 위해 두 번째 심플렉스표를 만든다. 두 번째 심플렉스표부터는 탈락된 인위변수의 열은 삭제해도 무방하다. 왜냐하면 인위변수의 성격상 부여된 M의 기능으로 인해 탈락된 인위변수는 다시 기저변수로 될 수 없기 때문이다. 여기서 A_2가 탈락 기저변수가 되었으므로 A_2열을 삭제하여 표 2.7과 같이 두 번째 심플렉스표를 만든다. 나머지는 최대화 문제와 같다.

표 2.7 최소화 문제의 두 번째 심플렉스표

C_j			1,000	800	0	0	M
C_b	기저변수	해(우변상수)	x_1	x_2	S_1	S_2	A_1
M	A_1	30	5/2	0	−1	3/2	1
M	x_2	10	1/2	1	0	−1/2	0
Z_j		$30M+800$	$5/2M+800$	800	$-M$	$-3/2M-400$	M
Z_j-C_j			$5/2M-200$	0	$-M$	$-3/2M-400$	0

① 탈락 기저변수 A_2를 진입 기저변수 x_2와 대체 후 x_2에 해당하는 기여계수 $C_2=800$을 C_b란에 기재한다.

② 새로운 심플렉스표의 원소 값을 계산한다.

추축행: 추축원소 값 2로 추축행의 기존 원소 값을 나누어 기재한다.

$$(해,\ x_1,\ x_2,\ S_1,\ S_2,\ A_1)=(10,\ 1/2,\ 1,\ 0,\ -1/2,\ 0)$$

기타행: 추축열의 해당행의 원소 값이 3이므로 기존 값 −(3×추축행의 새 원소 값)을 다음과 같이 구하여 기재한다.

$$60-(3\times10)=30$$
$$4-(3\times1/2)=5/2$$
$$3-(3\times1)=0$$
$$-1-(3\times0)=-1$$
$$0-(3\times1/2)=3/2$$
$$1-(3\times0)=1$$

③ Z_j값과 Z_j-C_j값을 계산하여 기재한다.

Z_j값: (해, x_1, x_2, S_1, S_2, A_1)

$$=[(M\times30)+(800\times10),\ (M\times5/2)+(800\times1/2),$$
$$(M\times0)+(800\times1)(M\times-1)+(800\times0),$$
$$(M\times3/2)+(800\times-1/2),\ (M\times1)+(800\times0)]$$

$$= (30M+800,\ 5/2M+400,\ 800,\ -M,\ 3/2M-400,\ M)$$

$Z_j - C_j$값: $(x_1,\ x_2,\ S_1,\ S_2,\ A_1)$

$$= (5/2M-200,\ 0,\ -M,\ 3/2M-400,\ 0)$$

이상의 원소 값을 모두 새로운 심플렉스표에 기재하면 표 2.7과 같이 두 번째 심플렉스표가 완성된다. 다음에는 제2단계로 되돌아가서 최적해가 발견될 때까지 제2단계부터 제5단계를 계속 반복한다.

(6) 제2단계

$Z_j - C_j$값 중에서 양의 값이 존재하므로 최적해가 아니다.

(7) 제3단계

가장 큰 양의 $Z_j - C_j$값을 갖는 x_1이 진입 기저변수가 된다.

(8) 제4단계

해(우변상수) 값을 추축열(x_1열)의 양의 계수로 나눈 값이 $30 \div 5/2 = 12$와 $10 \div 1/2 = 20$이므로 작은 값 12를 갖는 행의 A_1이 탈락 기저변수가 된다.

(9) 제5단계

A_1열을 제거한 세 번째 심플렉스표 2.8을 만든 후 다음 사항을 차례로 기재한다.

① A_1을 x_1으로 대체하고, C_b란에 x_1의 기여계수 1,000을 기재한다.

② 추축행의 새 원소 값 $= (12,\ 1,\ 0,\ -2/5,\ 3/5)$

기타행의 새 원소 값 $= (4,\ 0,\ 1,\ 1/5,\ -4/5)$

표 2.8 최소화 문제의 세 번째 심플렉스표

C_j			1,000	800	0	0
C_b	기저변수	해(우변상수)	x_1	x_2	S_1	S_2
1,000	x_1	12	1	0	−2/5	3/5
800	x_2	4	0	1	1/5	**−4/5**
Z_j		15,200	1,000	800	−240	**−40**
$Z_j - C_j$			0	0	−240	**−40**

MILITARY OPERATION RESEARCH

③ Z_j값 $= (15,200, 1,000,\ 800,\ -240,\ -40)$

$Z_j - C_j$값 $= (0,\ 0,\ -240,\ -40)$

④ 제2단계로 되돌아간다.

(10) 제2단계

$Z_j - C_j$값 중에서 양수가 없으므로 더 이상 목적함수 값 Z를 감소시킬 수 없다. 따라서 여기서 얻은 해가 최적해이다.

즉, $x_1 = 12,\ x_2 = 4$일 때 $Z - 15,200$ 이다.

이는 영양섭취에 관한 최소화 문제에서 x_1(소고기) 1,200 g과 x_2(돼지고기) 400 g을 소비할 때 최소비용(Z) 15,200원으로 비타민 요구량을 섭취할 수 있다는 것이다. 이는 도해법에서 꼭짓점 B의 값과 대응됨을 알 수 있다.

2.5.5 기타 특수한 선형계획모형의 심플렉스 해법

일반적으로 실제 해결해야 할 문제들은 위에서 언급한 두 가지 예제보다 매우 복잡하므로 앞서 살펴본 심플렉스법의 절차만으로는 해를 구하기 어려운 경우가 있다. 이러한 특수한 경우는 ① 제약조건의 부호가 혼합되어 있는 경우(mixed constraints), ② 우변상수의 값이 음수인 경우(negative right-hand side value), ③ 진입변수가 다수인 문제(multiple pivot column), ④ 퇴화현상(degeneracy), ⑤ 복수의 최적해를 갖는 경우(multiple optimum solutions), ⑥ 비유계 가능해 영역을 갖는 경우(unbounded feasible region), ⑦ 실행 불가능한 문제의 경우(infeasible problem) 등 일곱 가지로 분류할 수 있는데, 각각의 경우와 그 해결 방법에 대하여 간단하게 설명하기로 하겠다.

(1) 혼합제약조건을 갖는 문제

실제 의사결정 상황을 선형계획모형으로 규정하게 되면 제약조건의 부등호가 예제에서처럼 한 방향만으로 되어 있는 경우는 극히 드물며 제약조건에 $\leq$, $\geq$, $=$의 부호를 동시에 포함하는 경우가 많다. 2.5.2절에서 제약조건을 심플렉스법으로 해를 구하기 위해 확장형으로 변형하는 방법을 참고하면서 간단히 정리해보면 표 2.9와 같이 요약할 수 있다.

표 2.9에서와 같이 최대화 문제이건 최소화 문제이건 부등호를 등호로 바꾸기

표 2.9 혼합제약조건식의 부등호를 변형하는 방법

제약조건의 형태	확장형으로 변형 시 추가되는 변수	최초해의 기저변수	목적함수의 계수
$\leq$	S	S	0
$=$	A	A	$-M$(최대화) M(최소화)
$\geq$	$-S+A$ (잉여변수, 인위변수)	A	$-M$(최대화) M(최소화)

위해, 즉 확장형으로 바꾸는 데 필요한 부분을 추가하여 조정하면 된다. 확장형으로 조정한 후 심플렉스법으로 해를 구하는 절차는 앞에서 설명한 해법절차와 동일하므로 똑같이 적용하면 된다. 여기서는 최대화 문제와 최소화 문제의 두 경우에 대해 확장형으로 선형계획모형을 변형시키는 예만 들어 보겠다.

$$
\begin{aligned}
\text{최대화 } Z &= 4x_1 + 3x_2 \\
\text{s.t.} \quad & x_1 \geq 10 \\
& x_2 \leq 6 \\
& 3x_1 + 2x_2 \leq 48 \\
& x_1 + x_2 = 12 \\
& x_1,\ x_2 \geq 0
\end{aligned}
$$

위의 최대화 문제에 대한 선형계획모형을 표 2.9의 방법에 따라 확장형으로 변형하면 다음과 같다.

$$
\begin{aligned}
\text{최대화 } Z &= 4x_1 + 3x_2 + 0S_1 + 0S_2 + 0S_3 - MA_1 - MA_2 \\
\text{s.t.} \quad & x_1 - S_1 + A_1 = 10 \\
& x_2 + S_2 = 6 \\
& 3x_1 + 2x_2 + S_3 = 48 \\
& x_1 + x_2 + A_2 = 12 \\
& x_1,\ x_2,\ S_1,\ S_2,\ S_3,\ A_1,\ A_2 \geq 0
\end{aligned}
$$

$$
\begin{aligned}
\text{최소화 } Z &= 4x_1 + 5x_2 + 3x_3 \\
\text{s.t.} \quad & x_1 \leq 160
\end{aligned}
$$

$$x_2 \geq 80$$
$$x_1 + x_2 + x_3 \geq 300$$
$$x_1,\ x_2,\ x_3 \geq 0$$

위의 최소화 문제에 대한 선형계획모형을 확장형으로 변형하면 다음과 같다.

$$\begin{aligned} \text{최소화 } Z = & \ 4x_1 + 5x_2 + 3x_3 + 0S_1 + 0S_2 + 0S_3 + MA_1 + MA_2 \\ \text{s.t.} \quad & x_1 + S_1 = 160 \\ & + x_2 - S_2 + A_1 = 80 \\ & x_1 + x_2 + x_3 - S_3 + A_2 = 300 \\ & x_1,\ x_2,\ x_3, S_1,\ S_2,\ A_1,\ A_2 \geq 0 \end{aligned}$$

(2) 우변상수가 음수인 문제

전형적인 선형계획모형에서 변수들은 비음 제약조건을 만족시켜야 하기 때문에 제약조건식의 우변상수는 항상 양수의 값을 가져야 한다. 만약 음수의 우변상수 값을 갖는 제약조건식이 있을 때, 이 선형계획모형은 문제가 있으므로 반드시 우변상수가 양의 값을 갖도록 변형시켜야 한다. 그러고 난 후에 선형계획모형의 해를 구하기 위해 심플렉스법의 일반절차를 적용하면 된다. 예를 하나 들어 보면 다음과 같다.

$$2x_1 - 6x_2 - x_2 \leq -5$$

이러한 제약조건식은 성립될 수 없으므로, 양변에 (-1)을 곱해 주어 쉽게 해결할 수 있다. 즉,

$$-2x_1 + 6x_2 + x_2 \geq 5$$
$$-2x_1 + 6x_2 + x_2 - S_1 + A_1 = 5$$

이와 같이 양변에 (-1)을 미리 곱한 후 확장형으로 변형시켜 심플렉스법을 적용하면 된다.

(3) 다수의 추축열이 있는 문제

심플렉스법으로 해를 구하는 과정에서 진입 기저변수를 선정하기 위해서는

$C_j - Z_j$값(최소화 문제에서는 $Z_j - C_j$값)들을 비교하여 가장 큰 양의 값을 갖는 변수열을 찾아 추축열로 선정하고, 그 열에 해당하는 변수를 진입 기저변수로 결정한다. 그런데 $C_j - Z_j$값이 최대인 것이 2개 이상 있을 경우에는 임의로 선택하면 된다. 큰 값을 갖는 것을 선택하는 이유가 최적해에 빨리 도달하고자 하는 것인데, 같은 값을 갖는다면 동일한 조건이 되기 때문이다. 다만, 해당열의 변수가 의사결정변수와 여유(또는 초과)변수인 경우에는 연산의 반복횟수를 줄이기 위해 의사결정변수열을 선택하는 것이 효율적이다.

(4) 퇴화현상(다수의 추축행이 있는 문제)

심플렉스법으로 해를 구하는 과정에서 탈락 기저변수를 선정하기 위해 기저변수의 해(우변상수)를 추축열의 해당계수로 나누어 비음수의 최솟값을 갖는 행을 선택하여 추축행으로 결정하고 그 행에 해당하는 기저변수를 탈락 기저변수로 결정한다. 이때 동일한 최솟값을 갖는 경우가 둘 이상 존재할 수 있는데, 이를 퇴화현상(degeneracy)이라 한다. 이 경우에 추축행으로 어느 행을 선택해도 무방하므로 임의로 선택을 하여 심플렉스법의 해법절차를 진행하면 된다. 퇴화현상은 가능해 영역의 꼭짓점이 결정변수보다 많은 제약조건의 수에 의해 형성될 때 발생한다. 이 현상은 최대화 문제나 최소화 문제에 관계없이, 그리고 심플렉스법으로 해를 구하는 과정에서 초기단계나 최종단계의 어느 상황에서도 발생할 수 있는데, 그 결과는 의사결정변수의 값이 0인 경우, 즉 기저해가 0인 경우 발생하게 된다.

(5) 복수의 최적해를 갖는 문제

선형계획법의 최적해가 2개 이상 나올 경우가 가끔 있다. 복수의 최적해는 목적함수의 기여계수들이 어떤 제약조건의 기술계수들과 일치할 때, 또는 기여계수들과 기술계수들의 비율이 같을 때 발생하게 된다. 도해법에서는 등이익선(또는 등비용선)이 가능해 영역의 선분과 일치할 때, 즉 목적함수의 등이익선이 제약조건식의 선분과 평행일 때 발생한다. 심플렉스법에서는 최적해를 나타내는 최종 심플렉스표에서 비기저변수에 해당하는 $C_j - Z_j$(최소화 문제는 $Z_j - C_j$)값 중에서 0의 값을 갖는 경우가 발생하면 복수해가 존재하는 것으로 생각할 수 있다. 다시 말해서 표 2.5의 최대화 문제에 대한 최종 심플렉스표에서 보듯이 기저변수에 해당하는 $C_j - Z_j$값은 0이고, 비기저변수에 해당하는 $C_j - Z_j$값은 음수이다. 그런데 비기저변수에 해당하는 $C_j - Z_j$값이 음이 아니고 0인 경우가 존재할 때 복수해를 갖는다는 것이다. 이와 같은 현상이 발생했을 경우, 0의 값을 갖는 비기저변수를 기저변수(추축열)로 하여 심플렉스표를 다시 한번 변형하면 의사결정변수의 값만 변화하고 목적함수 값은 변화없이 종전과 동일하게 된다.

(6) 비유계 가능해 영역을 갖는 문제

일반적으로 선형계획모형은 가능해 영역을 갖게 된다. 그러나 가능해 영역이 무한한 경우가 발생할 수 있는데, 이를 비유계 가능해 영역이라고 한다. 이 같은 경우는 목적함수 값이 무한히 증가(또는 감소)될 수 있음을 의미한다. 심플렉스법에서는 추축행을 선정할 때 이 현상을 발견할 수 있다. 추축행은 해(우변상수) 값을 추축열의 양수를 갖는 해당계수로 나누어 가장 작은 값을 갖는 행을 선택하게 되는데, 이때 추축열에 해당하는 계수가 0이나 음수이면 추축행을 선정할 수 없으며, 이 경우에는 비유계 가능해 영역을 갖는 문제로 인식할 수 있다. 이와 같은 현상이 발생하는 주된 이유는 최초 모형 수립단계에서 중요한 제약조건이 빠졌거나 실수로 부등호의 방향을 잘못 표시한 경우 등이므로 모형의 수립과정을 재검토하여 잘못된 부분을 바로 잡아야 한다.

(7) 실행 불가능한 문제

선형계획모형에서 실행가능해가 전혀 없는 경우를 실행 불가능이라 하며, 이때는 물론 최적해가 존재하지 않는다. 이러한 경우가 발생하는 이유는 모형의 구성이 잘못되었거나 서로 상충하는 제약조건들이 동시에 선형계획모형에 포함되어 있기 때문이다. 심플렉스법에 의한 해의 과정에서 이와 같은 현상은 최종 심플렉스표에서 인위변수가 기저변수로 남아 있는 상황을 발견함으로써 알 수 있다. 인위변수는 최종적으로 0이 되어야 하므로 양의 값을 갖는 인위변수가 기저변수로 남아 있다는 것은 원모형의 실행가능해가 하나도 없음을 의미한다. 이와 같은 현상이 최종 심플렉스표에서 발견되면, 모형의 오류를 수정하거나 상충하는 제약조건을 찾아 해결하면 된다. 그러나 최종 심플렉스표에서 인위변수가 기저해로 남아 있을 경우라도 퇴화현상이라면, 다른 최적해가 존재하는지를 확인해보기 위한 절차가 필요하다.

2.6 요약

선형계획모형의 일반적 해법인 심플렉스법은 1947년 단치히가 개발한 이래 많은 학자들에 의해 개선 및 확장되었고, 컴퓨터의 급속한 발달로 인해 효율적인 소프트웨어들이 많이 개발되어 실용화되고 있다.

선형계획문제는 목적함수, 제약조건 및 비음조건으로 구성되고 그 해법인 도해법과 심플렉스법에 대해 특성과 연관성, 그리고 해를 구하는 절차를 소개하였다. 특히 심플렉스법의 최대화 문제에 초점을 두고 해를 구하는 절차와 예제를 통해 자세히 설명하였으며 최소화 문제는 간략하게 설명하였다. 또한 선형계획법의 일반적인 절차에 의해 해를 구하는 과정에서 문제가 나타날 수 있는 기타 특수한 문제의 해결방법을 간단히 소개하였다.

여기서 다룬 내용은 도해법과 심플렉스법의 이론과 절차를 쉽게 이해하기 위해 아주 간단한 문제를 다루었으나 실제 문제는 적어도 수십 개, 많게는 수만 개의 변수와 제약조건을 가지는 경우가 대부분이다. 하지만 심플렉스법을 기초로 한 컴퓨터 프로그램을 이용하면 매우 크고 복잡한 문제의 최적해를 빠른 시간 내에 구할 수 있다. 중요한 것은 복잡한 실제 문제에 대한 적합한 선형계획모형을 수립하는 것이며 구해진 최적해를 실제 문제에 적절히 적용하는 것 역시 OR 연구자와 의사결정자가 같이 고민하고 해결해야 할 과제라 할 수 있다.

연습문제

2.1 선형계획모형의 구성요소와 일반식을 기술하시오.

2.2 선형계획모형의 도해법과 심플렉스법의 특징적인 차이점을 기술하시오.

2.3 선형계획모형의 심플렉스법에 대한 절차를 기술하고, 최대화 문제와 최소화 문제의 절차상 차이점을 설명하시오.

2.4 다음의 선형계획문제에 대한 최적해를 도해법을 이용하여 구하시오.

$$\begin{aligned} \text{최대화 } Z &= 2x_1 + 3x_2 \\ \text{s.t.} \quad 1x_1 + 2x_2 &\le 6 \\ 5x_1 + 3x_2 &\le 15 \\ x_1,\ x_2 &\ge 0 \end{aligned}$$

2.5 아래와 같은 선형계획모형에 대해 물음에 답하시오.

$$\begin{aligned} \text{최대화 } Z &= 3x_1 + 3x_2 \\ \text{s.t.} \quad 2x_1 + 4x_2 &\le 12 \\ 6x_1 + 4x_2 &\le 24 \\ x_1,\ x_2 &\ge 0 \end{aligned}$$

(1) 최적해를 도해법을 이용하여 구하시오.

(2) 만일 목적함수를 $2x_1 + 6x_2$로 바꿀 경우 최적해는 어떻게 달라지는가?

(3) 꼭짓점 수는 가능해 영역 내에서 몇 개이며, 꼭짓점에서 x_1과 x_2의 값은 어떻게 되는가?

2.6 다음 선형계획모형에 대해 물음에 답하시오.

$$
\begin{aligned}
\text{최소화 } Z &= 3x_1 + 4x_2 \\
\text{s.t.} \quad & 1x_1 + 3x_2 \geq 6 \\
& 1x_1 + 1x_2 \geq 4 \\
& x_1,\ x_2 \geq 0
\end{aligned}
$$

(1) 가능해 영역을 그림으로 나타내어 보시오.

(2) 가능해 영역 내에 있는 꼭짓점 수는 몇 개인가?

(3) 최적해를 도해법으로 구하시오.

2.7 다음의 제약조건식들을 확장형(심플렉스등식)으로 전환하시오.

(1) $3x_1 + 4x_2 \leq 100$

(2) $5x_1 + 2x_2 - 3x_3 \geq 30$

(3) $x_1 + 2x_2 + 3x_3 = 70$

(4) $x_1 + x_2 - 2x_3 = 20$

(5) $2x_1 - x_2 + 5x_3 \leq -25$

2.8 다음은 어떤 최대화 문제의 미완성 심플렉스표이다.

	C_j		10	20	15	0	0	0
C_b	기저변수	해(우변상수)	x_1	x_2	x_3	S_1	S_2	S_3
0	S_1	800	1.5	0	0	1	0.625	−0.125
20	x_2	240	1.5	1	0	0	0.375	0.125
15	x_3	120	2.5	0	1	0	0.125	0.375
	Z_j							
	$C_j - Z_j$							

(1) 위 심플렉스표를 완성하시오.

(2) 현재의 해는 최적해인가?

MILITARY OPERATION RESEARCH

2.9 다음의 선형계획모형을 심플렉스법으로 해결하시오.

$$\text{최대화 } Z = 2x_1 + 1x_2 + 1x_3$$
$$\text{s.t.} \quad 4x_1 + 2x_2 + 2x_3 \geq 4$$
$$2x_1 + 4x_2 \leq 20$$
$$4x_1 + 8x_2 + 2x_3 \leq 16$$
$$x_1,\ x_2,\ x_3 \geq 0$$

2.10 다음 선형계획모형을 해결하시오.

$$\text{최대화 } Z = 2.5x_1 + 5x_2 + 1x_3 + 1x_4$$
$$\text{s.t.} \quad 1x_1 + 1.4x_2 + 0.2x_3 + 0.8x_4 \leq 1600$$
$$2x_1 + 2x_2 + 1.6x_3 + 1x_4 \leq 1300$$
$$1.2x_1 + 1x_2 + 1x_3 + 1.2x_4 \leq 960$$
$$x_1,\ x_2,\ x_3,\ x_4 \geq 0$$

2.11 다음 선형계획모형을 해결하시오.

$$\text{최소화 } Z = 1x_1 + 1x_2$$
$$\text{s.t.} \quad 8x_1 + 6x_2 \geq 24$$
$$4x_1 + 6x_2 \geq -12$$
$$2x_2 \geq 4$$
$$x_1,\ x_2 \geq 0$$

2.12 다음은 어떤 최소화 문제의 미완성 심플렉스표이다.

C_j			20	10	0	0	M	M
C_b	기저변수	해(우변상수)	x_1	x_2	S_1	S_2	A_2	A_3
		30	0	5/3	1	0	−1/3	0
		10	1	1/3	0	0	1/3	0
		20	0	5/3	0	−1	−4/3	1
Z_j								
$C_j - Z_j$								

(1) 위 심플렉스표를 완성하시오.

(2) 위 표에서 실행가능 기저해를 구하시오.

(3) 현재의 해는 최적해인가? 아니라면, 필요한 추축연산을 통해 최적해를 구하시오.

2.13 다음 선형계획모형을 해결하시오.

$$\begin{aligned}\text{최소화 } Z &= 3x_1 + 4x_2 + 8x_3 \\ \text{s.t.} \quad & 4x_1 + 2x_2 \geq 12 \\ & 4x_2 + 8x_3 \geq 16 \\ & x_1,\ x_2 \geq 0\end{aligned}$$

2.14 다음 선형계획모형을 해결하시오.

$$\begin{aligned}\text{최소화 } Z &= 4x_1 + 2x_2 + 3x_3 \\ \text{s.t.} \quad & 1x_1 + 3x_2 \geq 15 \\ & 1x_1 + 2x_3 \geq 10 \\ & 2x_1 + 1x_2 \geq 20 \\ & x_1,\ x_2,\ x_3 \geq 0\end{aligned}$$

2.15 다음 선형계획모형의 해를 컴퓨터를 이용하여 구하시오.

$$\begin{aligned}\text{최대화 } Z &= 4x_1 + 2x_2 - 3x_3 + 5x_4 \\ \text{s.t.} \quad & 2x_1 - 1x_2 + 1x_3 + 2x_4 \geq 50 \\ & 3x_1 - 1x_3 + 2x_4 \leq 80 \\ & 1x_1 + 1x_2 + 1x_4 = 60 \\ & x_1,\ x_2,\ x_3,\ x_4 \geq 0\end{aligned}$$

2.16 다음 선형계획모형을 컴퓨터를 이용하여 해결하시오.

$$\begin{aligned}\text{최소화 } Z &= 4x_1 + 5x_2 + 3x_3 \\ \text{s.t.} \quad & 4x_1 + 2x_3 \geq 0\end{aligned}$$

$$1x_2 - 1x_3 \le -8$$
$$1x_1 - 2x_2 = -5$$
$$2x_1 + 1x_2 + 1x_3 \le 12$$
$$x_1,\ x_2,\ x_3 \ge 0$$

2.17 아이스크림을 생산하여 판매하는 AA회사는 세 종류의 향을 내는 아이스크림, 즉 초콜릿, 바닐라 그리고 바나나 아이스크림을 공급한다. 이 제품을 생산하기 위해 필요한 주원료는 우유, 설탕, 크림인데 너무 더운 날씨에 따른 수요의 폭증으로 아이스크림 제조에 필요한 원료의 공급이 부족한 상황이다. 따라서 AA사는 주어진 원료 공급의 제약에 따라서 세 종류의 아이스크림 생산량을 적절히 조정하여 최대 수익을 올리기 위한 전략수립이 필요하게 되었다. 즉, 원료가 부족한 상황에서 세 종류의 아이스크림 생산량을 각각 얼마로 해야 이익이 최대가 될 것인가 하는 문제를 해결해야 한다. 단, 원료의 최대공급 가능량, 각각의 아이스크림 제조에 필요한 단위당 원료 사용량 및 단위당 이익이 다음의 표에서 보는 바와 같을 때, 세 종류의 아이스크림 생산량 및 그때의 최대이익은 얼마가 될 것인가를 결정하시오.

단위: 10 kg 통

구분	단위당 이익/통	우유	설탕	크림
초콜릿 아이스크림	10,000원	4.5	5.0	1.0
바닐라 아이스크림	9,000원	5.0	4.0	1.5
바나나 아이스크림	9,500원	4.0	4.0	2.0
원료의 최대사용 가능량		2,000	1,500	600

2.18 BB신용금고는 100억 원의 현금을 표에서 보는 바와 같이 5개 주식회사에 투자하고자 하며, 예상수익률은 표에 나타난 것과 같다. BB사는 최대수익률을 달성하기 위한 문제와 위험을 최소화하기 위한 문제를 고려하여 다음과 같은 투자방침을 수립하였다.

(1) 동일한 업종의 주식에 50%를 초과하여 투자하지 않는다.

(2) 증권주는 건설주의 25% 이상 투자한다.

(3) B전자는 수익률이 높으나 투자위험이 크므로 60%를 초과하지 않는다.

주식	연간 예상수익률(%)
A전자(주)	7.3
B전자(주)	10.3
C건설(주)	6.4
D건설(주)	7.5
E증권회사	4.5

BB신용금고의 문제는 연간 예상수익률을 최대화하는 포트폴리오를 어떻게 구성하느냐 하는 것이다. 이 문제의 선형계획모형을 구성하고 해를 구하시오.

2.19 2.3.2절의 예제 2.3과 예제 2.4의 선형계획모형을 컴퓨터로 해결하여 보시오.

2.20 방위산업체인 A업체는 소구경 탄약을 생산하여 육군에 납품한다. 현재 A업체는 전시 긴급소요를 대비하여 7.62mm 및 5.56mm탄에 대한 전시 생산계획을 수립하려 한다. 소구경 탄약을 생산하기 위해서는 화약과 금속이 소비된다. 전시 주당 가용자원은 화약 2.1톤, 금속 6.9톤으로 확인되었고 국가로부터 인력이 지원되어 생산인원은 충분할 것으로 예상한다. 현재 육군은 전시에 탄 종을 가리지 않고 최대한 많은 양의 탄약을 생산하려 한다. 단, 야전부대 소요를 고려하였을 때 5.56mm탄이 7.62mm탄보다 더 적게 생산되면 안 된다. 각 탄을 생산하는 과정에서 필요한 자원이 아래 표와 같을 때, 질문에 답하시오.

	상자(1000발)당 필요 자원		주당 가용자원
	7.62mm	5.56mm	
화약	3.1 kg	3 kg	2.1톤
금속	9.5 kg	10 kg	6.9톤

*표의 데이터는 실습목적상 가상의 데이터를 사용함

(1) 위의 상황을 바탕으로 생산계획문제를 선형계획모형으로 모형화하시오.
(2) (1)의 선형계획모형을 확장형 모형으로 변형하시오.
(3) 심플렉스법을 활용하여 최적해를 구하시오.

3장 쌍대이론과 민감도 분석

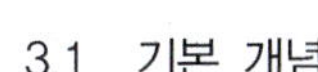

3.1 기본 개념

수학 · 물리학의 발전은 어떤 체계 안에서 유사성을 찾거나 물리적 대상들의 관계를 새로 발견하는 데에서 이뤄지는 경우가 많다. 서로 상관없어 보이는 두 체계나 이론에서 유의미한 대응이 이뤄질 때가 있는데, 이를 영어로 듀얼리티(duality), 우리말로 쌍대성(또는 이중성)이라 표현한다. 쌍대성 원리를 이해한 뒤에는 처음 생각만큼 신기하지 않을지 모르지만, 그 전에는 표면에 드러나지 않은 대응성을 관찰하며 어떤 경이마저 느끼곤 한다. 물리학의 역사를 보더라도 위대한 발견은 새로운 쌍대성을 찾음으로써 시작되는 경우가 많았다. 19세기 전기와 자기의 관련성은 고전 전자기학의 완전한 이해를 가져다주었고, 20세기 초 입자와 파동 간의 쌍대성은 양자역학의 탄생을 이끌었으며, 최근에는 홀로그래피 쌍대성이 물리학 이론의 발전을 도모하고 있다.

선형계획법에서도 마찬가지로 초기 개발에서 가장 중요한 발견 중 하나는 쌍대 개념이었다. 쌍대 개념의 발견으로 모든 선형계획문제는 쌍대라 불리는 다른 선형계획문제와 관련이 있음을 밝혔으며 쌍대문제와 원문제 사이의 관계를 이용하면 효과적으로 문제를 해결할 수 있다는 것이 증명되었다. 예를 들어 원문제가 최소화 문제라면 쌍대문제는 최대화 문제가 되는데, 쌍대문제의 최적해가 원문제의 최적해보다 크지 않다는 약한 쌍대성 정리와 최적해가 존재한다면 이 두 목적함수 값이 같다는 강한 쌍대성 정리가 있다. 또한 원문제의 잠재가격(shadow price)은 쌍대문제의 최적해에 대응된다는 것도 중요한 특성 중 하나이다.

쌍대이론을 주로 사용하는 분야 중의 하나는 민감도 분석의 해석과 실행이다. 민감도 분석이란 한 모형에서 매개변수(parameter)가 불확실할 때, 이 매개변수가 취할 수 있는 가능한 값들을 모두 대입해 결과가 어떻게 되는지를 분석하는 것을 말한다. 그런데 원 모델에서 사용되는 대부분의 매개변수 값들이 단지 미래 조건의 추정값들이기 때문에, 매개변수 값들이 변함에 따라 기존에 구한 최적해와 목적함수 값에 어떠한 영향을 미치는지 검토할 필요가 있다. 이에 따라 매개변수 값들은 의사결정자에 의한 관리적 결정들을 요구하게 되고, 이 경우 매개변수 값들의 선택은 연구되어야 할 주요 문제가 될 것이며, 민감도 분석을 통하여 행해질 수 있다.

3.2 쌍대이론

3.2.1 쌍대이론의 본질, 원-쌍대 관계

그림 3.1에서 보는 바와 같이 동전은 앞면과 뒷면의 모습이 다르지만, 가치와 의미는 같다. 동전의 가치가 10원임에는 변함이 없으나, 겉으로 드러난 모습은 다르게 보일 수 있다. 우리가 일상에서 쉽게 접하기 때문에 앞면 또는 뒷면을 보고 가치를 이해할 수 있으나, 어린아이처럼 사전지식이 없다면 학습된 후에야 그 가치를 판단할 수 있을 것이다. 동전의 의미를 굳이 찾는다면 동으로 만든 화폐단위라고 할 수 있고, 가치는 10원이다.

그림 3.1 동전의 앞면과 뒷면

선형계획문제도 두 가지 형태로 접근 가능하다. 일정 자원을 활용하여 생산량을 결정하고 이익을 최대화하는 관점과 최소한의 이익을 보장하면서 자원의 사용량, 즉 비용을 최소화하는 관점으로 볼 수 있다. 이와 같이 쌍대이론도 원문제와 쌍대문제의 두 가지 형태로 표현할 수 있는데 문제의 가치(목적함수)와 의미(최적해)는 같은 것이다. 모든 선형계획문제는 짝을 이루는 다른 선형계획문제를 갖는다. 즉, 최대화 선형계획문제는 그와 짝을 이루는 최소화 선형계획문제를 가지며, 최소화 선형계획문제는 그와 짝을 이루는 최대화 선형계획문제를 갖는다. 여기서 주어진 문제를 원문제(primal problem)라 하고 그와 짝을 이루는 문제를 쌍대문제(dual problem)라고 한다. 다시 말해서 원문제가 최대화 문제이면 쌍대문제는 최소화 문제가 되고, 반대로 원문제가 최소화 문제이면 쌍대문제는 최대화 문제가 되는 것이다.

선형계획법의 최대화 문제를 원문제로 하여 일반식의 형태로 나타내고, 쌍대문제로 전환하면 다음과 같다. 물론 최소화 문제도 위에서 설명한 내용을 기초로 하면 그와 반대의 경우가 되므로 같은 기준으로 생각하면 된다.

■ **원문제:** 최대화 $Z = c_1 x_1 + c_2 x_2 + \cdots + c_n x_n$

$$
\begin{aligned}
\text{s.t.} \quad & a_{11} x_1 + a_{12} x_2 + \cdots + a_{1n} x_n \le b_1 \\
& a_{21} x_1 + a_{22} x_2 + \cdots + a_{2n} x_n \le b_2 \\
& \vdots \\
& a_{m1} x_1 + a_{m2} x_2 + \cdots + a_{mn} x_n \le b_m \\
& x_1,\ x_2,\ \cdots,\ x_n \ge 0
\end{aligned}
$$

■ **쌍대문제:** 최소화 $Z = b_1 y_1 + b_2 y_2 + \cdots + b_m y_m$

$$
\begin{aligned}
\text{s.t.} \quad & a_{11} y_1 + a_{21} y_2 + \cdots + a_{m1} y_m \ge c_1 \\
& a_{12} y_1 + a_{22} y_2 + \cdots + a_{m2} y_m \ge c_2 \\
& \vdots \\
& a_{1n} y_1 + a_{2n} y_2 + \cdots + a_{mn} y_m \ge c_n \\
& y_1,\ y_2,\ \cdots,\ y_m \ge 0
\end{aligned}
$$

위의 일반식 형태로 나타낸 원문제와 쌍대문제의 수리적 구조에 대한 관계를 요약하여 표현하면 표 3.1, 3.2와 같다. 표 3.1은 원문제를 쌍대문제로 전환할 때

표 3.1 원문제와 쌍대문제의 비교

원문제		쌍대문제
최대화		최소화
목적함수계수		우변상수
우변상수	↔	목적함수계수
행렬계수		전치행렬계수
제약조건의 부등식(최대화 (≤))		대응 변수의 비음조건(≥)
제약조건의 부등식(최소화 (≥))		대응 변수의 비음조건(≥)

표 3.2 원문제와 쌍대문제의 관계표

	x_1	x_2	$\cdots$	x_n	
y_1	a_{11}	a_{12}	$\cdots$	a_{1n}	b_1
y_2	a_{21}	a_{22}	$\cdots$	a_{2n}	b_2
$\vdots$	$\vdots$	$\vdots$	$\vdots$	$\vdots$	$\vdots$
y_m	a_{m1}	a_{m2}	$\cdots$	a_{mn}	b_m
	c_1	c_2	$\cdots$	c_n	

변화되는 차이점을 나타내고 있으며, 표 3.2는 이 관계를 수학적 변수의 쌍대적 관계로 나타낸 것이다. 두 표를 참고로 하면 쉽게 이해할 수 있다.

원문제인 최대화 문제는 표 3.1, 3.2에서 x_1, x_2, $\cdots$, x_n을 결정변수로 하고, c_1, c_2, $\cdots$, c_n을 목적함수계수로 하고 있으며, 기술계수(a_{ij}) 행렬은 가로로 나타내며, b_1, b_2, $\cdots$, b_m을 우변상수로 하여 제약조건의 부등식 기호 $\le$를 갖는 선형계획모형으로 구성되어 있다. 반면에 쌍대문제인 최소화 문제는 y_1, y_2, $\cdots$, y_m을 결정변수로 하고, b_1, b_2, $\cdots$, b_m을 목적함수계수로 하고 있으며, 기술계수(a_{ij}) 행렬은 세로로 나타내며, c_1, c_2, $\cdots$, c_n을 우변상수로 하여 제약조건의 부등식 기호 $\ge$를 갖는 선형계획모형으로 구성된다. 즉, 쌍대문제는 원문제의 최대화를 최소화로 하고 각 제약조건식에 쌍대변수(y_i) 하나를 대응시킨 다음, 원문제의 우변상수를 목적함수계수로 하고 원문제의 목적함수계수를 우변상수로 하며, 제약조건식의 기술계수 행렬을 전치(transpose)시킨 후 부등식을 바꾸어 형성된다. 단, 혼합된 제약조건식(부등호가 $\ge$, $=$, $\le$)인 경우에는 일반식에서 나타난 바와 같이 같은 형태의 부등식으로 전환한 후에 쌍대문제를 구성하면 된다. 여기서 원문제의 결정변수 n개, 제약조건 수가 m개이면, 쌍대문제의 결정변수는 m개, 제약조건은 n개가 됨을 알 수 있다.

일반적으로 원문제가 자원의 배분 및 할당에 관한 문제가 되면, 쌍대문제는 투입되는 자원의 가치를 결정하는 문제가 된다. 즉, 원문제에서 m개의 제약조건(m개 자원의 수나 양의 제약)이 있다면, 쌍대문제에서는 m개의 자원에 대한 단위당 가치를 결정하는 문제가 되므로 결정변수가 m개, 즉 제약조건의 수와 같게 된다. 원문제에서 첫 번째 자원의 양이 b_1이고 이 자원의 단위당 가치가 쌍대문제에서 y_1이라고 하면, 투입되는 첫 번째 자원의 총 가치는 $b_1 y_1$이 된다. 그러므로 투입되는 m개의 자원의 총 가치는 쌍대문제의 목적함수에서 $Z = b_1 y_1 + b_2 y_2 + \cdots + b_m y_m$이 되며, 주어진 조건에서 투입되는 자원의 총 가치(비용)는 최소화되어야 하므로 최소화 문제가 되는 것이다. 따라서 원문제가 최대화이면 쌍대문제는 최소화가 되고, 이 관계는 역으로도 성립된다.

쌍대문제의 제약조건을 분석해보면 다음과 같다. 즉, a_{11}은 x_1 한 단위를 산출하는 데 필요한 자원의 양(b_1)을 뜻하며, y_1은 첫 번째 자원(b_1)의 가치(비용)를 나타낸다. 그러므로 쌍대문제의 첫 번째 제약조건식의 좌변은 x_1 한 단위를 산출하는 데 투입되는 m개의 자원의 총 가치(총 비용)을 나타내고 우변상수 c_1은 원문제에서 x_1 한 단위의 기여계수(한계수입, marginal revenue)를 나타내므로 쌍대 문제의 제약조건은 원문제의 결정변수(x_j) 한 단위를 산출하는 데 투입되는 자원의 총 가치(총 비용)와 한계수입과의 관계를 나타낸다. 그러므로 제약조건식의 부등호가 $\leq$가 되는 것은 한계비용이 한계수입(c_1)보다 커서는 안 된다는 의미가 된다. 다시 말해서 선형계획법에서는 총 비용(단위당 소요되는 원가 비용)과 한계수입이 같은 점을 찾음으로써 이익의 최대화(또는 비용의 최소화)를 추구하고 있다는 것이다.

쌍대문제의 최적해로부터 원문제의 최적해를 구할 수 있다. 이는 원문제와 쌍대문제의 결정변수 수와 여유변수(잉여변수) 수의 합이 정확히 일치하는 쌍대 원리에서 연유된다. 원문제와 쌍대문제는 근본적으로 모두 선형계획문제이므로 심플렉스법으로 문제의 최적해를 구하는 과정은 앞 장에서 설명한 바와 같다. 쌍대문제든 원문제든 어느 한 문제의 해를 구하면 그로부터 다른 한 문제의 최적해를 구할 수 있는데, 다음의 두 가지 사실만으로 해결된다.

① 원문제의 결정변수 값: 쌍대문제의 여유변수(또는 잉여변수)에 대응하는 $c_j - z_j$(또는 $z_j - c_j$) 절댓값이다. 단, 인위변수는 제외한다.

② 원문제의 여유변수(또는 잉여변수) 값: 쌍대문제의 결정변수(쌍대변수)에 대응하는 $c_j - z_j$(또는 $z_j - c_j$)의 절댓값이다.

이를 같은 최종 심플렉스표로 결합하여 나타내면 표 3.3과 같으며, 앞 장에서 설명했듯이 최대화 문제에서는 $c_j - z_j$값, 최소화 문제에선 $z_j - c_j$값이 된다는 것을 유의하면 된다. 자세한 것은 다음 절에서 예제를 통해 설명하기로 한다.

표 3.3 원-쌍대문제가 결합된 심플렉스표

C_j				
C_b	기저변수	해(우변상수)	x_1 x_2 ⋯ x_n S_1 S_2 ⋯ S_m	← 원문제 변수
		b_i		
z_j			(z_j값)	
$c_j - z_j$			($c_j - z_j$값)	
			S_1' S_2' ⋯ S_n' y_1 y_2 ⋯ y_m	← 쌍대문제 변수

3.2.2 최대화 문제

전형적인 최대화 문제였으면 앞 절에서 설명한 대로 하면 되지만, 일반적으로 혼합제약조건식을 갖는 것이 전제되므로 이를 기준으로 최대화 문제의 쌍대문제를 규정하는 절차를 기술하면 다음과 같다.

(1) 원문제의 부등식을 모두 ≤ 형태로 전환한다(단, 등식은 2개의 부등식으로 분리 후 전환).
(2) 원문제의 제약조건식에 대응하는 쌍대변수를 도입한다.
(3) 원문제의 우변상수를 계수로 하는 쌍대문제의 목적함수를 작성한다.
(4) 쌍대제약조건식을 작성한다.
단, ① 원문제의 열계수를 쌍대문제의 행계수로 사용한다.
② 원문제의 목적함수계수를 쌍대문제의 제약조건식의 우변상수로 사용한다.
③ 부등식의 부호를 ≥로 바꾼다.

최소화 문제의 절차는 모두 같고 (1)에서 부등식의 부호가 ≥로 되며, (4)의 ③에서 부등식의 부호를 ≤로 바꾸는 것만 차이가 있으므로 최소화 문제의 경우에는 이러한 절차에 관한 기술은 생략한다. 이상의 내용과 절차를 기초로 하여 우선 일반적인 문제인 KM제과점의 특별 생일 케이크 생산량 결정문제를 예제로 하여 쌍대문제와 원문제의 선형계획모형 구성 및 최적해를 구하는 과정과 경제적 가치, 즉 해를 해석하는 내용에 대하여 논의해보기로 한다.

예제 3.1

KM제과점에서는 특별한 생일 케이크를 A형과 B형의 두 종류로 제조하여 판매하고자 한다. A형 케이크는 2컵의 밀가루와 4개의 계란, B형 케이크는 4컵의 밀가루와 2개의 계란으로 만들 예정인데, 현재 밀가루의 재고는 20컵이고 계란은 22개가 남아 있다. 내일 하루 동안 제조한 케이크는 모두 판매가 가능하고, 현재 B형 케이크는 최대 3개까지만 주문받을 수 있다고 판단된다. 개당 이익은 A형이 500원, B형이 300원이라고 할 때, 이와 같은 상황에서 이익을 최대화하기 위한 두 종류의 케이크 생산량을 각각 얼마로 결정하는 것이 좋은가?

(1) 원문제

앞의 예제 3.1에 대한 선형계획모형(원문제)은 다음과 같다.

$$
\begin{aligned}
\text{최대화 } & Z = 500x_1 + 300x_2 \\
\text{s.t. } & 2x_1 + 4x_2 \le 20 \quad (\text{밀가루}) \\
& 4x_1 + 2x_2 \le 22 \quad (\text{계란}) \\
& x_2 \le 3 \quad (\text{최대 주문량}) \\
& x_1, x_2 \ge 0
\end{aligned}
$$

위 선형계획모형을 심플렉스법으로 해를 구한 최종 심플렉스표는 표 3.4와 같으며, 표로부터 최적해는 A형 케이크 4개($x_1 = 4$), B형 케이크 3개($x_2 = 3$)를 제조할 때, 최대이익 2,900원이 된다.

표 3.4 KM제과점의 원문제 최종 심플렉스표

C_j			500	300	0	0	0
C_b	기저변수	해(우변상수)	x_1	x_2	S_1	S_2	S_3
300	x_2	3	0	1	1/3	−1/6	0
500	x_1	4	1	0	−1/6	1/3	
0	S_3	0	0	0	−1/3	1/6	
z_j		2,900	500	300	$16\frac{2}{3}$	$116\frac{2}{3}$	
$c_j - z_j$			0	0	$-16\frac{2}{3}$	$-116\frac{2}{3}$	

잔여변수 $S_1 = S_2 = S_3 = 0$이므로 밀가루와 계란은 남김없이 모두 사용하였으며, B형 케이크의 주문량도 최대인 3개가 됨을 알 수 있다.

(2) 쌍대문제

앞에서 설명한 방식과 절차에 따라 예제 3.1의 원문제를 쌍대문제로 전환하면 다음과 같다. 제약조건식의 부등호는 모두 전형적인 최대화 문제의 형태이고, 제약조건식의 수가 3이므로 쌍대변수는 3개(y_1, y_2, y_3)로 하여 목적함수식은 최대화를 최소화로, 계수는 제약조건식의 우변상수로 대체하여 작성한다. 그리고 제약조건식은 계수 행렬을 전치시키고, 우변상수는 원문제 목적함수계수를 이용한 후 부등호를 $\ge$ 형태로 바꾸면 된다. 즉, 다음과 같다.

$$\text{최소화 } Z = 20y_1 + 22y_2 + 3y_3$$

$$\begin{aligned} \text{s.t.} \quad & 2y_1 + 4y_2 \geq 500 \quad (\text{A형 케이크}) \\ & 4y_1 + 2y_2 + 1y_3 \geq 300 \quad (\text{B형 케이크}) \\ & y_1,\ y_2,\ y_3 \geq 0 \end{aligned}$$

위 선형계획모형(쌍대문제)을 최소화 문제의 심플렉스법으로 해를 구한 최종 심플렉스표는 표 3.5와 같으며, 표에서 보는 바와 같이 최적해는 $y_1 = 16\frac{2}{3}$, $y_2 = 116\frac{2}{3}$, $y_3 = 0$, $S_1' = 0$, $S_2' = 0$이며, 이때 $Z = 2,900$으로 최솟값이 된다.

표 3.5 KM제과점의 쌍대문제 최종 심플렉스표

C_j			20	22	3	0	0
C_b	기저변수	해(우변상수)	y_1	y_2	y_3	S_1'	S_2'
22	y_2	$116\frac{2}{3}$	0	1	−1/6	−1/3	1/6
20	y_1	$16\frac{2}{3}$	1	0	1/3	1/6	−1/3
z_j		2,900	20	22	3	−4	−3
$z_j - c_j$			0	0	0	−4	−3

(3) 쌍대문제로부터 원문제의 최적해 도출

예제에서 쌍대문제가 최소화 문제이므로 쌍대문제의 최적해로부터 원문제의 최적해를 구하고자 할 때, 원문제의 결정변수 값은 쌍대문제의 여유변수(S_1', S_2')의 대응하는 $z_j - c_j$의 절댓값을 취하면 되고 원문제의 여유변수 값은 쌍대문제의 결정변수(y_1, y_2, y_3)에 대응하는 $z_j - c_j$의 절댓값이 된다. 즉, 원문제의 결정변수 x_1, x_2의 값은 각각 S_1', S_2'의 $z_j - c_j$의 절댓값이 되므로 $x_1 = |-4| = 4$, $x_2 = |-3| = 3$이 되고, 여유변수 S_1, S_2, S_3의 값은 각각 y_1, y_2, y_3의 $z_j - c_j$의 절댓값인 $S_1 = 0$, $S_2 = 0$, $S_3 = 0$이 된다. 그리고 목적함수의 Z값은 2,900으로 같다.

여기서 원문제와 쌍대문제의 최적해를 나타내는 최종 심플렉스표 3.4와 3.5를 비교해보면 심플렉스표의 원소(계수)들이 아주 밀접한 관계가 있음을 알 수 있다. 기저변수에 해당하는 단위행렬을 제외하면, 부호가 반대인 전치행렬이 되고 있음을 알게 된다. 이것은 원문제와 쌍대문제는 어느 한 문제의 해를 가지면 다른 해도 구할 수 있다는 원리에 기초하여 두 심플렉스표를 결합할 수 있다는 것이다. 앞의 예제에 대한 최종 심플렉스표를 결합하면 표 3.6과 같이 된다.

표 3.6을 보면 원문제의 결정변수(x_1, x_2)와 쌍대문제의 여유변수(S_1', S_2')가 대응하고, 원문제의 여유변수(S_1, S_2, S_3)와 쌍대문제의 결정변수(y_1, y_2, y_3)가 대응하고 있음을 알 수 있다. 즉, 원문제의 $x_1 = 4$, $x_2 = 3$, $S_3 = 0$은 기저변수이므로 이에 대응되는 쌍대문제의 변수 S_1', S_2', y_3는 쌍대문제의 입장에서 비기저변수가 되므로 $S_1' = S_2' = y_3 = 0$이 된다. 또한 원문제의 S_1, S_2는 비기저변수이므로 $S_1 = S_2 = 0$이 되며, 이에 대응되는 쌍대문제의 변수 y_1, y_2는 기저변수가 되어 그 값은 원문제의 비기저변수(S_1, S_2)에 대응되는 $c_j - z_j$값의 절댓값으로 $y_1 = \left|-16\frac{2}{3}\right| = 16\frac{2}{3}$, $y_2 = \left|-116\frac{2}{3}\right| = 116\frac{2}{3}$가 된다.

표 3.6 원–쌍대문제가 결합된 최종 심플렉스표

C_j			500	300	0	0	0	
C_b	기저변수	해(우변상수)	x_1	x_2	S_1	S_2	S_3	← 원문제 변수
300	x_2	3	0	1	1/3	−1/6	0	
500	x_1	4	1	0	−1/6	1/3	0	
0	S_3	0	0	0	−1/3	1/6	1	
z_j		2,900	500	300	$16\frac{2}{3}$	$116\frac{2}{3}$	0	
$c_j - z_j$			0	0	$-16\frac{2}{3}$	$-116\frac{2}{3}$	0	
			S_1'	S_2'	y_1	y_2	y_3	← 쌍대문제 변수

앞의 예제에 관한 결과에서 보는 바와 같이 심플렉스표에서 원문제와 쌍대문제의 해를 동시에 구할 수 있으므로 쌍대문제의 해를 따로 구할 필요가 없음을 알게 된다. 이 점이 심플렉스법의 강점이기도 하다. 따라서 선형계획법의 컴퓨터 프로그램은 원문제의 해와 쌍대문제의 해를 동시에 제공하며, 이는 마지막 절 컴퓨터 응용에서 예시를 통해 알아보도록 하겠다.

(4) 쌍대문제의 경제적 해석

예제 3.1 KM제과점의 두 가지 제품 A형과 B형 생일 케이크의 최적 생산량을 결정하는 문제에서 쌍대문제의 변수 y_1, y_2, y_3는 각각 밀가루 1컵과 계란 1개의 자원을 사용하고 B형 케이크 주문량이 1개일 때 투입원가(비용)를 의미하며, 목적함수의 기여계수 20, 22, 3은 각 자원(밀가루, 계란 및 B형 케이크의 주문량)의 최대 가용량 및 제한사항을 의미한다. 따라서 쌍대문제는 주어진 제약에 따라서 A형과 B형 케이크 생산을 위한 총 가용자원의 가치를 최소화하는 각 자원의 투입원가(비용)를 최소화하는 문제가 되고 자원 단위당 투입원가를 찾고자 하는 것이다.

쌍대 선형계획문제에서 제약조건식의 좌변은 각 제품 한 단위를 생산하는 데 투입되는 원가(비용)를 의미하며, 우변상수는 각 제품의 단위당 산출되는 이익(기여이익)을 나타내므로 첫 번째 제약조건식은 A형 케이크의 투입원가와 산출이익과의 관계를, 두 번째 제약소선식은 B형 케이크의 투입원가와 산출이익의 관계를 나타낸다. 만약 좌변이 우변보다 큰 값을 갖는다면 투입자원의 원가가 산출이익보다 크게 되므로 그 제품의 생산으로 손실을 보게 되어 생산하지 말고 다른 제품 생산 또는 활동에 그 자원을 활용해야 할 것이다. 반대로 만약 우변의 값이 크게 되면 투입원가보다 산출이익이 크게 되므로 그 제품 생산으로 인하여 이익을 증가시킬 수 있게 된다. 현 상태에서 이익의 증가가 가능하다는 것은 아직 최대이익의 실현 과정을 의미하므로 그 제품 생산을 계속하여 투입원가와 산출이익이 같을 때까지, 다시 말해서 제약조건식의 좌변과 우변이 같을 때까지 계속하여 최대이익을 실현해야 한다. 이는 경제적 측면에서 한계수익의 개념이다.

여기서 쌍대문제의 결정변수 값을 투입원가(input cost) 또는 잠재가격(shadow price)이라고 하는데, 이는 제약조건의 우변상수가 한 단위(자원 한 단위) 변화할 때 변화하는 목적함수(산출이익)의 변화량을 의미한다. 즉 원문제의 우변상수 단위 변화량에 대한 목적함수의 변화량으로 현 상태의 한계수익이라 할 수 있다. 그러므로 우변상수(가용자원) 한 단위 증가 시 소요비용이 잠재가격 이상이 된다면 실질적인 손실 발생을 의미하므로 잠재가격은 가용자원 한 단위를 증가시키는 데 필요한 최대가치(가격)라고도 볼 수 있다. 또한 현 상태에서 다른 용도로 가용자원의 활용을 계획할 때, 산출이익이 잠재가격 이하가 된다면 손실이 발생하게 되므로 잠재가격은 가용자원 한 단위 전용 시 요구되는 최소의 보상액이라고 할 수 있는데, 이를 다른 말로 표현하면 기회비용(opportunity cost)이 된다.

다시 예제로 돌아가서 쌍대문제의 결정변수 값은 $y_1 = 16\frac{2}{3}$, $y_2 = 116\frac{2}{3}$, $y_3 = 0$이고 목적함수 값은 $Z = 2{,}900$이 되는데, $y_1 = 16\frac{2}{3}$는 밀가루 1컵 증가 시 목적함수의 변화량, 즉 이익의 증가분을 의미한다. 다시 말해 밀가루의 가용량 20컵에서 1컵 증가시켜 21컵으로 증가시키면 이익은 2,900에서 $2,916\frac{2}{3}$가 되는 것을 의미하는 것이다. 결정변수 값 $y_i = 0$의 경우, 이는 가용자원을 모두 사용하지 못하고 남는 자원이 있다는 것을 나타내는 것이거나 또는 목적함수 값의 증감에 관련이 없어 단순한 제한사항만을 나타내는 것이다. 예제에서 $y_3 = 0$의 의미는 y_3가 주문량의 제한에 관한 변수이므로 자원사용과 목적함수의 변화에 무관하여 투입비용에 관련이 없다는 것이다.

또한 $S_1' = S_2' = 0$은 가용자원이 모두 한계수익을 갖게 되어 최대이익을 보장하도록 효율적으로 활용하였다는 것이다. 만일에 $S_1' = 5$가 되었다고 가정하면, 쌍대문제의 첫 번째 제약조건식에서 최적해의 변수 값은 대입한 결과가 좌변이 우변보다 5만큼 크게 나타난다. 이는 쌍대문제의 제약조건이 갖는 성격, 즉 좌변은 투입원가의 합이고 우변은 산출이익을 나타내고 있으므로 A형 케이크 1개 추가 생산 시 손실이 5만큼 발생하게 된다.

또한 원문제의 최적해에서 결정변수 값이 0(예; $x_1 = 0$)인 경우를 가정해볼 수 있는데, 이는 쌍대문제의 여유변수 값(예; $S_1' = 5$)이 양수일 때 나타나게 되며, x_1을 한 단위 추가 생산 시 손실이 5만큼 발생하게 된다. 따라서 원문제의 어떤 결정변수 값이 0인 경우(예; $x_1 = 0$)에 생산을 원한다면 x_1 한 단위 생산 시 목적함수의 기여계수(C_1)가 나타내는 산출이익이 5 이상 증가하여야 손실이 발생하지 않음을 의미한다.

3.2.3 최소화 문제

선형계획법의 최소화 문제에 대한 쌍대문제는 기본적으로 최대화 문제와 동일한 개념이므로 여기서는 예제를 통해 간단히 설명하고자 한다.

예제 3.2

KM식품에서는 특수임무 수행용 전투식량을 아침식사용(A형), 점심식사용(B형), 저녁식사용(C형)으로 구분하여 세 종류를 생산한다. 생산시설은 2개의 생산라인을 이용하고 있으며, 제1라인은 시간당 A형 60개, B형 60개, C형 200개를 생산할 수 있고, 가동비용은 시간당 175만 원이다. 제2라인은 신형설비로 시간당 A형 50개, B형 80개, C형 100개를 생산할 수 있으며, 가동비용은 125만 원으로 제1라인보다 적게 든다. 현재 M 특수부대에서 주문받은 것은 A형이 2,500개, B형이 3,000개, C형이 7,000개인데, 일주일 후에 생산을 완료하여 납품하고자 한다. 이 상황에서 제1라인과 제2라인을 각각 몇 시간씩 가동하여야 주어진 주문량을 최소의 비용으로 생산할 수 있는가?

(1) 원문제

예제 3.2에 대한 선형계획모형(원문제)은 다음과 같다.

$$
\begin{aligned}
\text{최소화} \quad & Z = 175x_1 + 125x_2 \quad (\text{단위: 만 원}) \\
\text{s.t.} \quad & 60x_1 + 50x_2 \ \geq \ 2,500 \quad (\text{A형 전투식량}) \\
& 60x_1 + 80x_2 \ \geq \ 3,000 \quad (\text{B형 전투식량}) \\
& 200x_1 + 100x_2 \ \geq \ 7,000 \quad (\text{C형 전투식량}) \\
& x_1,\ x_2,\ x_3 \ \geq \ 0
\end{aligned}
$$

위 선형계획모형을 심플렉스법으로 해를 구하면, $x_1 = 25$(제1라인의 가동시간), $x_2 = 20$(제2라인의 가동시간), $S_1 = 0$, $S_2 = 100$, $S_3 = 0$이며, 이때 최솟값 $Z = 6,875$가 된다.

(2) 쌍대문제

앞에서 설명했던 최대화 문제와 같은 절차에 따라 예제 3.2의 원문제를 쌍대문제로 전환하면 다음과 같다.

$$
\begin{aligned}
\text{최대화} \quad & Z = 2,500y_1 + 3,000y_2 + 7,000y_3 \\
\text{s.t.} \quad & 60y_1 + 60y_2 + 200y_2 \ \leq \ 175 \quad (\text{제1라인}) \\
& 50y_1 + 80y_2 + 100y_3 \ \leq \ 125 \quad (\text{제2라인}) \\
& y_1,\ y_2,\ y_3 \ \geq \ 0
\end{aligned}
$$

위 선형계획모형(쌍대문제)을 심플렉스법으로 해를 구하면, $y_1 = 15/8$ (A형 식량의 단위당 부여원가(가치)), $y_2 = 0$, $y_3 = 5/16$ (C형의 부여원가), $S_1' = 0$, $S_2' = 0$ 이며, 이때 최댓값 $Z = 6,875$가 된다.

(3) 쌍대문제로부터 원문제의 최적해 도출

예제 3.2의 쌍대문제가 최대화 문제이므로 쌍대문제의 최적해로부터 원문제의 최적해를 구하려면, 쌍대문제의 최종 심플렉스표에서 원문제의 결정변수(x_1, x_2) 값은 쌍대문제의 여유변수(S_1', S_2')에 대응하는 $c_j - z_j$의 절댓값을 취하면 된다. 즉, $x_1 = 25$, $x_2 = 20$, $S_1 = S_2 = S_3 = 0$일 때 최솟값 6,875만 원이다.

원문제와 쌍대문제의 심플렉스표에 나타난 원소들은 아주 밀접한 관계를 형성하고 있어서 이 두 모형의 최종 심플렉스표를 결합하여 보면 표 3.7과 같다. 최대화 문제와 마찬가지로 표 3.7에서 보는 바와 같이 원문제의 결정변수(x_1, x_2)와 쌍대문제의 여유변수(S_1', S_2')가 대응되고, 여유변수(S_1, S_2, S_3)와 결정변수(y_1, y_2, y_3)가 대응되고 있음을 알 수 있다. 즉, 원문제의 $x_1 = 25$, $x_2 = 20$, $S_2 = 100$은 기저변수이므로 이에 대응되는 쌍대문제의 변수 S_1', S_2', y_2는 쌍대문제의 입장에서 비기저변수가 되어 $S_1' = S_2' = y_2 = 0$이 된다. 또한 원문제의 S_1, S_3는 비기저변수이므로 $S_1 = S_3 = 0$이 되며 이에 대응되는 쌍대문제의 변수 y_1, y_3는 기저변수가 되고, 그 값은 원문제의 비기저변수 S_1, S_3에 대응되는 $Z_j - C_j$의 절댓값이 되므로 $y_1 = 15/8$, $y_3 = 5/16$가 된다.

표 3.7 원-쌍대문제가 결합된 최종 심플렉스표

C_j			175	125	0	0	0	
C_b	기저변수	해(우변상수)	x_1	x_2	S_1	S_2	S_3	← 원문제 변수
0	S_2	100	0	0	−5/2	1	9/20	
125	x_2	20	0	1	−1/20	0	3/200	
175	x_1	25	1	0	1/40	0	−1/80	
z_j		6,875	175	125	−15/8	0	−5/16	
$c_j - z_j$			0	0	−15/8	0	−5/16	
			S_1'	S_2'	y_1	y_2	y_3	← 쌍대문제 변수

(4) 쌍대문제의 경제적 해석

예제 3.2의 쌍대문제에서 결정변수는 생산하고자 하는 제품, 즉 A형, B형, C형의 전투식량 한 단위당 산출가치(투입원가)를 나타내고, 목적함수계수(2,500, 3,000, 7,000)는 A형, B형, C형 전투식량의 주문량으로 생산해야 할 최소요구량을 나타내는 것이므로 목적함수는 세 종류의 제품 생산으로 얻어지는 총 산출가치가 최대화가 되어야 한다. 따라서 최대화 문제가 된다.

첫 번째 제약조건식에서 좌변은 제1생산라인의 시간당 생산되는 세 종류의 제품에 대한 총 투입원가(산출가치)를 나타내고, 우변상수는 제1생산라인의 시간당 가동비용을 나타내므로 총 투입원가(산출가치)가 시간당 가동비용보다 작으면 제1라인은 생산을 위한 가동을 해서는 안 된다. 그러나 총 산출가치가 가동비용보다 크다면 이익의 최대화를 실현하기 위하여 좌변과 우변의 값이 같을 때까지 계속 생산을 해야 할 것이다. 두 번째 제약조건식도 같은 의미로 해석할 수 있다.

쌍대문제의 최적해에서 결정변수 값은 $y_1 = 15/8$, $y_2 = 0$, $y_3 = 5/16$ 가 되는데, A형과 C형 전투식량은 추가 생산을 하게 되면 단위당 산출가치를 15/8와 5/16만큼의 가치를 얻게 되며, $y_2 = 0$의 의미는 B형 식량은 초과 생산된 상태이므로 추가 생산을 할 필요가 없으며 생산한다 해도 산출가치는 없다는 것을 의미한다. 즉, A형과 C형 전투식량의 최소요구량(주문량)을 충족시키기 위하여 제1, 제2생산라인을 25시간 및 20시간씩 각각 가동해야만 하는 상황에서 나타난 부산물로 B형 전투식량이 100개($S_2 = 100$) 초과 생산되었다는 것이다. 따라서 추가 수요가 발생한다 해도 초과 생산된 양을 처리하면 되는 것으로 단위당 산출가치 증가와는 무관하므로 판매가격에는 영향을 미치지 않는다. 그러나 A형과 C형 전투식량의 경우에는 현재 주문량 이외의 추가 주문량이 발생한다면 최소한 산출가치(투입원가)만큼의 가격이 되어야 손실 발생을 피할 수 있으므로 가격 결정에 중요한 정보가 된다.

3.3 민감도 분석

3.3.1 목적함수계수의 변화

민감도 분석은 선형계획모형의 매개변수(parameter)가 변할 때 최적해 및 목적함수 값이 어떠한 영향을 받는지 연구하는 분야이다. 민감도 분석은 선형계획모형의 최적해를 구한 상태에서 매개변수의 변화를 반영하여 도출할 수 있다. 최적해와 목적함수에 영향을 미치는 변화는 목적함수계수(c_j), 우변상수(b_i), 제약식의 변수 앞에 주어지는 기술계수(a_{ij})의 변화, 새로운 제약조건식의 추가 등이 있는데, 기술계수의 변화는 목적함수와 제약식에 미치는 영향이 작으므로 이 절에서는 목적함수계수의 변화(최적범위)와 우변상수의 변화(실행 가능 범위)를 살펴보기로 한다.

목적함수계수는 결정변수의 단위당 이익(비용)을 나타낸다. 다른 매개변수들이 불변이고 목적함수계수만 변화한다고 가정하면, 제약조건식에는 아무런 영향을 주지 않게 된다. 이에 따라 현재 해의 실행 가능성(feasibility)에는 영향을 미치지 않고 목적함수 값과 해의 최적 여부에 영향을 미치게 된다. 최대화 문제의 제약식 ③을 변화시킨 수정된 예제 3.1을 통해서 이를 살펴보기로 하자.

예제 3.1 제약식 ③의 우변상수를 3에서 4로 변화시켜 살펴보는 이유는 다음과 같다. 예제 3.1에서는 모든 제약식이 최적해에서 교차하기 때문에, 최적해를 결정하지 않는 제약식에 대한 잠재가격 및 실행 가능 범위를 분석하는 것이 제한된다. 따라서 최적해를 결정하지 않는 제약식을 만들어내기 위해 제약식 ③의 우변상수를 3에서 4로 수정한다.

$$
\begin{aligned}
\text{최대화} \quad & Z = 500x_1 + 300x_2 \\
\text{s.t.} \quad & 2x_1 + 4x_2 \le 20 && ① \\
& 4x_1 + 2x_2 \le 22 && ② \\
& x_2 \le 4 && ③ \\
& x_1,\ x_2 \ge 0
\end{aligned}
$$

이 문제의 최적해는 제약식 ①과 제약식 ②의 교점인 C점($x_1 = 4,\ x_2 = 3$)이고 목적함수 값은 2,900이다. 목적함수식의 기울기는 $-\dfrac{c_1}{c_2} = -\dfrac{500}{300} = -\dfrac{5}{3}$이다.

그러면 현재의 최적해를 변화시키지 않는 목적함수계수의 최적 범위를 살펴보기로 하자. 최적해 C와 관련된 제약식은 ①번과 ②번 제약식으로 각각 기울기는 $-\dfrac{2}{4}$와 $-\dfrac{4}{2}$이다. 목적함수의 기울기 $-\dfrac{5}{3}$는 $-\dfrac{2}{4}$와 $-\dfrac{4}{2}$ 사이에 존재하게 된다. 따라서 목적함수의 기울기는 $-\dfrac{c_1}{c_2}$이므로 $-\dfrac{4}{2} \le -\dfrac{c_1}{c_2} \le -\dfrac{2}{4}$와 같이 표현할 수 있다. 현재의 최적해를 변화시키지 않으면서 변화할 수 있는 목적함수계수의 범위를 최적 범위(range of optimality)라고 한다.

목적함수의 기울기를 나타내는 $-\dfrac{c_1}{c_2}$의 최적 범위를 토대로 각 목적함수계수인 c_1, c_2의 범위는 다른 목적함수계수가 불변일 경우 변화하는 정도로 선정할 수 있

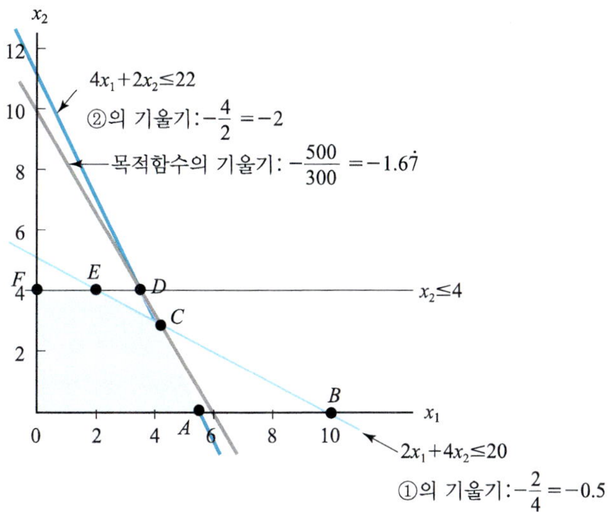

그림 3.2 도해법으로 살펴 본 목적함수의 기울기

다. c_1의 최적 범위는 c_2를 고정하고 목적함수의 기울기의 범위를 나타내는 식으로 구하면 된다. 이를 식으로 표현하면 c_2가 300이므로 이를 대입하여 풀면, $-\frac{4}{2} \le -\frac{c_1}{300} \le -\frac{2}{4}$, $150 \le c_1 \le 600$이 된다. 최대화 문제에서 x_1의 목적함수계수 300이 150과 600 사이에서 변하는 한 목적함수 값은 변화하지만, 현재의 최적해인 C점, 즉 $x_1=4$, $x_2=3$은 여전히 최적해로 변함이 없게 된다. 같은 방식으로 x_2의 목적함수계수인 c_2의 최적 범위를 구하면, $-\frac{4}{2} \le -\frac{500}{c_2} \le -\frac{2}{4}$의 식으로부터 $250 \le c_2 \le 1{,}000$임을 쉽게 계산할 수 있다.

3.3.2 우변상수의 변화

선형계획법에서 우변상수는 일반적으로 가용한 자원의 양을 나타내며, 쌍대문제에서 결정변수 값은 잠재가격으로 우변상수의 한 단위 변화에 따른 목적함수의 변화량을 나타낸다. 따라서 잠재가격을 이용하면 우변상수의 변화가 최적해에 어떠한 영향을 미치는지 알 수 있다. 또한 선형계획모형의 최적해를 나타내는 최종 심플렉스표에서 우변상수의 증감에 따른 기저변수 값의 변화를 추적하여 변화 정도를 알 수 있다.

최대화 문제에서 어떤 제약조건식의 우변상수가 감소하면 기저변수 값이 음수가 될 수 있으며, 이는 기존의 최적해가 불가능해가 될 수 있음을 의미한다. 즉, 가능해 영역이 축소되어 기존해가 가능해 영역 밖의 상태가 된다는 것이다. 반면에 어떤 제약조건식에서 우변상수가 증가하면 새로운 최적해가 나타날 수 있다. 그러므로 우변상수의 변화는 $c_j - z_j$값에 아무런 영향을 주지 않기 때문에 우변상수의 변화에 따른 민감도 분석은 해의 최적성을 검토하는 것이 아니라 실행 가능성 여부를 검토하는 것이 된다.

최종 심플렉스표에서 여유변수열의 $c_j - z_j$값의 의미는 여유변수에 해당하는 제약조건식의 우변상수 한 단위 감소에 따른 목적함수 값(이익)의 감소분을 나타내며, 또한 역으로 우변상수 한 단위 증가에 따른 목적함수 값의 증가분을 나타낸다. 다시 말해서 여유변수열의 $c_j - z_j$값은 그 제약조건에 대한 잠재가격을 나타내는 것이다. 그러므로 우변상수의 민감도 분석은 어떤 제약조건식에 대한 잠재가격이 변화하지 않는, 즉 기저변수가 변하지 않는 우변상수의 가능한 범위를 구하는 것이 된다.

잠재가격(shadow price)이란 실행 가능 범위 내에서 제약조건식의 우변상수(b_i)가 한 단위 증가할 때 초래하는 목적함수 값의 증가를 의미한다고 했다. 이를 수식을 통해 계산해보면 다음과 같다. 3.3.1절의 최대화 문제에서 ①번 제약식은 다음과 같다.

$$2x_1 + 4x_2 = 20$$

우변상수 20이 한 단위 증가, 즉 21이 될 때 최적해가 어떻게 변화하는지 살펴보면 잠재가격을 도출할 수 있다. ①번과 ②번 제약식을 연립하여 풀면, $x_1 = \frac{23}{6}$이 되고, $x_2 = \frac{10}{3}$이 된다. 이를 목적함수식에 대입하면, $Z = 500x_1 + 300x_2 = 2{,}916.6\dot{7}$이 된다. 목적함수 값은 $16.6\dot{7}$만큼 증가하였다. 따라서 ①번 제약식에 해당하는 자원 ①의 잠재가격은 $16.6\dot{7}$이다. ②번 제약식에 해당하는 자원 역시 마찬가지로 풀면 잠재가격은 $166.6\dot{7}$이다.

그림 3.3에서 보는 바와 같이 ①번 제약식의 실행 가능 범위는 실행 가능 영역을 벗어나지 말아야 한다. 점 $A = (\frac{22}{4},\ 0)$과 $D = (\frac{14}{4},\ 4)$ 사이에서 움직일 때 잠재가격이 변하지 않으므로, 이를 ①번 제약식에 대입하면 실행 가능 범위를 구할 수 있다.

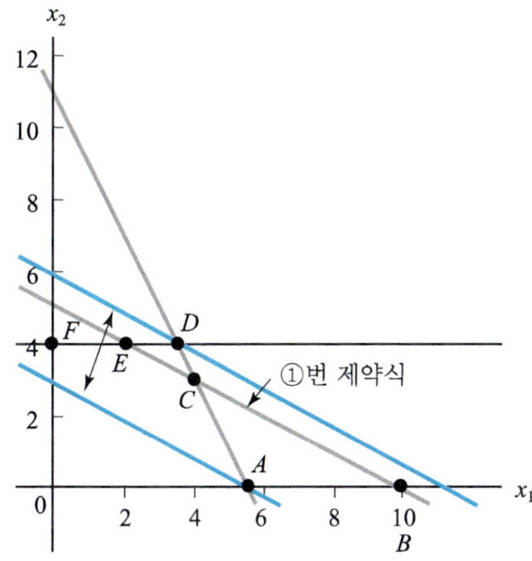

그림 3.3 도해법으로 살펴 본 제약식 ①의 실행 가능 범위

$$2x_1 + 4x_2 = 2\left(\frac{22}{4}\right) + 4(0) = 11 \quad (\text{하한})$$

$$2x_1 + 4x_2 = 2\left(\frac{14}{4}\right) + 4(4) = 23 \quad (\text{상한})$$

따라서 ①번 제약식에 해당하는 우변상수(b_1)의 실행 가능 범위는 $11 \le b_1 \le 23$이 된다. ①번 제약식의 우변상수는 현재 20으로 11과 23 사이에 있어 실행 가능 범위 내에 있고, 하한과 상한 범위 내에서 자원을 변동시킬 수 있다.

이와 같은 방식으로 ②번 제약식은 점 $E=(2,\ 4)$와 $B=(10,\ 0)$ 사이에서 움직일 때 잠재가격이 변하지 않으므로, 이를 ②번 제약식에 대입하여 실행 가능 범위를 구할 수 있다. 위와 같은 방식으로 계산하면 ②번 제약식에 해당하는 우변상수(b_2)의 실행 가능 범위는 $16 \le b_2 \le 40$이 된다.

추가로 최적해와 관련이 없는 제약식 ③번의 실행 가능 범위도 구할 수 있다. 최적해인 C점 이하가 되면 최적해에 영향을 주게 되므로 하한은 C점이 된다. 따라서 하한은 C가 되고 상한은 무한대(∞)가 된다. $C(x_1 = 4,\ x_2 = 3)$를 ③번 제약식에 대입하면, $x_2 = 3$이 된다. 이는 원래의 자원이 4이므로 1만큼 사용하지 않았다는 것을 의미한다. 즉 ③번 제약식에서 현재 이미 초과능력을 갖추고 있으므로 우변상수의 추가 투입은 미사용 자원의 증가만 초래한다는 것을 의미한다. 미사용 자원이 존재하기 때문에 ③번 제약식에 해당하는 우변상수(b_3)의 잠재가격은 0이 된다. 따라서 ③번 제약식의 실행 가능 범위는 $3 \le b_3 \le \infty$가 된다.

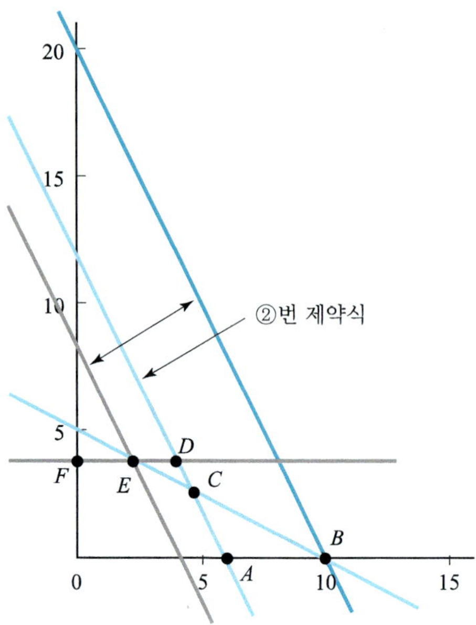

그림 3.4 도해법으로 살펴 본 제약식 ②의 실행가능 범위

3.4 컴퓨터 응용

3.2절에서 살펴본 문제를 컴퓨터 프로그램을 통해 그 해를 구해보자. 원문제는 다음과 같다.

$$
\begin{aligned}
\text{최대화}\quad & Z = 500x_1 + 300x_2 \\
\text{s.t.}\quad & 2x_1 + 4x_2 \le 20 \quad (\text{밀가루}) \\
& 4x_1 + 2x_2 \le 22 \quad (\text{계란}) \\
& x_2 \le 3 \quad (\text{최대 주문량}) \\
& x_1,\ x_2 \ge 0
\end{aligned}
$$

위 문제를 컴퓨터 프로그램인 링고 프로그램으로 수식을 입력한 결과는 그림 3.5와 같다. 그림에서 보는 바와 같이 입력하면 되고, 비음조건은 입력하지 않아도 컴퓨터가 자동으로 인식하게 되어 있다. 그림에서 원으로 표시된 부분을 클릭하면 해를 구할 수 있다.

입력한 수식의 해를 구하면 그림 3.6과 같다. 그림에서 보는 바와 같이 목적함

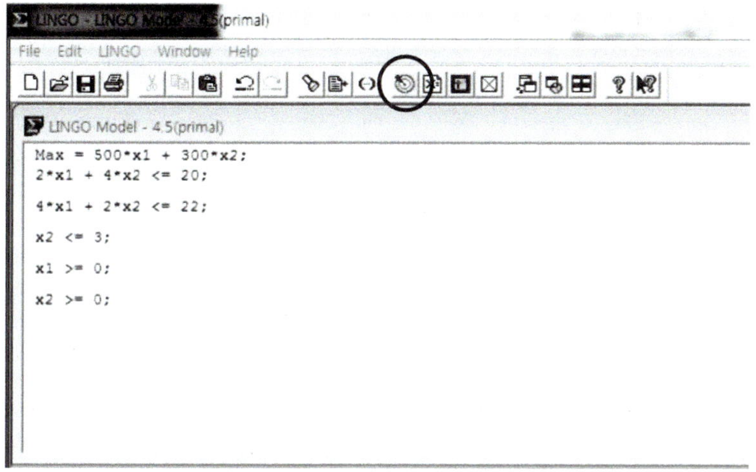

그림 3.5 링고 프로그램 입력화면

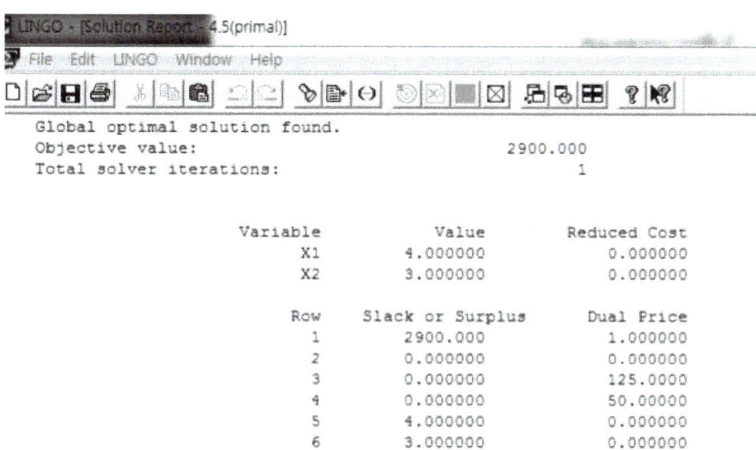

그림 3.6 링고 프로그램 출력화면(해)

수 값은 2,900, 최적해는 $x_1 = 4,\ x_2 = 3$이다. 이는 표 3.4 최종 심플렉스표와 같음을 알 수 있다.

3.5 요약

이 장에서는 원문제를 쌍대문제로 변화하는 방법과 원문제(혹은 쌍대문제)의 최종 심플렉스표에서 쌍대문제(혹은 원문제)의 최적해를 도출하는 방법을 알아보았다. 쌍대문제의 최적해는 원문제의 제약식의 우변상수가 한 단위 변화할 때 목적함수의 변화량을 나타낸다. 따라서 쌍대문제의 최적해가 0이 나온다는 의미는 해당 자원의 경우 추가 생산을 해야 할 가치가 없음을 알려준다.

또한 선형계획모형의 매개변수가 변할 시 최적해 및 목적함수 값이 어떠한 영향을 받는지를 분석하는 민감도 분석에 대해 알아보았다. 민감도 분석은 목적함수계수의 변화, 우변상수의 변화, 기술계수의 변화, 새로운 제약조건식의 추가 등에 대해 수행할 수 있으나, 이 책에서는 목적함수계수의 최적범위와 우변상수의 변화에 따른 잠재가격이 변하지 않는 범위에 대해서 살펴보았다.

연습문제

3.1 다음의 선형계획모형에 대하여 물음에 답하시오.

$$\begin{aligned} \text{최대화} \quad & Z = 5x_1 + 4x_2 \\ \text{s.t.} \quad & x_1 + 2x_2 \le 7 \\ & 3x_1 + 2x_2 \le 12 \\ & x_1,\ x_2 \ge 0 \end{aligned}$$

(1) 위 모형에 대한 쌍대모형을 구하시오.

(2) 쌍대문제를 심플렉스법으로 최적해를 구하시오.

(3) 원문제와 쌍대문제의 최적해에서 기저변수와 비기저변수가 어떻게 대응되고 있는지 설명하시오.

3.2 다음의 선형계획모형에 대하여 물음에 답하시오.

$$\begin{aligned} \text{최소화} \quad & Z = 20x_1 + 15x_2 \\ \text{s.t.} \quad & 7x_1 + 2x_2 \ge 5 \\ & 5x_1 + 3x_2 \ge 10 \\ & x_1,\ x_2 \ge 0 \end{aligned}$$

(1) 위 모형에 대한 쌍대모형을 구하시오.

(2) 쌍대문제를 심플렉스법으로 최적해를 구하시오.

(3) 원문제와 쌍대문제의 최적해에서 기저변수와 비기저변수가 어떻게 대응되고 있는지 설명하시오.

3.3 다음의 선형계획모형에 대한 쌍대모형을 구하시오.

$$\begin{aligned} \text{최대화} \quad & Z = 4x_1 + 3x_2 \\ \text{s.t.} \quad & 4x_1 + 9x_2 \le 18 \\ & 8x_1 + 5x_2 \le 17 \\ & x_1,\ x_2 \ge 0 \end{aligned}$$

3.4 다음의 선형계획모형에 대한 쌍대모형을 구하시오.

$$\begin{aligned} \text{최소화} \quad & Z = 9x_1 + 1x_2 + 5x_3 + 3x_4 \\ \text{s.t.} \quad & 3x_1 + 1x_2 + 2x_3 = 35 \\ & 2x_1 + 1x_2 + 3x_3 + 1x_4 \ge 15 \\ & 2x_2 + 3x_4 \le 25 \\ & x_1,\ x_2,\ x_3,\ x_4 \ge 0 \end{aligned}$$

3.5 다음의 선형계획모형에 대한 아래의 물음에 답하시오.

$$\begin{aligned} \text{최대화} \quad & Z = 2x_1 + 3x_2 \\ \text{s.t.} \quad & 1x_1 + 2x_2 \le 8 \\ & 3x_1 + 2x_2 \le 12 \\ & x_1,\ x_2 \ge 0 \end{aligned}$$

(1) 위 문제에 대한 쌍대모형을 구하시오.

(2) 도해법을 이용하여 원문제와 쌍대문제의 해를 구하고 비교해보시오.

(3) 심플렉스법을 이용하여 원문제와 쌍대문제의 해를 구하고 비교해보시오.

(4) 원문제와 쌍대문제에 대한 도해법 및 심플렉스법을 이용한 최적해를 관찰한 후 두 문제에 대한 관계를 규명해보시오.

3.6 다음의 선형계획모형에 대한 아래의 물음에 답하시오.

$$\begin{aligned} \text{최소화} \quad & Z = x_1 + x_2 \\ \text{s.t.} \quad & x_1 \ge 30 \end{aligned}$$

$$x_2 \geq 20$$
$$x_1 + 2x_2 \leq 80$$
$$x_1,\ x_2 \geq 0$$

(1) 위 문제에 대한 쌍대모형을 구하시오.

(2) 쌍대문제의 해를 구하고, 쌍대문제의 해로부터 원문제의 최적해 x_1과 x_2의 값이 각각 30과 20이 됨을 보이시오.

(3) 세 번째 제약조건의 우변상수가 80에서 79로 변화하였다면, 쌍대문제의 해를 이용하여 목적함수가 얼마만큼 변화하겠는지 설명하시오.

3.7 육군은 균형 잡힌 식단을 유지하기 위해 비타민 A, C를 함유하고 있는 두 종류의 부식을 매입하고자 한다. 각 부식의 비타민 함유량 등이 다음 표와 같을 때, 총 비용을 최소화하는 각 부식의 매입량을 결정하시오.

구분	비타민 A	비타민 C	가격(원/kg)
부식 A	1	4	500
부식 B	3	2	300
일일 필요량	10	20	–

(1) 위의 문제를 선형계획법으로 모형화하시오.

(2) 위 상황을 알고 있는 제약회사에서 비타민 A, C를 약으로 제조해서 육군에 판매하고자 한다. 총 매출을 극대화하는 선형계획모형을 도출하시오(육군에서 제약회사의 제안을 받아들일만한 조건을 고려하여야 한다).

(3) (1)과 (2)의 모형은 어떠한 관계에 있는가?

(4) (2)의 모형을 도해법을 통해 최적해를 구하고 목적함수계수의 최적범위를 도출하시오.

3.8 방산업체 T는 원료 A, B, C를 활용하여 방탄복 '가'형과 '나'형을 생산한다. 각 방탄복을 생산하는 데 필요한 원료의 단위량과 보유량 등이 다음 표에 주어져 있다.

구분	원료			생산이익 (만 원)
	A	B	C	
방탄복 '가'	3	2	2	20
방탄복 '나'	4	5	1	15
보유량	200	210	50	–

(1) 생산이익을 최대화하는 선형계획모형을 구하시오.

(2) (1)의 결과를 원문제로 고려하여 쌍대문제를 도출하시오.

(3) 방산업체 T가 보유 중인 원료 A, B, C를 매입하고자 하는 방산업체 R의 입장에서 (2)의 목적함수 및 제약조건을 해석하시오.

3.9 백령도 △△△부대로 C-130을 활용하여 보급품 1, 2 유형을 수송하고자 한다. C-130의 화물공간은 60.0 ton의 중량제한과 160 m^3의 용량제한이 있으며, 두 가지 수송품에 대한 한 단위당 무게 및 용량이 아래 표에 나타나 있다. 이 보급품들이 C-130으로 수송되지 못한다면 민간 페리호를 활용하여 수송이 가능하므로, 별도의 수송비용이 발생한다. C-130을 활용하여 수송함에 따라 발생하는 비용절감액을 최대화하는 화물 적재 계획을 수립하고자 한다.

보급품(유형)	단위당 무게(ton)	단위당 용량(m^3)	수송 시 단위당 비용절감액(백만 원)
1	10/3	20	5
2	10.0	10	4

(1) 위의 문제를 선형계획법으로 모형화하시오.

(2) (1)의 쌍대문제를 나타내시오.

(3) (1)과 (2)의 모형은 어떠한 관계에 있으며, (2)의 목적함수와 각 제약식들을 해석하시오.

3.10 특수전 사령부 예하 특수전 교육단의 낙하산 정비대는 공수교육 및 훈련을 위해 낙하산을 정비하는 중요한 부대이다. 주로 MC1-1B(낙하산 ①), MC1-1C(낙하산 ②) 두 종류의 낙하산을 정비하며 이물질 제거에 걸리는 시간은 각각 15분, 10분이고 육안 및 통풍 검사에 걸리는 시간은 각각 10분, 15분이다. 또한 보수 및 포장 작업에는 각각 25분, 30분이 걸린다. 이물질 제거에 투입할 수 있는 시간은 최대 75시간이며 육안 및 통풍 검사는 100시간, 보수 및 포장은 165시간이라고 할 때 다음의 물음에 답하시오.

구분	MC1-1B ①	MC1-1C ②	작업 가용시간
이물질 제거	15분	10분	75시간
육안 및 통풍 검사	10분	20분	100시간
보수 및 포장	25분	30분	165시간

(1) 일주일간의 낙하산 정비량을 최대로 하기 위한 계획을 선형계획법을 이용하여 모형화하시오.

(2) 도해법을 이용하여 위의 모델을 그래프로 표현하시오(해당축의 절편 표기).

(3) 이때 MC1-1B 낙하산과 MC1-1C 낙하산의 최적 개수는 몇 개인가?

(4) 특수전 사령부에서 낙하산의 정비 개수마다 마일리지를 부여하여 해당 부대의 성과 평가에 반영한다고 한다. MC1-1B 낙하산의 정비에 대한 마일리지는 2점, MC1-1C 낙하산의 정비에 대한 마일리지는 3점이다. 마일리지의 획득량을 최대화하려고 할 때, 기존의 최직 정비량에 미치는 영향을 분석하시오.

3.11 현재 귀관은 전방 ○○보병사단의 작전참모로서 작전계획을 분석 중이다. 부대의 중요거점이라고 판단되는 지역 A와 B에서 2단 3열 윤형 철조망, 지붕형 철조망, 목책 철조망을 조합하여 장애물을 설치하려고 한다.

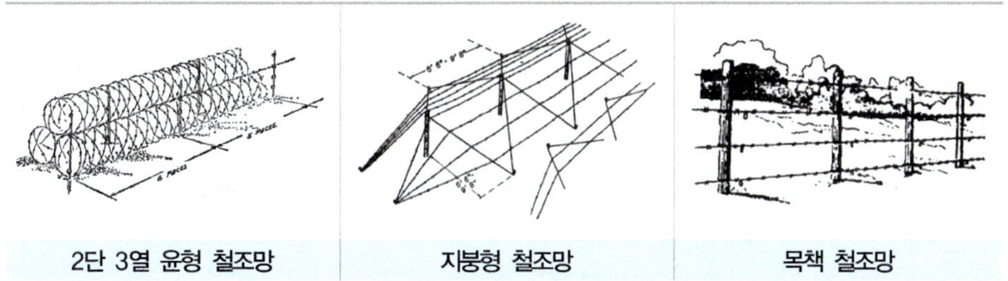

2단 3열 윤형 철조망 | 지붕형 철조망 | 목책 철조망

철조망을 이용한 요구 지연효과는 지역 A에서 120시간, 지역 B에서 180시간이며 각 지역에서의 철조망 1단위의 지연효과는 지역 A에서 0.4시간, 0.25시간, 0.167시간이고 지역 B에서는 0.3시간, 0.5시간, 0.167시간이다. 또한 각각의 철조망 설치 소요시간은 1시간, 1.25시간 그리고 0.6시간이다.

구분	2단 3열 윤형 철조망	지붕형 철조망	목책 철조망	요구 지연효과
지역 A	0.4시간	0.25시간	0.167시간	120시간
지역 B	0.3시간	0.5시간	0.167시간	180시간
설치 소요시간	1시간	1.25시간	0.6시간	–

(1) 최소한의 설치 소요시간으로 위의 조건을 만족하는 철조망 설치 계획을 선형계획법을 이용하여 모형화하시오.

(2) 위 문제의 쌍대문제를 구하시오.

(3) 도해법을 이용하여 위 쌍대문제를 표현하시오(해당축의 절편 표기).

(4) 쌍대문제에서의 각 우변상수의 잠재가격과 실행 가능 범위를 구하시오.

3.12 방산업체 R은 업체 T로부터 원료 A, B, C를 매입하고자 한다. 업체 T는 원료 A, B, C를 활용하여 두 가지 제품을 생산하여 판매하는 중소기업으로, 업체 T의 제품생산 정보는 다음과 같다.

구분	원료			생산이익
	A	B	C	
제품 '가'	3	2	2	20
제품 '나'	4	5	1	15
보유량	200	210	50	–

(1) 방산업체 R의 입장에서, 원료를 매입하는 총 비용을 최소화하는 선형계획모형을 작성하시오.

(2) (1)의 쌍대문제를 도출하시오.

(3) 심플렉스법으로 쌍대문제의 최적해 및 최적목적함수 값을 도출하시오.

(4) 업체 R이 방산업체 T로 원료 매각 전, 원자재 A, B, C를 각각 2, 5, 7만 원으로 매입할 수 있을 때, 어떤 원료를 한 단위 매입하는 것이 가장 합리적인가? 그 이유를 설명하시오.

3.13 육군의 위탁 생산업체인 ㈜평화화학은 소부대에서 사용하는 특수목적 수류탄을 제조하는 업체이다. 주력 상품은 섬광탄(flash bang)과 연막탄(smoke shell)이며 이들에는 세 가지의 재료가 주로 사용된다(세 가지를 제외한 나머지 재료는 충분하다). 섬광탄과 연막탄 각 1세트를 만들기 위해서는 강화 플라스틱이 각각 1, 1단위가 필요하고 흑색화약 3, 2단위가 필요하며 마그네슘 3, 1단위가 필요하다. 이들 재료는 일주일 단위로 외부로부터 수령하여 제작하며 이번 주(1주차)에 보유하고 있는 재료 보유량은 강화 플라스틱 42단위, 흑색 화약 81단위, 마그네슘 60단위이다. 섬광탄과 연막탄의 세트당 판매수익이 각각 7만 원, 4만 원이라고 할 때 다음의 물음에 답하시오.

(1) 1주차의 총 판매수익을 최대로 하기 위한 생산계획을 선형계획법을 이용하

여 모형화하시오.

(2) 생산공정에서 자원의 보유량을 관리하는 것은 매우 중요하다. 1주차의 강화 플라스틱, 흑색 화약, 마그네슘의 잠재가격과 실행 가능 범위를 구하시오.

(3) ㈜평화화학의 생산계획부장은 원문제에 대한 다양한 경제적 해석을 위해 쌍대문제를 구하려고 한다. (1)의 모형에 대한 쌍대문제를 구하고 이 쌍대문제의 최적해와 목적함수의 최적값을 구하시오.

(4) 현재 ㈜평화화학의 생산계획부장은 2주차의 생산공정을 계획 중이다. 강화 플라스틱의 보유량 감소(기존의 42단위 → 38단위)를 제외하고 모든 상황은 동일할 것으로 예상될 때 최적해가 변할 것인지를 검사하시오. 만약 변한다면 최적해가 얼마로 변하고 그때의 최대이익은 얼마인지 구하시오.

(5) 현재 ㈜평화화학의 생산계획부장은 3, 4주차의 생산공정을 계획 중이다. 아래 표는 2주차부터의 생산과 관련된 변동사항을 정리한 보고서이다.

주요 변동사항 보고서

주차	내용	사유	비고
2주차	강화 플라스틱의 보유량 감소 (기존의 42단위 → 38단위)	공급라인 문제 발생	그 외 사항은 1주차와 동일
3주차	섬광탄의 생산이익 감소 (기존의 7만 원 → 6만 원)	인건비 증가	그 외 사항은 2주차와 동일
4주차	연막탄의 생산이익 증가 (기존의 4만 원 → 4.2만 원)	수요 증가에 따른 재계약	그 외 사항은 3주차와 동일

(5) 위의 변동사항을 고려하여 최적의 생산량을 결정하면, 매주 제품생산 전에 이 최적 생산계획에 맞게 생산라인의 공정 기기를 설정해야 하는데, 이 기기 설정 변경에는 일부 비용이 발생한다. 기기 설정을 변경하는 인원의 주말 수당이 여기에 해당되며 해당 비용은 5만 원이다.

아래 표는 공정 기기 설정 변경에 대한 지시서로 차주의 제품생산을 어떻게 할 것인지에 대한 정보와 전주의 최적 생산량에 맞춰진 설정을 변경해야 하는지 여부가 기재되어 있다. 위 주요 변동사항 보고서를 참조하여 공정 기기 설정 변경 비용을 포함한 회사의 이익을 최대로 하려고 할 때, 3, 4주차의 생산량과 기기 설정 변경 여부를 결정하여 아래 표를 채우시오.

공정 기기 설정 변경 지시서

공정 기기 설정 변경일시	적용주차	차주 섬광탄 생산량	차주 연막탄 생산량	설정 변경 여부	변경 시 비용
2주차 주말	3주차				5만 원
3주차 주말	4주차				5만 원
…		…	…	…	…
생산 팀장은 위 지시와 같이 차주의 생산량에 맞추어 생산준비를 완료할 것					

3.14 방산업체 T는 공정 A, B, C를 활용하여 방탄복 '가'형과 '나'형을 생산한다. 각 방탄복을 생산하는 데 필요한 공정의 소모시간과 가용시간, 그리고 판매이익 등이 다음 표에 주어져 있다.

구분	공정(개당 가공시간)			판매이익 (만 원)
	A	B	C	
방탄복 '가'	1	4	9	40
방탄복 '나'	1	8	6	30
가용시간	180	1,120	1,440	

(1) 방탄복 '가'와 '나'의 생산량을 조절하여 판매이익을 최대화하고자 한다. 결정 변수, 목적함수 계수(기여계수), 우변상수를 정의하고 선형계획법을 이용하여 모형화하시오.

(2) 도해법을 이용하여 위의 모형을 그래프로 표현하시오.
(각 제약조건의 그래프 및 각 축에 대한 절편, 가능해 영역, 최적해 표기)

(3) 최대 판매이익을 생성해주는 최적 생산량과 그때의 판매이익을 적으시오.

(4) 위 원문제(가)의 쌍대문제를 구하시오.

(5) 원문제의 목적함수 계수의 최적 범위를 구하시오.

(6) 원문제의 각 우변상수의 실행 가능 범위와 잠재가격을 구하시오.

4장 수송모델과 할당모델

4.1 기본 개념

기업의 경영에서 생산된 제품이나 생산에 필요한 재료를 좀 더 저렴한 비용으로 효과적으로 수송하는 문제는 생산량과 관련된 제조 공정만큼이나 중요한 일이라 할 수 있다. 특히 현대에는 자유무역체제 출범 등으로 물리적 국경의 해체, 국제화 물결에 따른 국제 경쟁의 가속화, 정보기술 및 통신망의 급속한 발달 등으로 공급지와 수요지가 다양해지고 물동량이 급격히 증대되었다. 이러한 자원분배의 문제에서 운영적 차원의 의사결정을 할 때, 의사결정자는 가장 효율적인 물류시스템 구축이 관건이다.

수송모델은 어떻게 하면 공급지와 수요지 간에 자원을 최적으로(최소한의 비용, 최단시간 등) 수송할 것인가 하는 질문에 대한 합리적인 해답을 제시할 수 있는 OR 모델이다. 수송모델의 원천은 단치히가 선형계획법을 개발하기에 앞서 히치콕(Frank L. Hitchcock)이 1941년에 발표한 〈The Distribution of a Product from Several Sources to Numerous Localities〉라는 연구논문이다. 이와는 별도로 1975년 노벨상 경제학 부문 수상자인 쿠프만스가 1947년에 발표한 〈Optimum Utilization of the Transportation System〉의 연구논문 또한 이 분야의 발전에 크게 기여하였다. 그 후 단치히를 비롯하여 찬스, 쿠퍼, 보겔(W. Vogel), 러셀(E. Russel) 등이 수송모델의 해를 구하는 연산기법의 개발에 크게 공헌하였다. 수송모델은 결론적으로 총 수송비용을 최소로 하기 위한 공급지와 수요지 사이의 수송경로에 최적의 할당량을 결정하는 문제로 선형계획모형 중에서도 그 형태와 특성이 고유하여 별도의 해법을 적용하고 있다. 이를 수송심플렉스법(transportation simplex method)이라고도 한다.

할당모델은 수송모델처럼 네트워크 모형으로 표현할 수 있지만, 공급지와 수요지 수가 동일하면서, 공급량과 수요량이 하나인 네트워크 모형의 특수한 형태이다. 이것은 작업자와 작업 또는 기계의 할당, 판매원과 판매지역의 배정, 연구부서와 연구과제의 배정문제 등과 같이 1 : 1로 짝을 지어 배정하는 문제에 적용할 수 있다.

그렇다면 군에서는 수송 및 할당모델을 어떻게 적용할 수 있을까?

현대전의 양상을 고려할 때 작전부대의 전투력 유지 및 전투력 발휘 극대화를 위해서는 계획적이고 효율적인 작전지속지원이 매우 중요하다. 전투부대의 임무 달성을 위해 적재적소에 요구되는 군수물자를 지속적으로 지원해주어야 하는데, 군수물자를 수송 및 할당하기 위한 자원은 한정적이기 때문에, 군수물자를 효율적으로 분배하는 방법과 이에 대한 의사결정은 매우 중요한 일이라 할 수 있다. 이때 활용가능한 것이 수송모델이다. 또한 군에서는 여러 전문가가 참여한 대규모의 프로젝트를 진행하고 있기 때문에 프로젝트에 필요한 전문가를 합리적으로 결정하는 것이 프로젝트의 성공과 직결되는 중요한 문제라 할 수 있다. 이때 적용할 수 있는 모델이 할당모델이다. 수송모델과 할당모델을 적용하여 군의 군수물자를 효율적으로 분배하고 효과적인 프로젝트 관리에 적용함으로써 군의 전투력 발휘를 보장하고 군의 주요 사업을 성공적으로 추진할 수 있다.

4.2 수송모델

4.2.1 수송모델의 개념 및 구조

수송모델은 네트워크로 표현가능한 선형계획모형 중 하나이다. 네트워크는 출발지와 도착지를 표현하는 마디(node)와 출발지와 도착지 간의 거리나 시간을 표현하는 호(arc)로 이루어져 있다. 수송모델은 네트워크로 이루어진 모델 중에서 다수의 공급처(출발지)와 다수의 수요처(도착지)로 이루어져 있으며, 공급처에서 수요처로 제품을 얼마만큼 수송해야 할 것인지를 결정하는 것이다. 네트워크에 대해서는 이 책의 7장 네트워크 모형에서 자세히 설명하겠다. 이러한 수송모델에서의 목적함수는 수송비용의 합(총 수송비용)을 최소화하는 것이다. 이를 구조적으로 살펴보면 다음과 같다. m개의 공급처가 있고 각 공급처의 공급능력은 일정하다. n개의 수요처가 있으며 각 수요처에서 요구하는 제품의 수요량은 일정하다. 또한 공급처 i에서 수요처 j로 제품 1단위를 수송하는 수송비용도 일정하다. 이를 기호로 나타내면 그림 4.1과 같다.

S_i는 공급처의 공급능력을, D_j는 수요처의 수요량을, C_{ij}는 공급처 i에서 수요처 j까지의 수용비용을, x_{ij}는 결정변수로 공급처 i에서 수요처 j까지의 수송량을 의미한다. 이를 선형계획모델로 표현하면 다음과 같다.

$$\text{최소화} \quad Z = \sum_{i=1}^{m}\sum_{j=1}^{n} C_{ij}x_{ij}$$

$$\text{s.t.} \quad \sum_{j=1}^{n} x_{ij} \le S_i \quad (i = 1,\ 2,\ \cdots,\ m)$$

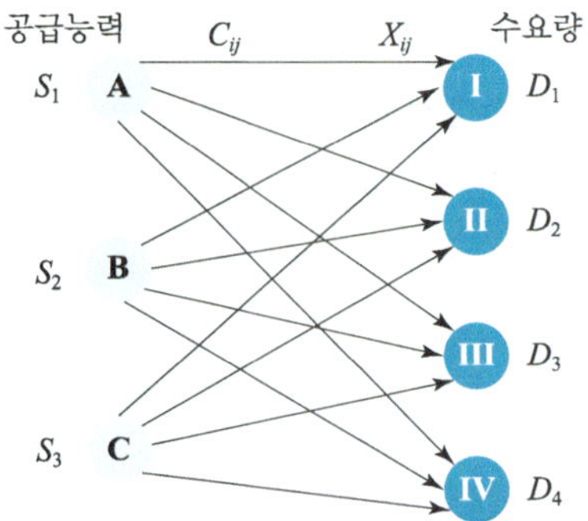

그림 4.1 수송모델의 네트워크 표현

$$\sum_{i}^{m} x_{ij} = D_j \quad (j = 1,\ 2,\ \cdots,\ n)$$

$$x_{ij} \geq 0 \quad (i = 1,\ 2,\ \cdots,\ m,\ j = 1,\ 2,\ \cdots,\ n)$$

위 제약조건식의 첫 번째 공급능력의 총합($\sum_i S_i$)과 두 번째 수요량의 총합($\sum_j D_j$)이 같은 경우를 균형모델, 그렇지 않은 경우를 불균형모델이라고 하는데, 이 장에서는 균형모델의 경우를 예를 들어 설명하고자 한다.

4.2.2 수송모델의 해법

탄약을 탄약창에서 각 군단으로 수송하고자 한다. 탄약창은 서로 다른 도시 A, B, C에서 동일한 탄약을 서로 다른 도시에 있는 각 군단 I, II, III, IV에 수송하고 있다. 각 탄약창의 공급능력과 각 군단의 수요량, 각 탄약창에서 각 군단까지의 톤당 수송비용(백만 원)은 표 4.1과 같다. 탄약창에서 각 군단까지 총 수송비용이 최소가 되도록 수송하려면 수송량은 얼마가 될까? 총 수송비용은 각 경로별 수송량에 따른 경로별 수송비용의 합으로 구할 수 있다. 이러한 탄약수송문제를 네트워크로 표현하면 그림 4.2와 같이 표현할 수 있다.

표 4.1의 각 칸은 네트워크에서 각 가지를 말하고 빈 칸에 결정변수인 수송량(x_{ij})을 기입하여야 한다. 결정해야 할 변수는 총 12개(3 × 4)이고, 각 칸 우측 모서리에 표시된 것은 수송비용(C_{ij})을 나타낸다. 이것을 선형계획모델로 나타내면 다음과 같다.

표 4.1 탄약 수송표

탄약창 \ 군단	I	II	III	IV	공급능력
A	8	2	15	10	60
B	11	8	9	18	70
C	1	12	13	20	40
수요량	70	50	30	20	170 \ 170

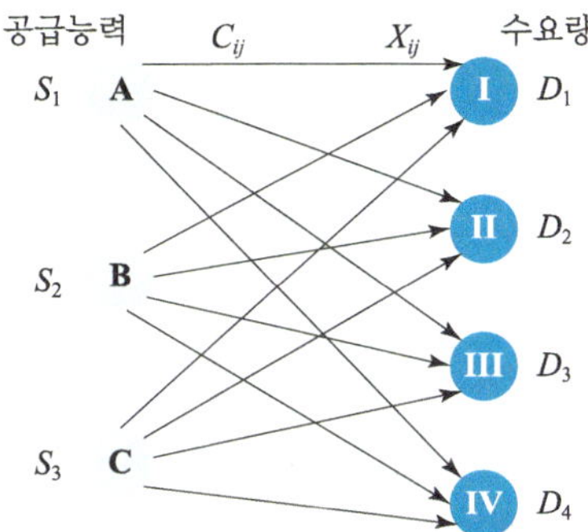

그림 4.2 탄약수송문제의 네트워크 표현

$$
\begin{aligned}
\text{최소화} \quad & Z = 8x_{11} + 2x_{12} + 15x_{13} + 10x_{14} + 11x_{21} + 8x_{22} + 9x_{23} + 18x_{24} \\
& \quad + 1x_{31} + 12x_{32} + 13x_{33} + 20x_{34} \\
\text{s.t.} \quad & x_{11} + x_{12} + x_{13} + x_{14} = 60 \\
& x_{21} + x_{22} + x_{23} + x_{24} = 70 \\
& x_{31} + x_{32} + x_{33} + x_{34} = 40 \\
& x_{11} + x_{21} + x_{31} = 70 \\
& x_{12} + x_{22} + x_{32} = 50 \\
& x_{13} + x_{23} + x_{33} = 30 \\
& x_{14} + x_{24} + x_{34} = 20 \\
& x_{ij} \ge 0 \ (i = 1, 2, 3, \ j = 1, 2, 3, 4)
\end{aligned}
$$

수송모델을 해결하는 절차는 다음과 같다.

① 최초의 기본 가능해 도출
② 최적검사 및 새로운 가능해 도출
③ 최적해 아닐 시 ②번 반복 수행

(1) 최초의 기본 가능해 도출

기본 가능해를 도출하는 기법은 북서코너법, 최소비용법, 보겔추정법이 알려져 있다. 북서코너법은 수송표의 북서코너에서 시작하여 그 행의 공급능력과 그 열의 수요량 가운데서 적은 양을 수송하면서 우변 칸 또는 하변으로 전진해가는 방법이다. 보겔추정법은 기회비용 또는 벌의 개념을 이용하여 비용을 최소화하는 해를 찾는 기법으로 높은 비용을 수반하는 수송을 피하는 것이다. 최소비용법은 단위당 수송비용이 가장 적은 칸에 우선적으로 할당하되 행의 공급능력과 열의 수요량을 감안하여 가능한 최대의 양을 수송하려는 방법이다. 본 절에서는 최소비용법에 의해 기본 가능해를 도출해보자.

표 4.2에서 보는 바와 같이 최소비용을 순서대로 나열하면 1－2－8－8－9－10－11－12－13－15－18－20 순이다. 순서대로 할당하되, 공급능력과 수요량을 초과하지 않는 범위에서 할당하면 표 4.2와 같다. 수송비용이 '1'인 칸의 경우 수요량과 공급능력을 감안하여 할당할 수 있는 최대 양은 40(= min(70, 40))이고, '2'의 경우는 50(= min(50, 60))이다. '8'의 값을 가진 (2, 2) 칸의 경우는 50을 할당할 수 있으나, 수요량을 모두 할당해버렸기 때문에 할당할 수 있는 양이 없게 된다. 나머지도 순서대로 할당하고 남은 양 중에서 최대로 할당할 수 있는 양을 지

표 4.2 최초의 기본 가능해

탄약창 \ 군단	I	II	III	IV	공급능력
A	8 10	2 50	15	10	60
B	11 20	8	9 30	18 20	70
C	1 40	12	13	20	40
수요량	70	50	30	20	170 \ 170

정하면 된다.

최종적으로 할당이 된 곳은 수송비용이 1, 2, 8, 9, 11, 18인 6곳이다. 이는 할당할 수 있는 숫자가 공급처의 숫자 m과 수요처의 숫자 n을 더한 수에서 1일 감하면($m+n-1$) 됨을 말한다. 즉, 할당할 수 있는 숫자는 $m+n-1=3+4-1=6$이다. 총 수송비용은 $Z=8\times10+2\times50+11\times20+9\times30+18\times20+1\times40=1{,}070$이다.

(2) 최적검사 및 새로운 가능해 도출

기본 가능해를 도출하고 나면 그것이 최적해인지 검사를 해야 한다. 이때 사용하는 것이 디딤돌법이다. 기본 가능해가 아닌 빈 칸(할당이 되지 않은 칸), 즉 비기저변수에 수송량을 할당할 경우 기존 해보다 비용이 감소(비용의 합이 음수)하면 할당하여 기저변수가 되고, 기존의 기저변수 중 하나가 비기저변수가 되는 것이다. 만약 비기저변수에 할당할 경우 비용이 증가하게 되면 총 수송비용이 증가하기 때문에 더 이상 할당할 필요가 없이 현재의 해가 최적해가 되어 멈추게 된다.

디딤돌법은 비기저변수가 되는 모든 빈 칸에 대하여 폐쇄경로를 만들어서 검사를 하게 되고, 만약 2개 이상의 비기저변수가 음수가 나오게 되면 그 중에서 총 수송비용을 더 크게 감소시키는 비기저변수(더 작은 수 또는 절댓값이 큰 수)를 택하면 된다. 디딤돌법은 표 4.3에서 보는 바와 같이 자원 1을 할당하면 비용이 어떻게 변화하는지를 보는 것으로, '8'의 수송비용을 가진 (2, 2) 칸의 비기저변수를 출발점으로 하여 기존에 할당된 칸(기저변수)을 디딤돌로 이용하여 다시 출발점으로 돌아오는 경로(폐쇄경로)를 만들고, 비용이 증가 또는 감소하는지를 계산

표 4.3 디딤돌법

탄약창 \ 군단	I	II	III	IV	공급능력
A	10 [8]	50 [2]	[15]	[10]	60
B	20 [11]	① [8]	30 [9]	20 [18]	70
C	40 [1]	[12]	[13]	[20]	40
수요량	70	50	30	20	170 / 170

한다.

수송비용이 ‘8’인 (2, 2) 칸의 비기저변수는 (2, 2)−(1, 2)−(1, 1)−(2, 1)−(2, 2)의 폐쇄경로가 만들어지고 각각에 수송량을 가감하게 된다. (2, 2)엔 수송량 1을 할당하면 비용 8이 증가, (1, 2)는 2가 감소, (1, 1)은 8이 증가, (2, 1)은 11이 감소하게 되어 이를 계산하게 되면, (+8)+(−2)+(+8)+(−11)= +3이 되어 비용이 증가하게 된다. (2, 2) 칸은 비용이 증가(양수)하게 되어 할당할 필요가 없게 된다. 이를 종합하여 정리하면 표 4.4와 같다.

표 4.4에서 보는 바와 같이 6개의 빈 칸(비기저변수)을 디딤돌법을 사용하여 폐쇄경로를 만들고 비용효과를 계산해보니 (1, 3)과 (1, 4) 칸이 음수가 되고 나머지는 양수가 나왔다. 음수가 나왔으므로 최적해가 아니고 음수 중 가장 작은(절댓값이 가장 큰) 칸 (1, 4)에 수송량을 재할당하고 기존의 할당된 칸 중에서 하나가 빈 칸(비기저변수)이 된다.

다음은 새로운 가능해를 도출하는 것이다. 새로운 가능해는 비용효과가 음수(음수 중 가장 작은 값)인 비기저변수에 얼마의 수송량을 할당하고 이와 관련된 폐쇄경로에 해당하는 칸(기저변수)의 수송량을 조정하는 것이다.

(1, 4) 칸이 새로운 기저변수가 되어 수송량을 할당하게 된다. 인접한 폐쇄경로 칸을 비교할 때 가능한 수송량(두 칸 중 작은 수송량)을 (1, 4)에 할당할 수 있는데, 2개의 인접 칸 중 작은 수송량은 ‘10’(=min(10, 20))이 된다. (1, 4)에 10을 할당하게 되면 인접 칸은 ‘10’만큼 줄게 되어 (1, 1)은 0, (2, 4)는 10이 되고, 다음 폐쇄경로 칸인 (2, 1)은 인접 칸이 ‘10’만큼 줄게 되므로 ‘10’을 증가시켜 ‘30’이 되면 된다. 이렇게 되면 수요량의 합과 공급능력의 합이 일치하게 되어 새로운 가능해가 도출되는 것이다. 결론적으로 (1, 4)가 새로운 기저변수가 되어 ‘10’의

표 4.4 최초 기본 가능해의 빈 칸에 대한 비용효과 종합

빈 칸	폐쇄경로	비용효과
(1,3)	(1,3)→(1,1)→(2,1)→(2,3)→(1,3)	15−8+20−30=−3
(1,4)	(1,4)→(1,1)→(2,1)→(2,4)→(1,4)	10−8+11−18=−5
(2,2)	(2,2)→(1,2)→(1,1)→(2,1)→(2,2)	8−2+8−11=3
(3,2)	(3,2)→(1,2)→(1,1)→(3,1)→(3,2)	12−2+8−1=17
(3,3)	(3,3)→(2,3)→(2,1)→(3,1)→(3,3)	13−9+11−1=14
(3,4)	(3,4)→(2,4)→(2,1)→(3,1)→(3,4)	20−18+11−1=12

표 4.5 새로운 가능해(최초 기본 가능해와 비교)

탄약창 \ 군단	I		II		III		IV		공급능력
A	10	8	50	2		15		10	60
B	20	11		8	30	9	20	18	70
C	40	1		12		13		20	40
수요량	70		50		30		20		170 \ 170

탄약창 \ 군단	I		II		III		IV		공급능력
A		8	50	2		15	**10**	10	60
B	**30**	11		8	30	9	**10**	18	70
C	40	1		12		13		20	40
수요량	70		50		30		20		170 \ 170

수송량이 할당되었고, 기존의 기저변수인 (1, 1)이 할당량이 '0'인 비기저변수가 되었다. $Z = 2\times50 + 10\times10 + 11\times30 + 9\times30 + 18\times10 + 1\times40 = 1{,}020$이 되어 새로운 총 수송비용은 최초의 비용인 1,070보다 50만큼 감소하였다.

(3) 반복 수행(최적검사), 새로운 가능해 도출

새로운 가능해가 도출되었으므로 총 수송비용을 개선할 수 있는지 최적검사를 실시한다. 디딤돌법을 사용해서 빈 칸인 비기저변수에 새롭게 수송량을 할당하여 기저변수가 될 수 있는지를 점검한다. 빈 칸인 비기저변수는 (1, 1), (1, 3), (2, 2), (3, 2), (3, 3), (3, 4) 6개이고 각각 폐쇄경로를 구하여 비용효과를 산출하면 표 4.6과 같다.

표 4.6에서 보는 바와 같이 비용효과가 음수인 빈 칸 (2, 2)가 발생하여 새로운 기저변수가 되고 폐쇄경로 칸에 수송량을 재할당하여야 한다. (2, 2)와 인접한 칸 중 작은 수송량은 10(= min(10, 50))이 되어 (2, 2)에 10을 할당하고, 인접 칸에는

표 4.6 새로운 가능해의 빈 칸에 대한 비용효과 종합

빈 칸	폐쇄경로	비용효과
(1,1)	(1,1) → (2,1) → (2,4) → (1,4) → (1,1)	8 − 11 + 18 − 10 = 5
(1,3)	(1,3) → (2,3) → (2,4) → (1,4) → (1,3)	15 − 9 + 18 − 10 = 14
(2,2)	(2,2) → (2,4) → (1,4) → (1,2) → (2,2)	8 − 18 + 10 − 2 = −2
(3,2)	(3,2) → (1,2) → (1,4) → (2,4) → (2,1) → (3,1) → (3,2)	12 − 2 + 10 − 18 + 11 − 1 = 12
(3,3)	(3,3) → (2,3) → (2,1) → (3,1) → (3,3)	13 − 9 + 11 − 1 = 14
(3,4)	(3,4) → (2,4) → (2,1) → (3,1) → (3,4)	20 − 18 + 11 − 1 = 12

10만큼 감소시켜 (1, 2)는 40으로 조정되고, (2, 4)는 0이 되어 비기저변수가 된다. (1, 2)와 (2, 4)의 인접 칸인 (1, 4)는 10만큼 증가하여 20으로 조정된다. 결론적으로 (2, 2)가 새로운 기저변수가 되어 10이 할당되었고, (2, 4)는 비기저변수가 되었으며, 폐쇄경로상의 인접 칸들은 10만큼 감소 또는 증가하여 조정되었다.

표 4.7 새로운 가능해(이전 기본 가능해와 비교)

탄약창 \ 군단	Ⅰ	Ⅱ	Ⅲ	Ⅳ	공급능력
A	[8]	50 [2]	[15]	10 [10]	60
B	30 [11]	[8]	30 [9]	10 [18]	70
C	40 [1]	[12]	[13]	[20]	40
수요량	70	50	30	20	170 / 170

탄약창 \ 군단	Ⅰ	Ⅱ	Ⅲ	Ⅳ	공급능력
A	[8]	**40** [2]	[15]	**20** [10]	60
B	30 [11]	**10** [8]	30 [9]	[18]	70
C	40 [1]	[12]	[13]	[20]	40
수요량	70	50	30	20	170 / 170

표 4.8 추가된 가능해의 빈 칸에 대한 비용효과 종합

빈 칸	폐쇄경로	비용효과
(1,1)	(1,1) → (2,1) → (2,2) → (1,2) → (1,1)	8 − 11 + 8 − 2 = 3
(1,3)	(1,3) → (1,2) → (2,2) → (2,3) → (1,3)	15 − 2 + 8 − 9 = 12
(2,4)	(2,4) → (1,4) → (1,2) → (2,2) → (2,4)	18 − 10 + 2 − 8 = 2
(3,2)	(3,2) → (2,2) → (2,1) → (3,1) → (3,2)	12 − 8 + 11 − 1 = 14
(3,3)	(3,3) → (2,3) → (2,1) → (3,1) → (3,3)	13 − 9 + 11 − 1 = 14
(3,4)	(3,4) → (1,4) → (1,2) → (2,2) → (2,1) → (3,1) → (3,4)	20 − 10 + 2 − 8 + 11 − 1 = 14

총 수송비용은 $Z = 2 \times 40 + 10 \times 20 + 11 \times 30 + 8 \times 10 + 9 \times 30 + 1 \times 40 = 1{,}000$이 되어 기존 해(1,020)보다 수송비용이 20만큼 감소하였다. 새로운 빈 칸인 비기저변수에 대하여 최적검사를 실시한 결과는 표 4.8과 같다. 표에서 보는 바와 같이 비용효과는 모두 양수가 되어 최적조건을 만족하고 수송량을 재할당하게 되면 총 수송비용이 증가하게 된다. 따라서 도출된 해가 최적해가 된다.

최적해를 정리하면 다음과 같다. $x_{12} = 40$, $x_{14} = 20$, $x_{21} = 30$, $x_{22} = 10$, $x_{23} = 30$, $x_{31} = 40$이 되고, 목적함수 값인 총 수송비용은 1,000이 된다. 이를 네트워크로 표현하면 그림 4.3와 같다.

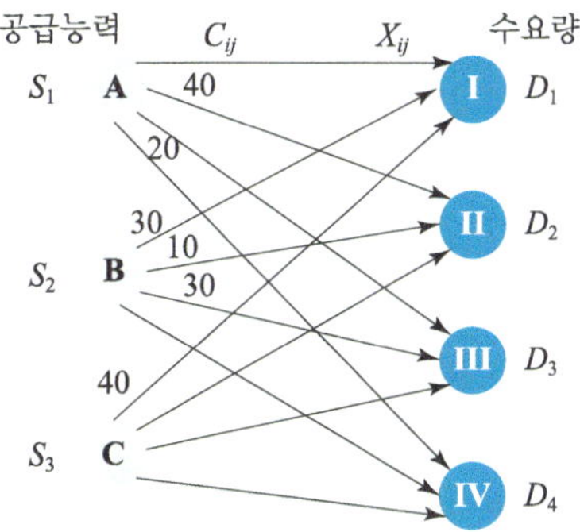

그림 4.3 최종 수송 네트워크

4.3 할당모델

4.3.1 할당모델의 개념 및 구조

할당모델 역시 수송모델과 마찬가지로 선형계획모델의 특수한 형태이다. 할당

모델은 한 그룹의 할당주체와 다른 그룹의 할당주체를 1 : 1로 짝을 짓는 문제로 별도의 풀이법을 적용하여 해결할 수 있다. 작업자를 각각 어떤 기계에 할당하여 업무를 수행할 것인가를 결정하거나, 비행기를 어느 노선, 어떤 시간대에 할당할 것인가와 같은 문제를 총칭한다. 프로젝트를 수행할 경우 이를 수행하는 인력의 능력에 따라 할당을 어떻게 할 것인가를 결정하는 문제가 대표적인 문제라 할 수 있다. 결정변수는 사람을 어느 프로젝트에 할당할 것인가가 될 것이고, 목적함수는 총 비용 또는 총 시간을 최소화하는 문제가 된다.

할당모델은 6장에서 다루게 될 정수계획법의 특수한 형태인 0-1 정수계획법으로 표현할 수 있다. 따라서 결정변수 x_{ij}는 0 또는 1의 값을 갖게 되고, 목적함수는 비용과 결정변수를 곱한 것을 합한 값이 된다. 이를 수리모델로 표현하면 다음과 같다.

$$\text{최소화} \quad Z = \sum_{i=1}^{m} \sum_{j=1}^{n} C_{ij} x_{ij}$$

$$\text{s.t.} \quad \sum_{j=1}^{n} x_{ij} = 1 \,(i = 1,\ 2,\ \cdots,\ m)$$

$$\sum_{i=1}^{m} x_{ij} = 1 \,(j = 1,\ 2,\ \cdots,\ n)$$

$$x_{ij} = 0 \ \text{or} \ 1 \,(i = 1,\ 2,\ \cdots,\ m,\ \ j = 1,\ 2,\ \cdots,\ n)$$

4.3.2 할당모델의 해법

할당모델을 해결하는 기법은 헝가리 학자들에 의해 개발되어 헝가리법으로 명명되고 있다. 수송모델에서 사용하였던 수송표와 유사한 형태의 비용표를 만들고 기회비용을 만들어 총 기회비용을 계산한 후 총 기회비용이 '0'이 되는 최소선을 그어 할당주체의 수만큼 할당하면 된다. 아래 예제를 통해 확인해보자.

방사청에서 근무하는 사업관리팀장으로서 팀원들에게 각각의 프로젝트를 할당

표 4.9 팀원별 프로젝트 수행능력

팀원 \ 프로젝트	I	II	III
A	6	15	8
B	7	17	5
C	11	14	4

하고자 한다. 팀원은 A, B, C이고 수행해야 할 프로젝트는 I, II, III이다. 표에 주어진 숫자는 팀원들이 프로젝트를 수행하는 능력(기간: 주)이다. 팀원 A, B, C에게 어떤 프로젝트를 할당해야 총 소요기간을 최소화할 수 있는지 결정해보자.

(1) 비용표로부터 총 기회비용표 작성

행 중 가장 작은 기간을 정하여 '0'을 만들고 나머지 칸에서 해당 칸의 기간을 감해 주어 행 기회비용표를 만든다. 팀원 A의 행의 경우, 가장 작은 기간은 '6'이고 각 칸의 기간에서 '6'을 빼주면 각각 0, 9, 2가 된다. 팀원 B의 행은 가장 작은 기간이 '5'이고, 2, 12, 0이 된다. 팀원 C의 행은 7, 10, 0이 된다. 이를 표현하면 표 4.10과 같다.

표 4.10 최초 행 기회비용표

팀원 \ 프로젝트	I	II	III
A	0	9	2
B	2	12	0
C	7	10	0

이제 프로젝트에 해당하는 열의 기회비용표를 만들다. 프로젝트 I의 열은 가장 작은 기간이 '0'이 되고 각각의 기간에서 '0'을 감해 주면 0, 2, 7이 되고, 프로젝트 II의 열은 0, 3, 1이 되며, 프로젝트 III의 열은 그대로 2, 0, 0이 된다. 이를 토대로 구한 총 기회비용표는 표 4.11과 같다.

표 4.11 최초 총 기회비용표

팀원 \ 프로젝트	I	II	III
A	0	0	2
B	2	3	0
C	7	1	0

(2) 총 기회비용표의 최소선 작성

총 기회비용표에서 기회비용이 '0'을 지울 수 있는 최소의 직선을 그어 표시할 때 팀원의 숫자인 3과 같으면 이것이 최적해가 된다. 총 기회비용표에 '0'을 지울 수 있는 직선 2개가 만들어진다. 따라서 현재의 해는 최적해가 아니다.

표 4.12 '0'을 지우는 최소의 직선

팀원 \ 프로젝트	I	II	III
A	0	0	2
B	2	3	0
C	7	1	0

(3) 총 기회비용표 수정 및 최소 직선 작성, 할당

총 기회비용표에서 직선으로 그은 부분을 뺀 나머지에서 최소비용을 찾아 각각의 칸에서 해당 기간을 빼주면 된다. 표 4.12에서 직선 나머지 칸 4개 중 가장 작은 기간은 '1'로 '1'을 각 칸의 기간에서 빼주면 1, 2, 6, 0이 된다. 추가적으로 직선이 만나는 교점 (1, 3) 칸에 최소비용 '1'을 더해 준다. 이와 같이 실시한 결과는 표 4.13과 같다.

표 4.13 새로운 총 기회비용표

팀원 \ 프로젝트	I	II	III
A	0	0	**3**
B	**1**	**2**	0
C	**6**	**0**	0

이제 0을 지울 수 있는 최소 직선을 구해보자. 직선은 여러 가지가 나오게 되는데 최소한 3개의 직선이 나온다. 최소 직선을 표시한 것은 다음 표 4.14와 같다.

표 4.14 새로운 최소 직선

팀원 \ 프로젝트	I	II	III
A	0	0	3
B	1	2	0
C	6	0	0

총 소요기간을 최소화하기 위해서는 기회비용이 '0'인 칸에 할당해야 한다. 팀원 A는 I, II, 팀원 B는 III, 팀원 C는 II, III이 기회비용이 '0'이다. 이를 중복이 되지 않도록 할당하면, 팀원 B는 0이 1개이므로 III을 우선 할당하고, 팀원 C는 남는 것이 1개이므로 II를, 팀원 A는 최종적으로 I을 할당하면 된다. 결론적으로

팀원 A는 I, 팀원 B는 III, 팀원 C는 II를 할당하게 된다.

팀원별 프로젝트 능력표를 활용하여 총 소요기간을 구하면 $Z = 6 + 5 + 14 = 25$주가 된다. 결론적으로 팀원별로 A = I, B = III, C = II로 각각 1개씩 프로젝트를 할당하게 되고, 프로젝트를 수행하는 데 필요한 총 소요기간은 25주가 되는 것이다.

4.4 컴퓨터 응용

4.2절에서 풀었던 수송모델을 링고 프로그램으로 풀어보자. 원문제의 수송모델을 선형계획모형으로 나타내면 다음과 같다.

$$
\begin{aligned}
\text{최소화 } Z = {} & 8 \times x_{11} + 2x_{12} + 15x_{13} + 10x_{14} + 11x_{21} + 8x_{22} + 9x_{23} + 18x_{24} \\
& + 1x_{31} + 12x_{32} + 13x_{33} + 20x_{34} \\
\text{s.t.} \quad & x_{11} + x_{12} + x_{13} + x_{14} = 60 \\
& x_{21} + x_{22} + x_{23} + x_{24} = 70 \\
& x_{31} + x_{32} + x_{33} + x_{34} = 40 \\
& x_{11} + x_{21} + x_{31} = 70 \\
& x_{12} + x_{22} + x_{32} = 50 \\
& x_{13} + x_{23} + x_{33} = 30 \\
& x_{14} + x_{24} + x_{34} = 20 \\
& x_{ij} \geq 0 \quad (i = 1,\ 2,\ 3, \quad j = 1,\ 2,\ 3,\ 4)
\end{aligned}
$$

이를 링고 프로그램에 입력하여 구한 해는 그림 4.4와 같다. 그림에서 보는 바와 같이 목적함수 값과 각각의 해를 구할 수 있다. 4.2절에서 구한 바와 같이, $x_{12} = 40$, $x_{14} = 20$, $x_{21} = 30$, $x_{22} = 10$, $x_{23} = 30$, $x_{31} = 40$이고, 목적함수 값은 1,000임을 알 수 있다.

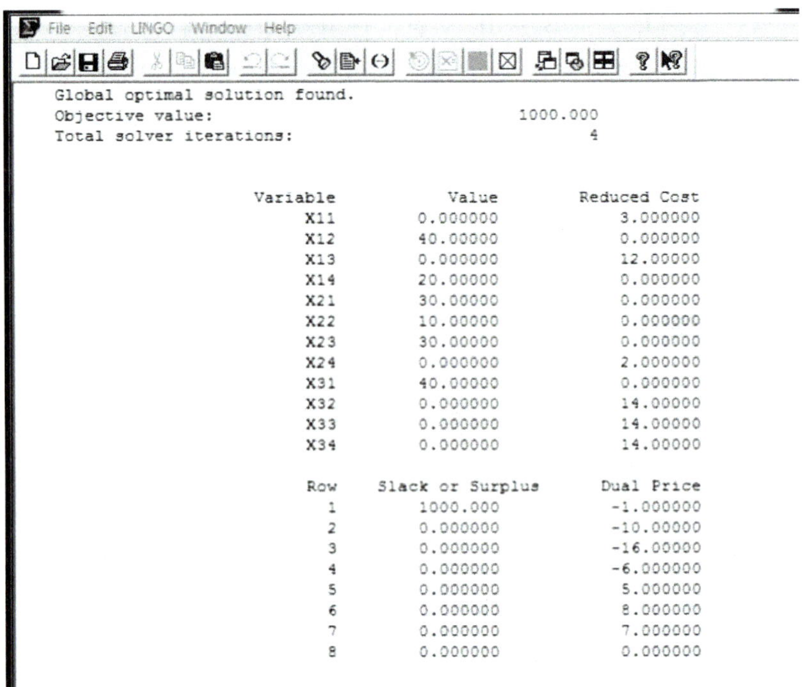

그림 4.4 수송문제의 컴퓨터 해

4.5 요약

이 장에서는 선형계획법의 특수한 형태인 수송모델과 할당모델을 알아보았다. 수송모델은 총 수송비용을 최소화하기 위하여 출발지와 도착지로 구성된 네트워크에서 각각의 출발지와 도착지 경로별 최적의 수송량을 결정하는 것이었다. 수송표를 이용하여 최초의 기본 가능해를 구한 뒤 이에 대한 최적의 여부를 디딤돌법을 통해서 확인하고, 최적이 아닐 경우 수송표를 이용하여 새로운 가능해를 구하고 다시 디딤돌법을 통해 최적여부를 확인하면서 최적의 해를 구하는 것이다. 우리 군에서는 다양한 수송활동이 이루어진다. 이러한 수송모델을 해결하는 것은 다양한 국방 분야의 수송문제를 합리적으로 해결하는 데 도움이 될 것이다. 할당모델은 비용이나 기간을 최소화하기 위해 인원, 장비 등을 과업이나 기계에 1:1로 할당하는 문제를 해결하기 위한 모델이다. 할당모델을 통해 국방 분야에서는 사업관리의 효율성을 증대시킬 수 있으며 각종 정비공정 등에 있어 효율적인 기계할당 등이 가능하다.

연습문제

4.1 수요지와 공급지, 수요량과 공급량 및 단위당 수송비가 아래와 같이 주어졌을 때, 총 수송비용이 최소화되는 최적 수송량을 할당하시오.

공급지 \ 수요지	W	X	Y	Z	공급량
A	4	3	5	7	50
B	6	5	3	4	80
C	5	4	10	8	40
D	7	8	3	4	90
수요량	75	55	50	80	

4.2 K레미콘 회사가 교량공사에 콘크리트를 공급하기로 계약을 맺었다. K사의 3개 공장의 생산량과 4개의 교량공사장에서 요구하는 일일 콘크리트 수요량이 다음과 같고, m^3당 수송비용이 다음과 같이 주어졌을 때, 총 수송비용이 최소가 되도록 수송계획을 수립하시오.

공장	생산량(m^3/일)
Ⅰ	160
Ⅱ	140
Ⅲ	80

공사장	수요량(m^3/일)
A	100
B	60
C	80
D	140

단위당 수송비(천원/m^3)

공장 \ 공사장	A	B	C	D
Ⅰ	1	1	2	3
Ⅱ	1	2	1	2
Ⅲ	3	3	2	1

4.3 어떤 작업공정에서 3개의 직무가 3대의 기계에 의해 작업이 수행되고 있다. 각 직무에 대한 각 기계의 작업소요시간이 아래 표와 같이 주어졌을 때, 총 작업시간을 최소가 되도록 직무와 기계를 할당하고 총 작업소요시간을 구하시오.

직무 \ 기계	1	2	3
A	12	12	20
B	10	12	24
C	15	15	24

4.4 K건설회사는 공사가 끝난 공사장 4개소에 각각 1대의 크레인을 보유하고 있다. 신공사장 4개소에 각각 1대씩의 크레인이 필요하며, 구공사장과 신공사장 사이의 거리는 다음과 같다.

구공사장 \ 신공사장	1	2	3	4
A	21	24	19	40
B	30	33	37	32
C	42	36	35	33
D	11	17	29	21

(1) 구공사장으로부터 신공사장으로 4대의 크레인을 이동하는 데 총 이동거리를 최소화하는 크레인 할당문제를 헝가리법으로 해결하시오.

(2) 선형계획모형으로 위 문제를 구성해보시오.

(3) 수송계획모형으로 위 문제를 구성하여 수송표를 작성하시오.

4.5 육군은 신형전투복을 전군에 확대 보급하고자 한다. ○○군수지원사령부(이하 ○○군지사)는 예하 A, B, C, D보급창에서 a, b, c, d사단으로 신형전투복을 보급해주고자 한다. 각 보급창에서 사단까지의 거리 및 도로상황 등을 고려하여 다음의 단위비용표를 얻었다.

(1) 위 비용표를 바탕으로 신형전투복의 보급문제를 선형계획으로 모형화하시오.

(2) 최소비용법을 이용해 기본 가능해 및 기본 가능해의 총 수송비용을 획득하시오.

(3) (2)에서 얻어진 기본 가능해와 디딤돌법을 활용하여 최적해 및 최적목적함수 값을 도출하시오.

보급창 \ 사단	a	b	c	d	공급능력
A	1	2	2	1	700벌
B	5	2	3	4	900벌
C	3	1	1	3	500벌
D	4	3	2	2	500벌
수요량	800벌	600벌	700벌	500벌	2,600벌 / 2,600벌

4.6 탄약보급소인 1, 2, 3, 4 ASP에서 피지원부대 A, B, C, D로 탄약을 보급해주고자 한다. ASP는 각각 하나의 피지원부대를 담당하여 탄약을 보급하고자 한다. 각 탄약보급소와 피지원부대의 위치 등을 고려하여 탄약보급 소요시간이 아래 표에 주어져 있다.

지원부대 \ 피지원부대	A	B	C	D
1 ASP	7H	5H	5H	4H
2 ASP	6H	4H	6H	5H
3 ASP	4H	6H	4H	5H
4 ASP	5H	4H	7H	6H

(1) 전체 탄약보급 시간의 합을 최소화하는 선형계획으로 모형화하시오.

(2) 헝가리법으로 최적 할당대안을 구하시오.

4.7 UFG 훈련 간 유류 재보급 훈련을 하고자 한다. 훈련에 참가하고 있는 사단은 A, B, C, D사단이며 Ⅰ, Ⅱ, Ⅲ, Ⅳ 유류고로부터 보급해주고자 한다. 각 사단별 필요로 하는 유류량은 A사단 10 t, B사단 15 t, C사단 12 t, D사단 16 t이며, 유류고별 공급가능한 유류량은 유류고Ⅰ 15 t, Ⅱ 10 t, Ⅲ 16 t, Ⅳ 12 t이다. 유류고에서 사단까지의 거리 및 작전상황 등을 고려하여 아래와 같은 단위비용표를 얻었으며, 이를 이용하여 최소의 비용으로 각 사단의 유류 수요량을 만족시키려 한다.

(1) 위의 비용표를 바탕으로 보급 비용을 최소화하는 유류 재보급문제를 선형계획으로 모형화하시오.

(2) 최소비용법을 이용하여 기본 가능해 및 기본 가능해의 총 수송비용을 획득하시오.

(3) (2)에서 얻어진 기본 가능해와 디딤돌법을 활용하여 최적해 및 최적목적함수

값을 도출하시오.

유류고 \ 사단	A	B	C	D	공급능력
Ⅰ	12만 원	30만 원	15만 원	25만 원	15 t
Ⅱ	18만 원	17만 원	33만 원	26만 원	10 t
Ⅲ	11만 원	45만 원	22만 원	16만 원	16 t
Ⅳ	34만 원	33만 원	23만 원	26만 원	12 t
수요량	10 t	15 t	12 t	16 t	52 t / 52 t

4.8 훈련 중인 ○○보병사단의 사단장은 현 훈련 상황에 대처하기 위하여 포병 1, 2, 3, 4대대에게 보병연대 A, B, C, D를 지원하는 임무를 부여하고자 한다. 각 포병대대는 하나의 보병연대를 직접 지원한다. 또한 사단장은 직접 지원부대와 피지원부대 간 거리의 총합이 최소가 되도록 임무를 할당하려고 한다. 사단의 포병대대와 보병연대 간의 거리는 아래 표와 같이 주어져 있다.

지원부대 \ 피지원부대	A여단	B여단	C여단	D여단
1대대	10 km	8 km	16 km	5 km
2대대	8 km	6 km	7 km	9 km
3대대	10 km	5 km	15 km	20 km
4대대	20 km	7 km	15 km	25 km

(1) 각 직접 지원부대와 피지원부대 간 거리의 총합을 최소화하는 선형계획으로 모형화하시오.

(2) 헝가리법으로 최적의 할당대안을 구하시오.

4.9 ○○사단은 창설 10주년을 맞아 사단 체육대회를 실시할 예정이다. 이에 △△대대는 이번 체육대회에서 갖고 있는 능력을 최대한 발휘하여 높은 점수를 받기 위해 종목별 대표중대를 선정하고자 한다. 체육대회의 종목은 줄다리기, 축구, 농구, 육상 네 가지 종목이며, 체육대회에서 각 종목에 할당된 점수는 동일하다. 또한 각 종목별 1개 중대씩만 출전가능하며, 1개 중대가 2개 이상의 종목에 중복하여 출전할 수 없다. △△대대 예하중대인 Ⅰ, Ⅱ, Ⅲ, Ⅳ중대는 여러 차례의 연습경기를 통해 다음 표와 같이 종목별 능력치를 평가점수(종목별 100점 만점)로 측정해놓았다. 이번 사단 체육대회에서 대대가 우수한 성적을 받을 수 있도록

4개의 경기종목과 4개 중대에 대해 최적의 할당을 실시하시오.

중대 \ 종목	줄다리기	축구	농구	육상
Ⅰ	60	90	75	80
Ⅱ	65	90	80	90
Ⅲ	50	70	60	55
Ⅳ	55	90	80	70

4.10 ○○군단은 작전 지역 내 5개소(A-E)에 현대식 군인가족 아파트를 마련하였다. 군단은 예하 3개 사단 및 1개 포병여단, 그리고 직할대에 거리와 각 부대의 간부 정원을 고려하여 아파트 호수를 할당해주고자 한다. 각 부대와 아파트 간 거리(km)가 아래 표와 같고, 각 아파트의 호수 및 각 부대별 배정 호수가 아래와 같을 때, 다음을 구하시오.

구분	ㄱ 사단	ㄴ 사단	ㄷ 사단	포병여단	직할대	호수
A	3	2	4	5	3	250
B	2	1	3	4	2	350
C	4	2	1	1	4	400
D	3	6	3	3	2	150
E	4	5	3	1	3	250
배정 호수	300	400	300	250	150	

(1) 전체 거리의 합을 최소화하는 선형계획모형을 도출하시오.

(2) 최소비용법을 통해 기본 가능해를 도출하시오.

(3) 디딤돌법을 통해 최적해 및 최적목적함수 값을 도출하시오.

4.11 ○○연대 전시 적의 기동을 거부할 수 있는 도로 대화구 및 낙석을 5개소 운영 계획 예정이다. 연대 예하 5개 중대(A-E)에 각 1개소씩 임무를 부여하고자 한다.

(단위: 분)

중대 \ 지점	a	b	c	d	e
A	13	21	15	23	17
B	15	20	20	16	19
C	17	18	15	18	21
D	19	17	18	16	20
E	18	20	16	17	19

각 중대에서의 각 지점까지의 소요시간이 다음과 같을 때, 총 이동시간을 최소화하는 임무할당 안을 모두 도출하시오.

4.12 ○○사단의 예하부대에 신형 군장 수요를 조사하여보니, 가 대대는 20개, 나 대대는 40개, 다 대대는 13개, 라 대대는 17개로 조사되었다. 이에 ○보급창에서는 군지사 예하의 보급대대에서 4개 대대로 신형군장을 보급해주고자 한다. 현재 A 보급대대에는 34개, B보급대대에는 30개, C보급대대에는 26개의 신형 군장을 보유하고 있다. 각 보급대대에서 대대별 단위 수송비용표(단위: 만원)는 아래와 같다. 이를 이용하여 최소의 비용으로 각 대대의 신형군장 수요(단위: 개)를 만족시키려 한다.

대대 / 보급대대	가	나	다	라	공급능력(개)
A	8	7	5	6	34
B	6	9	4	8	30
C	5	4	10	9	26
수요량(개)	20	40	13	17	90 / 90

(1) 위의 단위 수송비용표를 바탕으로 신형 군장 보급문제에 대해 총 수송비용을 최소화하는 선형계획모델로 모형화하시오.

(2) 최소비용법을 이용하여 기본 가능해 및 기본 가능해의 총 수송비용을 획득하시오.

(3) (2)에서 구한 기본 가능해를 토대로, 디딤돌법을 활용하여 최적검사를 실시하고, (2)의 기본 가능해를 개선하여 새로운 최적해 및 총 수송비용을 도출하시오.

(4) 최적해 및 최적목적함수 값을 작성하시오.

4.13 육군에서는 현재 수립되어 있는 전시 보충병력에 대한 수송계획의 비용 최소화에 대한 분석 및 결과를 보고할 것을 지시하였다. 이에 따라 귀관은 OR 장교로서 수송모델을 활용하여 Ⅰ, Ⅱ, Ⅲ 보충대로부터 A, B, C, D 군단에 대해 수송비용을 최소화할 수 있는 보충병력 수송계획을 수송모델을 활용하여 분석하고자 한다. 아래의 표를 통해 각 경로별 수송비용 및 보충대의 예상 보충가능병력, 각

군단의 예상소요를 고려하여 각 군단의 병력 요청인원을 충족시키면서 비용을 최소화하는 최적해를 구하시오. (각각의 데이터는 가상의 자료이며 수송비용의 단위는 만원, 예상소요 및 보충가능병력 단위는 21/2 t 트럭 1대(20명)를 기본단위로 한다.)

보급대대 \ 대대	A군단	B군단	C군단	D군단	보충 가능 병력(대)
Ⅰ보충대	3	4	9	2	800
Ⅱ보충대	7	6	1	3	600
Ⅲ보충대	1	5	4	8	400
예상소요(대)	700	500	400	200	1800 / 1800

4.14 귀관은 ○○사단의 대대장 임무를 수행 중이다. 대대는 4개 중대로 편성되어 있다. 사단장님께서 오늘 회의 간 우리 대대에 2개월 뒤 사전 선정한 4개 과목에 대해 사단 연구강의를 할 것을 지시하셨다. 선정된 과목은 체력단련, 전투사격, 각개전투, 구급법이다. 귀관은 과목별로 1명의 중대장을 할당하여 연구강의를 준비시키고자 한다. 각 중대장은 경력이나 교관 경험 등에 따라 연구강의 준비시간이 다르며, 중대장들로부터 연구강의에 필요한 기간을 과목별로 확인한 결과 다음과 같았다.

중대장 \ 과목	체력단련(주)	전투사격(주)	각개전투(주)	구급법(주)
1중대장	7	5	8	2
2중대장	7	8	9	4
3중대장	3	5	7	9
4중대장	5	5	6	7

귀관은 중대장들이 최대한 빠른 시간에 연구강의 준비를 마치고 본연의 임무를 수행할 수 있도록 총 준비기간이 최소화되도록 과목별로 어떤 중대장을 할당할지를 결정해야 한다. 각 중대장에게 어떤 과목을 할당할 것인지 제시하시오.

5장 다기준 의사결정 (AHP를 중심으로)

5.1 기본 개념

5.2 AHP 개요

5.3 AHP 절차

5.4 요약

5.1 기본 개념

다기준 의사결정(MCDM, multi-criteria decision making)은 어떠한 의사결정에 있어서 실행 가능한 대안이 여러 가지이고 이러한 대안의 선택에 영향을 미치는 기준(criteria) 역시 여러 가지일 경우에 합리적 의사결정을 지원하기 위한 의사결정 방법론이다. 이러한 다기준 의사결정 방법 중 가장 많이 사용하며 널리 알려져 있는 것이 바로 계층적 분석기법(AHP, analytical hierarchy process)이다. 계층적 분석기법은 1972년 미국의 사티(T. L. Saaty)에 의해 개발되었다. 이 방법론의 가장 큰 장점은 정성적인 판단을 할 수밖에 없는 의사결정문제에 대한 정성적인 기준을 정량화시켜 계산할 수 있다는 점이다. 계층적 분석기법은 미 국무부의 무기 통제 및 군비 축소국에서 세계적 경제학자, 게임 이론 전문가들과 협력 작업을 하는 과정에서 의사결정 비능률을 개선하기 위한 대안의 하나로 개발되었다. 이 기법은 정량적 또는 정성적인 기준들을 다루기 위한 측정이론으로 단순한 이원비교(쌍대비교)를 통해 중요도를 산출해내므로 의사결정자의 직관이나 선호도를 합리적으로 반영할 수 있다. 이원비교는 어떤 대상의 중요도를 판단할 때 단일 대상의 중요도를 정량화하여 표현하기란 어렵지만 또 다른 대상에 비해 얼마나 중요한지에 대해서는 어느 정도 정량화해서 표현할 수 있다는 장점이 있다. 예를 들어 A 전등의 불빛의 밝기가 어느 정도냐는 질문에는 수치로 대답하기 어렵지만 B 전등에 비해 그 밝기가 어느 정도 되는지는 상대적으로 답변에 용이하다.

기본적으로 의사결정이란 다수의 상충되는 기준 또는 속성하에서 최적의 대안을 선정하는 것으로, 계층적 분석기법은 이러한 다기준 의사결정문제를 해결하기 위한 분석의 틀을 제공해준다.

계층적 분석기법이 갖는 강점은 다수의 목표, 다수의 평가기준, 다수의 의사결정 주체가 포함되어 있는 의사결정문제를 계층화하여 해결하는 데 있다. 또한 여러 요소들을 한꺼번에 고려하여 각 요소들의 중요도 또는 가중치를 구하는 것은 매우 어렵기 때문에 두 요소씩 쌍별로 비교하여 각 요소들의 중요도 또는 가중치를 구함으로써 의사결정자의 판단을 좀 더 편하고 쉽게 할 수 있도록 해준다. 9점 척도라 불리는 등급척도를 통하여 가시적인 또는 정량적인 기준은 물론 비가시적 또는 정성적인 기준의 측정 및 분석도 가능하며, 분석과정도 직관적이고 쉽다는 장점이 있어서 최근에 가장 많이 이용되고 있는 의사결정기법의 하나로 평가받고 있다.

군에서 계층적 분석기법의 적용은 워게임으로 모의가 불가능하거나 정성적 가치판단 문제에 대해 정량적 효과를 산출하는 분야에서 활용한다. 군에서는 무기체계의 효과분석, 무기체계 획득사업, 전투효과 측정 등에서 활용되고 있다. 차세대 전투기 기종 선정을 위해 5개 평가 요소(예: 도입 가격, 작전 성능, 운영유지 비용, 기술이전, 기존 전투체계와의 상호운용성)의 가중치를 선정하여, 최적의 차세대전투기 기종을 선정에 적용하기도 하고, 차기전술차량의 전투효과 산출을 위해 6개 전장기능 요소(지휘통제, 정보, 기동, 화력, 방호, 작전지속지원 등)의 가중치를 선정하여 활용할 수 있다.

5.2 AHP 개요

선형계획모델의 목적함수는 이익의 최대화나 비용의 최소화라는 단일한 목적을 가지고 있다. 하지만 현실문제들은 이익이나 비용 이외에도 품질, 시장점유율, 생산성, 대기시간, 환경 등 추구해야 하는 목적이 중첩되게 된다. 이러한 경우에는 여러 가지 기준(다기준)에 의한 의사결정을 해야 한다. 이와 같은 문제를 다기준 의사결정문제라 하고, 이것을 해결하는 기법 중 하나가 목적계획법(goal programming)이다. 목적계획법은 선형계획모형으로 구현하되, 목적함수식에 목적이 이익 또는 비용의 단일 목적이 아닌 여러 개의 목적식으로 표현한 것을 말하는데, 이 장에서는 수식표현 방법보다는 평가기준별로 가중치를 선정하여 대안을 선정하는 방법으로 군에서 가장 많이 활용되고 있는 AHP를 다루고자 한다. AHP와 관련하여 여러 가지 이론들이 나와 있으나, 군 문제를 다루는 절차 위주로 쉽게 문제를 해결하는 방법으로 접근하고자 한다.

AHP는 평가해야 할 요소가 다수이고 이에 대한 의견이 불분명할 경우 상대적으로 우선순위가 높은 요소에 가중치를 높게 부여하고 이를 종합하여 대안의 우선순위를 결정하고자 할 때 사용하는 방법이다. 평가해야 할 요소들은 각각 독립적이고 이를 계량화하여 평가하는 것은 수식으로 유도될 수 없다. 이에 따라 전문가들의 의견수렴을 통해 전문가들이 평가한 점수를 계량화하여 종합함으로써 좀 더 객관적인 평가가 이루어질 수 있다. AHP의 절차를 군 관련 예제를 통해 자세히 알아보도록 하자.

AHP를 통해 여러 가지 대안 중 가장 좋은 대안을 선정하게 되는데, 평가요소별 가중치를 선정하여 가중치와 평가점수를 합한 가중합이 가장 높은 대안을 선정하면 된다. 예를 들어 복지단에서 장병 복지를 위해 어느 지역에 학사를 건립할 것인지를 두는 문제에 AHP가 유용하게 적용될 수 있다. 복지단의 예제를 AHP 절차에 의해 풀어보면서 살펴보기로 하자.

5.3 AHP 절차

AHP 절차는 분석하고자 하는 사업의 계층구조를 생성한 뒤, 생성된 계층구조와 관련된 기준 또는 대안에 대한 쌍대비교 설문을 한다. 설문결과를 토대로 각 기준과 대안에 대한 평가를 실시하여 상대적 중요도(가중치)를 도출한다. 각 대안별 도출된 가중치를 각 기준별 가중치의 가중합으로 종합점수를 구하고 종합점수가 가장 높은 대안을 선정하면 된다. 설문의 유효성을 검증하는 과정도 포함해야 한다. 설문자가 작성한 설문결과가 일관되지 못해 활용될 수 없는 경우도 발생하기 때문에 설문에 대한 일관성 검증을 실시하는 과정이 포함된다.

5.3.1 계층구조 생성

복지단의 학사 건립문제의 경우 목적은 좋은 학사 후보지 결정이다. 이와 관련된 평가기준(요소)은 가격, 학군, 생활환경, 교통이며 선정해야 할 대안은 A, B, C 지역 세 가지로 설정하였다. 3개 대안 중 평가기준을 종합적으로 고려 시 가장 좋은 대안을 선정하려고 한다. 이를 계층구조로 표현하면 그림 5.1과 같다.

복지단의 학사 건립문제는 3개의 계층으로 설정하였으며, 계층 1에는 목적, 계

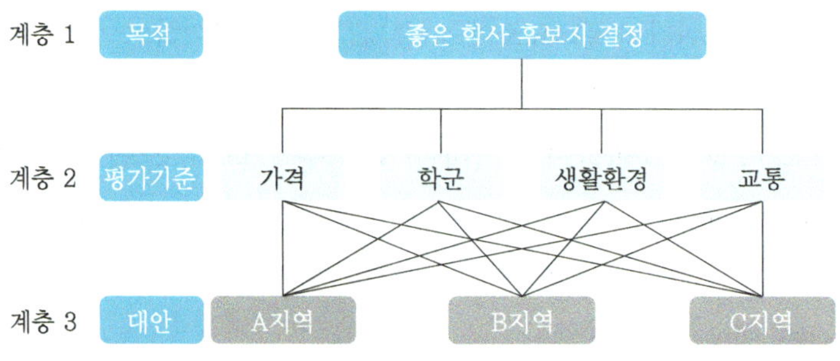

그림 5.1 계층구조

MILITARY OPERATION RESEARCH

층 2에는 평가기준, 계층 3에는 대안으로 구성하면 된다.

5.3.2 설문 및 쌍대비교

계층구조를 설정하고 나면 이를 설문에 포함하여 설문을 작성한다. 간단한 설문 목적과 사업에 대한 설명을 작성하고 평가기준을 쌍대비교할 수 있도록 표 5.1과 같은 형태의 설문을 작성한다. 표 5.1은 설문을 작성하여 실시한 결과이다. 설문자는 중요도 9점 척도 중 각각의 중요 정도를 평가하여 동그라미 형태로 표시하였다. 중요도 9점 척도의 의미는 1(중요도 동일), 3(약간 더 중요), 5(상당히 더 중요), 7(매우 더 중요), 9(절대적으로 더 중요)를 나타낸다. 이와 같이 중요도에 따라 상대적 중요도인 가중치가 계산이 된다. 표에서 가격은 학군보다 척도 2만큼 중요함을 나타내고, 학군은 가격보다 1/2만큼 덜 중요함을 나타낸다. 마찬가지로 학군과 생활환경의 중요도를 비교하면 학군은 생활환경보다 척도 3만큼 중요하고, 그 반대인 생활환경은 학군보다 1/3만큼 덜 중요함을 알 수 있다. 이를 쌍비교 행렬로 정리하면 표 5.2와 같다.

표 5.2에 보는 바와 같이 동일한 평가기준은 '1'로 표시하고, 설문에 표기된 바

표 5.1 쌍대비교 설문 예

	중요 ↔ 동일 ↔ 중요	
가격	9-8-7-6-5-4-3-(2)-1-2-3-4-5-6-7-8-9	학군
가격	9-8-7-6-5-(4)-3-2-1-2-3-4-5-6-7-8-9	생활환경
가격	9-8-7-(6)-5-4-3-2-1-2-3-4-5-6-7-8-9	교통
학군	9-8-7-6-5-4-(3)-2-1-2-3-4-5-6-7-8-9	생활환경
학군	9-8-7-6-(5)-4-3-2-1-2-3-4-5-6-7-8-9	교통
생활환경	9-8-7-6-5-4-3-(2)-1-2-3-4-5-6-7-8-9	교통

표 5.2 쌍비교 행렬

구분	가격	학군	생활환경	교통
가격	1	2	4	6
학군	1/2	1	3	5
생활환경	1/4	1/3	1	2
교통	1/6	1/5	1/2	1
열별 합계	1.9167	3.5333	8.5	14

와 같이 가격-학군의 경우 '2'를, 가격-생활환경의 경우 '4'를 표시하면 된다. 반대로, 학군-가격은 '1/2'을, 생활환경-가격은 '1/4'을 기입하면 된다. 나머지도 동일한 요령으로 기입하면 된다.

5.3.3 상대적 중요도(가중치) 결정

설문을 통해 획득한 쌍비교 행렬을 토대로 상대적 중요도인 가중치를 설정할 수 있다. 이는 열별 합계에서 각각의 평가기준의 비중이 얼마나 되는지를 나타내기 때문에, 먼저 열별로 합계를 구하고 이를 각 기준으로 나누면 된다. 표 5.3의 첫 번째 열의 경우 가격의 열별 합계는 1.9167이고, 가격 칸은 원래 평가점수인 1을 열별 합계 1.9167로 나누어 주면 가격의 상대적 중요도(가중치)가 계산된다. 이와 같은 방법으로 계산을 한 것이 표 5.3이다. 마지막으로 지금까지 구한 상대적 중요도 숫자를 평균해서 우측의 가중치 칸에 기입해주면 각각의 가중치가 계산된다. 구한 가중치는 가격 0.4967, 학군 0.3135, 생활환경 0.1213, 교통 0.0785가 된다. 설문자들은 가격-학군을 우선적으로 고려하여 지역을 선정함을 알 수 있다. 표 5.3을 보면 표준화한 열별 합계는 모두 1이 됨을 알 수 있다. 이는 원래의 표(표 5.2)의 열별 합계를 각각의 셀의 값으로 나누어 주었기 때문인 것으로, 이를 통해 계산 착오가 없도록 점검할 수도 있다.

표 5.3 열별 합계 및 표준화

구분	가격	학군	생활환경	교통	가중치
가격	0.5217 (=1/1.9167)	0.5660	0.4706	0.4286	0.4967
학군	0.2609	0.2830	0.3529	0.3571	0.3135
생활환경	0.1304	0.0944	0.1175	0.1429	0.1213
교통	0.0870	0.0566	0.0588	0.0714	0.0785
열별 합계	1	1	1	1	1

5.3.4 일관성 검증

AHP는 전문가들의 설문결과를 토대로 대안의 우선순위를 결정하는 것으로 설문자의 실수에 의해 잘못된 결과를 도출할 수 있다. 설문결과의 데이터를 활용하여 대안의 우선순위를 결정할 수 있는지를 결정해야 하는데, 이를 일관성 검증이라 한다. 이는 쌍대비교 시 일관되게 결과를 기입하였는지를 검증하는 것으로, A가 B보다 중요하고 B가 C보다 중요하다고 설문에 응했을 경우 A는 C보다 중요하다고 결과를 기입해야 한다. 이와 반대의 경우로 설문하는 경우 신뢰할 수 없는 설문결과가 된다. 이와 같은 경우는 가중치를 계산하는 것에 포함하지 말아야 한다.

일관성 검증은 일관성 비율(CR, consistency ratio)로 평가하게 되는데, 0.1 이하면 일관성이 있다고 본다. 일관성 비율을 산출하는 일관성 검증절차는 쌍비교 행렬에 각 기준별 가중치를 곱해 가중합계를 구하고, 가중합계를 각 기준별 가중치로 다시 나누어 주어 일관성 척도를 구한 뒤, 일관성 지수와 일관성 비율을 도출하면 된다.

가중합계는 쌍비교 행렬의 숫자에 각 기준별 가중치를 곱하여 구하게 되는데, 그림 5.2와 같이 계산된다.

가중합계를 각 기준별 가중치로 나누어 주면 그림 5.3에서와 같이 일관성 척도를 구할 수 있다. 이때 일관성 척도의 평균을 λ라 하고 이를 구하면 4.0340이 된다.

일관성 지수(CI, consistency index)는 일관성 척도의 평균인 λ를 활용하여 다음 식과 같이 구한다. 여기서 n은 기준의 수를 의미한다.

쌍비교 행렬					가중치		가중합계
1	2	4	6	×	0.4967	=	2.0197
1/2	1	3	5		0.3135		1.2681
1/4	1/3	1	2		0.1213		0.4869
1/6	1/5	1/2	1		0.0685		0.2746

그림 5.2 가중합계 도출

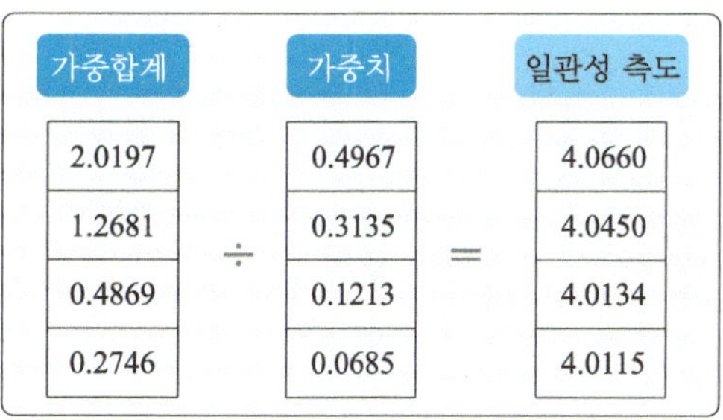

가중합계		가중치		일관성 척도
2.0197	÷	0.4967	=	4.0660
1.2681		0.3135		4.0450
0.4869		0.1213		4.0134
0.2746		0.0685		4.0115

그림 5.3 일관성 척도 도출

표 5.4 확률지수표

n	2	3	4	5	6	7	8	9	10
RI	0	0.58	0.9	1.12	1.24	1.32	1.41	1.45	1.51

$$\mathrm{CI} = \frac{\lambda - n}{n-1} = \frac{4.0340 - 4}{3} = 0.0113$$

일관성 비율은 일관성 지수(CI)와 표 5.4에서 확률지수(RI, random index)를 활용하여 계산된다. 확률지수표는 무작위 경우에 나올 수 있는 CI값을 정리한 것으로, 사티에 의해 제시되었다. 이를 구하면 CR = CI/RI = 0.0113/0.9 = 0.013이다. 일관성 비율이 CR = 0.013 ≤0.1이므로 일관성이 있는 것으로 판단된다.

5.3.5 종합 중요도 결정

가중치 설정은 추가적인 계산이 필요하다. 이를 구하기 위해 먼저 평가기준별 각 대안의 중요도에 대한 가중치를 설문을 통해 획득해야 한다. 설문은 5.3.2절과 동일하게 실시하면 되고 설문결과로 얻은 쌍비교 행렬은 표 5.5와 같다. 가중치를 구하기 전에 각 열별 합계를 구하면 표 5.5와 같다.

가격의 경우 A-C가 3, B-A가 5, B-C가 7만큼 중요하게 나타났고 나머지는 상대적인 숫자로 표기하였다. 학군의 경우 A-B가 4, A-C가 5, B-C가 3만큼 중요하

표 5.5 대안에 대한 쌍비교 행렬

가격	A	B	C	학군	A	B	C
A지역	1	1/5	3	A지역	1	4	5
B지역	5	1	7	B지역	1/4	1	3
C지역	1/3	1/7	1	C지역	1/5	1/3	1
열별 합계	6.3333	1.3429	11	열별 합계	1.4500	5.3333	9

생활환경	A	B	C	교통	A	B	C
A지역	1	1/3	1/5	A지역	1	3	3
B지역	3	1	1/2	B지역	1/3	1	2
C지역	5	2	1	C지역	1/3	1/2	1
열별 합계	9	3.3333	1.7500	열별 합계	1.6667	4.5000	6

표 5.6 각 기준으로 평가한 대안별 가중치

가격					학군				
	A	B	C	가중치 (평균)		A	B	C	가중치 (평균)
A지역	0.1579	0.1489	0.2727	0.1932	A지역	0.6897	0.7500	0.5556	0.6651
B지역	0.7895	0.7447	0.6363	0.7235	B지역	0.1724	0.1875	0.3333	0.2311
C지역	0.0526	0.1064	0.0909	0.0833	C지역	0.1379	0.0625	0.1111	0.1038
생활환경					교통				
	A	B	C	가중치 (평균)		A	B	C	가중치 (평균)
A지역	0.1111	0.1000	0.1176	0.1096	A지역	0.6000	0.6667	0.5000	0.5889
B지역	0.3333	0.3000	0.2941	0.3092	B지역	0.2000	0.2222	0.3333	0.2518
C지역	0.5556	0.6000	0.5882	0.5812	C지역	0.2000	0.1111	0.1667	0.1593

고, 생활환경의 경우 B-A가 3, C-A가 5, C-B가 2로 설문결과가 도출되었다. 교통의 경우는 A-B가 3, A-C가 3, B-C가 2로 설문이 이루어졌다. 나머지 행렬의 숫자는 상대적인 평가점수로 계산하여 기입한 것이다.

쌍비교 행렬의 수치를 활용하여 표 5.5와 같이 열별 합계를 구하고, 각각의 칸을 열별 합계로 나누고 각 행에 대해 평균값을 계산하면 표 5.6과 같다. 각 기준으로 평가한 대안별 가중치와 평가기준을 쌍대비교한 가중치를 이용하여 최종 가중치를 계산할 수 있는데, 이와 같이 각 기준별 평가점수(가중치)를 종합하면 표 5.7과 같다.

최종 가중치는 각 기준에 대한 대안별 가중치에 평가기준의 가중치를 곱하여 계산된다. 그림 5.4와 같이 대안별 가중치와 기준별 가중치를 곱해주면 최종 가중치가 나오고, 이를 C를 기준으로 나누어 주면 A는 2.3, B는 3.1, C는 1의 가중치를 도출할 수 있다. 대안 B가 선호도가 높아 최종 가중치가 좋은 것으로 도출되어 결론적으로 B지역에 학사를 건립하는 것이 가장 유리함을 알 수 있다.

지금까지 설문자 1명의 설문결과에 대한 가중치 도출에 대해 알아보았다. 설문

표 5.7 각 기준에 대한 대안별 가중치 종합

구분	가격	학군	생활환경	교통
A지역	0.1932	0.6651	0.1096	0.5889
B지역	0.7235	0.2311	0.3092	0.2519
C지역	0.0833	0.1038	0.5813	0.1593

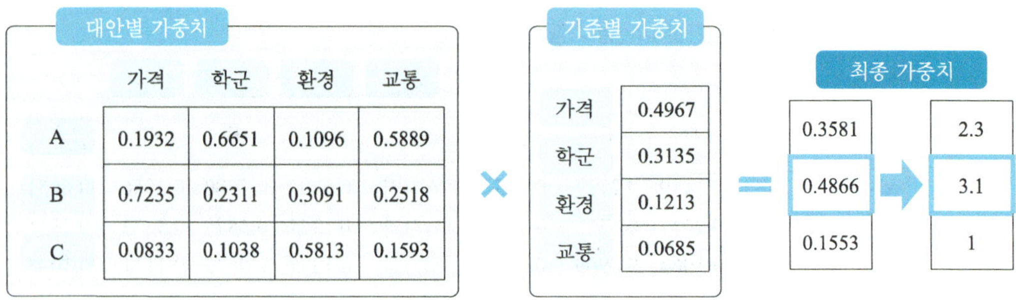

그림 5.4 최종 가중치 계산

자별로 가중치를 도출한 결과를 합하여 최종 가중치를 선정하는 방법은 다음과 같다. 우선, 각 개인별로 산출된 가중치를 해당 평가 요소(기준)별로 크기 순서대로 배열한다. 각 열의 합을 구하여 그 합이 1이 되는 열의 값을 전문가 집단 전체가 의도하는 가중치로 결정하며, 만일 그 합이 1이 아닐 경우는 1을 중심으로 앞뒤 2 열을 선정하여 보간법으로 합이 1이 되는 열을 산출하여 최종 가중치를 결정한다.

예를 들어 3명의 전문가(설문자)로부터 평가기준 A, B, C 세 가지 요소에 대한 개인별 가중치를 계산한 결과가 표 5.8과 같다고 하자.

이 경우 평가기준별로 오름차순으로 크기순으로 정렬하여 열의 합을 구하면 표 5.9와 같다.

표 5.8 개인별 가중치 계산결과

구분	전문가 1	전문가 2	전문가 3
A	0.3	0.4	0.3
B	0.5	0.2	0.2
C	0.2	0.4	0.5

표 5.9 오름차순으로 정리한 가중치 계산결과

구분	전문가 1	전문가 2	기준	전문가 3
A	0.3	0.3	0.32	0.4
B	0.2	0.2	0.26	0.5
C	0.2	0.4	0.42	0.5
합계	0.7	0.9	1	1.4

합계가 1이 아니므로 0.9와 1.4 사이의 보간법으로 합이 1이 되는 가중치를 구한다. 평가기준 A의 가중치는 $0.3+(0.4-0.3)\times\frac{(1.0-0.9)}{(1.4-0.9)}=0.32$가 된다. 동일한 방법으로 B의 가중치는 0.26, C의 가중치는 0.42가 된다. 전체 전문가 집단의 최종 가중치는 (A, B, C) = (0.32, 0.26, 0.42)가 되어, 평가기준 C가 가장 중요함을 알 수 있다.

5.4 요약

이 장에서는 다기준 의사결정 방법 중 하나인 계층적 분석기법(AHP)에 대해 알아보았다. 계층적 분석기법의 핵심은 대안을 평가하는 기준에도 상하 계층이 있으며 그 중요도에 따라 각각의 가중치를 판단해야 한다는 것이다. 또한 각각의 기준은 반드시 상호 독립이며 배타적인 조건에 있어야 한다는 점을 명심해야 한다. 하나의 기준이 다른 하나의 기준에 영향을 준다면 응답자의 올바른 응답, 즉 중요도를 객관적으로 작성하기 제한된다.

계층적 분석기법은 실제 국방 분야의 다양한 의사결정에 사용되는 방법론 중 하나이다. 그 이유는 국방 분야의 수많은 의사결정 대부분은 정성적인 자료로 주어지고 이를 정량적으로 판단해야 하는 경우가 많기 때문이다. 따라서 이러한 정량적 판단이 제한되는 의사결정문제에서 계층적 분석기법은 매우 합리적이며 과학적인 해결책을 제시해줄 수 있다. 이러한 이유에서 그 중요도는 매우 높다고 할 수 있다.

연습문제

5.1 A시는 교통시스템을 구축하려 한다. 검토된 대안은 세 가지로 신규개발 시스템(A1), 자기부상열차(A2), 철도(A3)이고, 이에 대한 평가기준은 편리성, 환경성, 비용으로 설정하였다. 전문가들의 의견수렴을 거친 설문결과는 다음과 같다.

	중요 ↔ 동일 ↔ 중요	
편리성	9-8-7-6-5-4-3-2-1-(2)-3-4-5-6-7-8-9	환경성
편리성	9-8-7-6-(5)-4-3-2-1-2-3-4-5-6-7-8-9	비용
환경성	9-8-7-6-5-4-(3)-2-1-2-3-4-5-6-7-8-9	비용

(1) 각 기준별 가중치를 구하시오.

(2) 설문결과에 대한 일관성 검증을 하시오.

5.2 여름휴가 시 여행지를 선정하려고 한다. 후보지로 바다(A), 계곡(B), 온천(C) 세 가지가 최종 후보지로 검토되었고, 이에 대한 평가기준을 재미/유흥, 교통, 비용으로 책정하여 최종 후보지를 선정하려 한다.

(1) 상기 문제에 대한 계층구조를 작성하시오.

(2) 3개 평가기준별로 대안을 쌍대비교한 결과는 다음과 같다. 가중치를 선정하고 일관성 검증을 하시오.

재미/유흥 기준

대안	A	B	C
A	1	1	1/3
B	1	1	1/3
C	3	3	1

교통 기준

대안	A	B	C
A	1	1	1/5
B	1	1	1/5
C	5	5	1

비용 기준

대안	A	B	C
A	1	3	9
B	1/3	1	6
C	1/9	1/6	1

(3) 평가기준을 쌍대비교한 결과는 다음과 같다. 가중치를 선정하고 일관성 검증을 하시오.

대안	재미/유흥	교통	비용
재미/유흥	1	3	7
교통	1/3	1	4
비용	1/7	1/4	1

(4) 최종 가중치를 선정하여 우선순위가 가장 높은 최종 후보지를 선택하시오.

5.3 육군은 차기 자주포를 전력화하기 위하여 국내외의 최신 기술이 적용된 전차들을 살펴보고 있다. 전문가 집단으로부터 차기 자주포의 후보 대안은 A, B, C 세 가지 기종이 선정되었고, 전력화를 고려할 때 주요 평가항목은 기동성, 화력, 방호력, 지휘통제 네 가지 항목으로 결정되었다. 평가항목 네 가지(기동성, 화력, 방호력, 지휘통제)에 대한 쌍대비교 설문응답 결과 중 하나가 아래에 제시되어 있다.

	중요 ↔ 동일 ↔ 중요	
기동	9-8-7-6-⑤-4-3-2-1-2-3-4-5-6-7-8-9	화력
기동	9-8-7-6-5-4-③-2-1-2-3-4-5-6-7-8-9	방호
기동	9-8-7-6-5-④-3-2-1-2-3-4-5-6-7-8-9	지휘통제
화력	9-8-7-6-5-4-3-②-1-2-3-4-5-6-7-8-9	방호
화력	9-8-7-6-5-4-③-2-1-2-3-4-5-6-7-8-9	지휘통제
방호	9-8-7-6-5-4-3-2-1-2-③-4-5-6-7-8-9	지휘통제

(1) 쌍대비교 설문결과를 토대로 AHP 기법의 분석절차에 의해 네 가지 평가항목에 대한 가중치를 구하시오.

(2) (1)의 결과를 토대로 일관성 지수와 일관성 비율을 계산하여 설문응답이 일관성을 갖고 있는지 기술하시오.

(3) (1)의 차기 자주포 후보로 제시된 세 가지 대안 자주포 A, B, C에 대해 각 평가항목에 대해 1~10점으로 평가를 실시한 결과는 아래와 같다. 이를 토대로 종합점수와 우선순위를 도출하시오.

자주포 A	기동성 (8) 점, 화력 (7) 점, 방호력 (5) 점, 지휘통제 (7) 점
자주포 B	기동성 (7) 점, 화력 (8) 점, 방호력 (6) 점, 지휘통제 (9) 점
자주포 C	기동성 (5) 점, 화력 (7) 점, 방호력 (6) 점, 지휘통제 (5) 점

5.4 다음은 차기 소총 획득 시 고려할 기준들에 대한 쌍대비교 설문으로 얻은 결과이다. 각 기준에 대한 가중치를 산출하고 일관성 있게 답변하였는지 확인하시오.

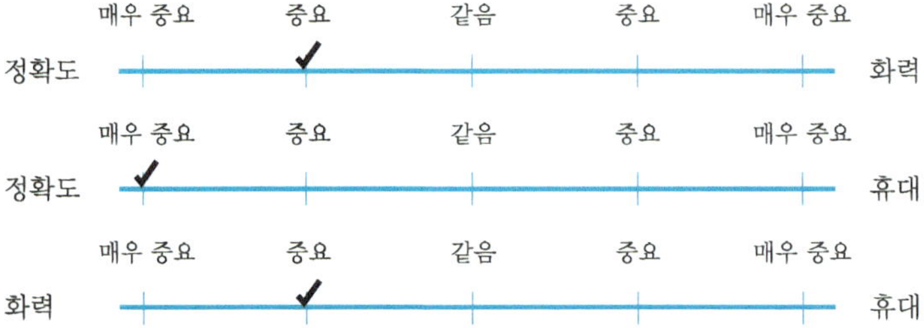

5.5 다음은 차기 소총 획득 시 고려할 기준들에 대한 쌍대비교 설문으로 얻은 결과이다. 각 기준에 대해 일관성 있게 답변하였는지 분석하시오($n = 4$일 때, $\mathrm{RI} = 0.9$).

MILITARY OPERATION RESEARCH

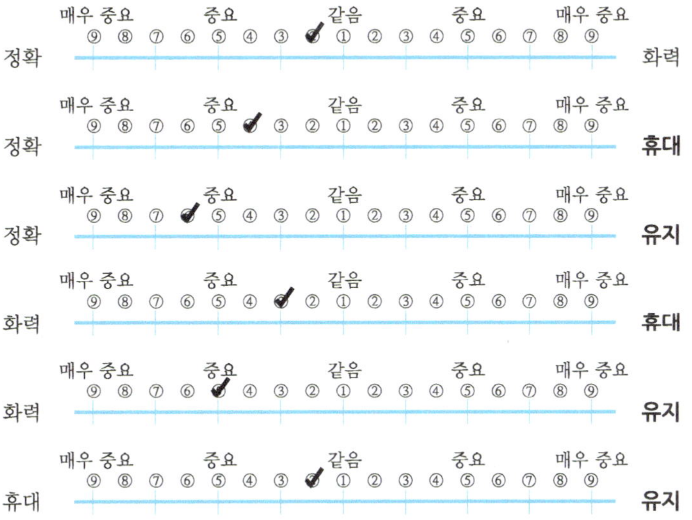

5.6 방사청 차기 전투기 사업팀 팀장이 차기 전투기 기종을 결정하기 위하여 세 가지 대안을 검토 중이다. A, B, C의 기종 중에서 가장 우수한 기종을 선정하기 위하여 네 가지 기준을 검토대상으로 하고 있다. 검토 기준은 성능, 비용, 경제·기술적 편익, 운용 적합성이다. 위 네 가지 기준에 대하여 전문가를 대상으로 설문을 실시한 결과는 다음과 같다.

	중요 ↔ 동일 ↔ 중요	
성능	9-8-7-6-5-(4)-3-2-1-2-3-4-5-6-7-8-9	비용
성능	9-8-7-6-5-4-(3)-2-1-2-3-4-5-6-7-8-9	편익
성능	9-8-7-6-(5)-4-3-2-1-2-3-4-5-6-7-8-9	운용 적합
비용	9-8-7-6-5-4-(3)-2-1-2-3-4-5-6-7-8-9	편익
비용	9-8-7-6-5-4-3-(2)-1-2-3-4-5-6-7-8-9	운용 적합
편익	9-8-7-6-5-4-3-2-1-(2)-3-4-5-6-7-8-9	운용 적합

위 설문결과가 일관성이 있는지 검증하고 기준별 가중치를 도출하시오.

5.7 군에서 운용 중인 장갑차를 대신하여 미래에 운용될 장갑차를 도입하려 한다. 미래 장갑차는 3종의 장갑차가 대안으로 선정되었으며, 각 대안은 A 장갑차 개발, B 장갑차 성능개량, C 장갑차 국외도입이다. 이에 대한 평가기준은 화력, 기동성, 생존성이며, 하부 계층으로 화력은 사거리, 지속발사속도, 조준관측장비, 기

동성은 최대속도, 항속거리, 장애물 극복, 생존성은 장갑 방호력, 화생방 보호로 분류된다.

(1) 상기 상황에 맞는 계층구조를 도출하시오.

(2) 전문가 집단을 설정하고 전문가들에게 실시할 설문을 작성하시오.

(3) 설문결과를 토대로 설문지별 일관성 검증을 실시하여 유효한 설문결과를 도출하시오.

(4) 설문결과를 종합하여 어느 대안이 선정되었는지 결과를 제시하시오.

6장 정수계획법

6.1 정수계획법의 기본 개념

선형계획법은 분할성(divisibility)을 가정으로 한다. 즉, 선형계획법에서 모든 변수는 일반적으로 비음(non-negative)의 모든 실숫값을 고려한다. 따라서 측정 가능한 시간, 길이, 무게와 같은 값들뿐만 아니라, 사람이나 물건의 수와 같이 셀 수 있는 값들도 모두 가능해 혹은 최적해가 될 수 있다. 그러나 현실에서 의사 결정할 때, 결정변수 값이 분수나 소수가 아닌 정수만을 요구하는 때도 적지 않다. 예를 들어, 선형계획문제에서 기계 3.5대, 사람 2.5명, 또는 발전소 0.666개 등의 값이 최적해로 주어진다면, 현실적으로 실행 불가능한 해가 된다. 그러므로 이러한 문제를 해결하기 위해서는 기존의 선형계획법에서 결정변수가 정수의 값을 가져야 한다는 조건을 추가해야만 현실적인 해가 도출된다. 바로 이러한 문제 유형을 정수계획법(IP, integer programming)이라 한다.

다음의 문제 예를 살펴보자.

예제 6.1

군수사령부는 간부들이 착용하는 전투복과 근무복을 원료 A, B를 사용하여 위탁 생산 후 간부 피복쇼핑몰에 판매하려고 한다. 전투복의 개당 판매이익은 4만 원이고, 근무복의 개당 판매이익은 3만 원이다. 군수사령부가 보유한 원료 A와 B의 양과 전투복 및 근무복을 만드는 데 들어가는 개당 원료의 양은 아래 표와 같다. 생산된 제품은 간부 피복쇼핑몰을 통해 전량 판매된다고 할 때, 총 판매이익을 최대로 하는 전투복과 근무복의 생산량을 결정하시오.

	제품별 원료 사용량		가용 원료량
	전투복	근무복	
A	4	9	450
B	8	5	400
판매이익	4만 원	3만 원	

위와 같은 예제는 2장 선형계획법에서 다룬 예제와 크게 다르지 않다. 다만, 고려해야 할 결정변수가 전투복과 근무복의 생산량이 되고, 이 값은 결코 정수가 아닌 값을 가질 수 없다.

또한, 특별한 문제 상황에서는 결정변수 값이 0 또는 1이 되어야만 하는 경우가 있다. 예를 들어 자원의 할당, 예산의 배정, 기계의 배치 등과 같이 하느냐, 하지 않느냐의 이분법으로 해를 요구하는 때도 있다. 이 경우 결정변수 값은 해당하는 행위를 하는 경우 1, 하지 않는 경우 0으로 정의할 수 있다. 이러한 문제를 해결하기 위해서 결정변수가 0 혹은 1이어야 한다는 제약조건을 추가하여 0-1 정수계획문제로 모형화가 가능하다.

정수계획법은 모형을 구성하는 절차나 방법에서 선형계획법과 큰 차이가 없다. 다만 분할성의 가정이 배제되어 결정변수 값에 대한 정수조건이 추가될 뿐이다. 이 정수조건의 추가로 인해, 정수계획법은 기존의 선형계획법의 해법인 심플렉스법을 적용할 수 없다. 즉, 선형계획법은 결정변수 혹은 제약조건의 수가 늘어나더라도 비교적 쉽게 문제를 해결할 수 있는 데 반해, 정수계획법은 그 숫자가 늘어남에 따라 상당히 복잡하고 해결하기 어려운 문제가 된다. 컴퓨터가 상당히 발달한 현대에서도 정수계획법에 대한 해를 구하는 데는 많은 시간을 요구하기 때문에 최적해보다는 최적해에 근접한 비교적 만족스러운 해를 구하여 사용하는 경우가 일반적이다. 아직 충분히 효율적인 해법을 밝혀내지 못하고 있기 때문이다.

이 장에서는 정수계획법 모형의 구조와 문제 예에 대해서 상세히 알아보고, 널리 쓰이고 있는 정수계획법의 해법 중 일부를 다루고 컴퓨터 풀이를 통해 그 결과를 확인해보고자 한다.

6.2 정수계획모형의 구조 및 문제 예

6.2.1 정수계획모형의 구조와 종류

정수계획모형은 정수조건을 제외하고는 근본적으로 선형계획모형과 같으므로 목적함수, 제약조건 및 비음조건의 세 가지 구성요소를 갖는 구조로 이루어진다. 그러나 정수조건의 추가로 모형의 구조 중 결정변수에 대한 제약부문에 약간의 차이가 있게 된다. 즉 모든 결정변수가 정수이어야 한다면 순수정수계획법(pure integer programming)이 되고, 결정변수 중 일부가 정수이어야 한다면 결정변수 중 정수인 것과 아닌 것이 섞여 있으므로 혼합정수계획법(mixed integer programming), 그리고 모든 결정변수가 0 또는 1 중의 어느 한 값을 가져야 한다면 0-1 정수계획법(binary or 0-1 integer programming)이 된다. 정수계획법의 모형은 결정변수에 대한 정수조건에 따라 구조가 달라지며, 구조상 선형계획모형에서 약간의 변화를 보이지만, 그 해를 구할 때는 상당한 변화가 발생하게 된다.

여기서는 정수계획모형의 다양한 형태를 간단한 예로 알아보자.

① 순수정수계획모형의 예

$$
\begin{aligned}
\text{최대화 } & Z = 2x_1 + 3x_2 \\
\text{s.t.} \quad & 3x_1 + 1x_2 \le 150 \\
& 4x_1 + 9x_2 \le 330 \\
& x_1,\ x_2 \ge 0 \ \text{그리고 정수}
\end{aligned}
$$

② 혼합정수계획모형의 예

$$
\begin{aligned}
\text{최대화 } & Z = 3x_1 + 5x_2 \\
\text{s.t.} \quad & 2x_1 + 4x_2 \le 5 \\
& 4x_1 + 2x_2 \le 6 \\
& x_1,\ x_2 \ge 0 \ \text{그리고 } x_1\text{: 정수}
\end{aligned}
$$

③ 0-1 정수계획모형의 예

$$
\begin{aligned}
\text{최대화 } & Z = 18x_1 + 25x_2 + 30x_3 + 20x_4 \\
\text{s.t.} \quad & 2x_1 + 4x_2 + 5x_3 + 3x_4 \le 11 \\
& x_1,\ x_2,\ x_3,\ x_4 = 0 \ \text{또는 } 1
\end{aligned}
$$

위의 정수계획모형의 예에서 보듯이 선형계획모형과의 차이점은 비음조건에 정수조건이 추가된 것뿐이다. 예 ①은 주어진 결정변수 x_1, x_2 모두 정수이며, 예 ②는 2개의 결정변수 중 x_1만 정수조건이 추가되어 있다. 마지막으로, 예 ③은 모든 결정변수(x_1, x_2, x_3, x_4)가 정수임과 동시에 0 또는 1의 값을 가지도록 제약된다. 따라서 예 ③은 0-1 정수계획법이 된다.

6.2.2 배낭문제

배낭문제는 이익 또는 효용(utility)과 무게를 지니는 여러 물건(items) 중에서 전체 허용 무게(부피)를 넘어서지 않는 범위 내에서 이익 또는 효용을 최대화하는 것들의 조합을 찾아내는 문제이다. 다음 문제 예를 살펴보자.

 예제 6.2

하계군사훈련 입영을 위해 군장을 결속 중이다. 필수결속물품을 모두 채운 다음 빈 공간에 개인적으로 필요한 물품들을 추가로 채우고자 한다. 현재 가용한 부피는 5,000 cm^2이며, 추가적인 결속을 고려하는 각 물품의 개당 부피 및 효용은 다음 표와 같다.

물품 종류	부피(cm^2)	이익(효용)
모양말	500	10
속옷	700	15
전투복	1,500	30
세면도구	2,000	50

위 표에 주어진 품목 중 어느 것을 몇 단위씩 더 군장에 결속시키는 것이 가장 큰 값의 이익(효용)을 보장할까? 우선, 이 문제의 결정변수를 선정해보자. 이 예제에서 각 물품을 몇 개씩 결속해야 할지 결정해야 한다(물론 어느 물품은 하나도 결속하지 않을 수 있다). 그렇다면 x_i를 각 물품의 결속 개수라고 정의하자.

$$x_i\text{: 양의 정수}(i = 1,\ 2,\ 3,\ 4)$$

충족시켜야 하는 제약조건은 추가적 물품 결속에 따른 부피의 합이 현재 가용한 부피인 5,000 cm^2를 넘어서지 않는 것이다. 그렇다면 위에서 정의한 결정변수로 다음과 같은 제약식을 만들어낼 수 있다.

$$500x_1 + 700x_2 + 1500x_3 + 2000x_4 \leq 5000$$

즉, 각 물품을 결속함에 따라 발생하는 부피의 합이 5,000 cm^2를 넘어설 수 없다는 것이다. 마지막으로 이 문제의 목적함수는 무엇일까? 이 문제는 각 품목을 결속함에 따라 발생하는 이익(효용)의 합을 최대화하는 것이다. 그렇다면 다음과 같은 목적함수를 도출할 수 있다.

$$\text{최대화}\ \ Z = 10x_1 + 15x_2 + 30x_3 + 50x_4$$

최종적으로 이 문제는 다음과 같이 모형화된다.

$$\text{최대화}\ \ Z = 10x_1 + 15x_2 + 30x_3 + 50x_4$$

$$\text{s.t.} \quad 500x_1 + 700x_2 + 1500x_3 + 2000x_4 \leq 5000$$

x_i: 양의 정수 ($i = 1, 2, 3, 4$)

6.2.3 집합커버문제

집합커버문제는 다음 문제 예를 통해 알아보자.

예제 6.3

6개 초소 중에서 일부 초소에 과학화 장비 시스템을 설치하고자 한다. 각 초소에 과학화 장비가 도입되면, 해당 초소의 담당구역뿐 아니라 인접한 초소 또한 동시에 확인할 수 있다고 한다.

초소	확인 가능한 초소
1	1, 2
2	1, 2, 4
3	3, 4, 5
4	2, 3, 4, 6
5	3, 5, 6
6	4, 5, 6

위 표에서처럼, 1번 초소에 과학화 장비가 들어오면 1번 초소뿐 아니라 2번 초소까지 감시할 수 있으며, 2번 초소에 장비 설치 시에는 1, 2, 4번 초소가 모두 확인할 수 있다.

이러한 문제 상황에서, 모든 초소를 감시할 수 있는 초소들의 집합을 하나 구하고자 한다. 모든 초소에 과학화 장비를 설치하게 되면 당연히 모든 초소가 감시할 수 있지만, 총 6개의 과학화 장비를 갖춰야 한다. 따라서 총 설치되는 과학화 장비의 개수를 최소화하면서 모든 초소를 감시하에 두고 싶어 한다.

먼저 결정변수를 고려해보자. 총 6개소의 초소가 있고, 각 초소에 과학화 장비를 설치하거나 설치하지 않거나를 결정해야 한다. 그렇다면 결정변수는 다음과 같이 정의할 수 있다.

$x_i = 1$ (i번째 초소에 과학화 장비를 설치하는 경우),

$\quad 0$ (그렇지 않은 경우)

즉 $x_1 = 1$이라면, 1번 초소에 과학화 장비를 설치하는 것이고, $x_1 = 0$이라면 설치하지 않는 것을 의미한다. 이제 제약조건을 생각해보자. 앞선 밝힌 것과 같이, 모든 초소가 과학화 장비의 감시하에 있어야 한다. 하나의 예로, 2번 초소가 과학화 장비의 감시하에 있으려면, 1, 2, 4번 초소 중 최소한 하나 이상의 초소에 과학화 장비가 설치되어야 한다. 이 제약조건을 수식으로 표현하면 다음과 같다.

$$x_1 + x_2 + x_4 \geq 1$$

같은 논리를 나머지 1, 3, 4, 5, 6번 초소에 적용해보면, 나머지 제약식은 다음과 같이 표현된다.

$$\begin{aligned}
&x_1 + x_2 \geq 1 \\
&x_1 + x_2 + x_4 \geq 1 \\
&x_3 + x_4 + x_5 \geq 1 \\
&x_2 + x_3 + x_4 + x_6 \geq 1 \\
&x_4 + x_5 + x_6 \geq 1
\end{aligned}$$

마지막으로 이 문제의 목적함수는 무엇일까? 이 문제에서 설치되는 과학화 장비의 개수를 최소화하고자 한다. 그렇다면 목적함수는 다음과 같다.

$$\text{최소화 } Z = x_1 + x_2 + x_3 + x_4 + x_5 + x_6$$

이를 모두 종합하면 위의 집합커버문제는 다음과 같이 모형화된다.

$$\begin{aligned}
\text{최소화 } & Z = x_1 + x_2 + x_3 + x_4 + x_5 + x_6 \\
\text{s.t.} \quad & x_1 + x_2 \geq 1 \\
& x_1 + x_2 + x_4 \geq 1 \\
& x_3 + x_4 + x_5 \geq 1 \\
& x_2 + x_3 + x_4 + x_6 \geq 1 \\
& x_4 + x_5 + x_6 \geq 1 \\
& x_i = 1(i\text{번째 초소에 과학화 장비를 설치하는 경우}), \\
& \quad\ 0(\text{그렇지 않은 경우})
\end{aligned}$$

6.3 정수계획법의 해법

정수계획문제의 해를 구하는 방법은 여러 가지 있다. 여기서는 정수계획모형의 해를 구하는 다음과 같은 방법에 대하여 간단히 설명하고, 가장 유용하게 사용되는 분단탐색법에 대해서는 이 절의 마지막에서 다룰 것이다.

① 도해법(graphical method)
② 완전 열거법(complete enumeration)
③ 소수 정리법(rounding method)
④ 평면 절단법(cutting plane method); 고모리법
⑤ 분단탐색법(branch and bonnd method)

이 외에도 크고 복잡한 정수계획문제를 해결하기 위하여 동적계획법 및 다양한 휴리스틱 접근법이 최적해가 아닌 비교적 만족스러운 해를 얻는 방법으로 많이 활용된다.

6.3.1 도해법

결정변수가 2개였으면 정수계획문제도 선형계획문제와 같은 방법으로 쉽고 간단하게 도해적 방법을 이용하여 해를 구할 수 있다.

그림 6.1에서 보는 바와 같이 어떤 선형계획모형의 가능해 영역을 나타내는 영

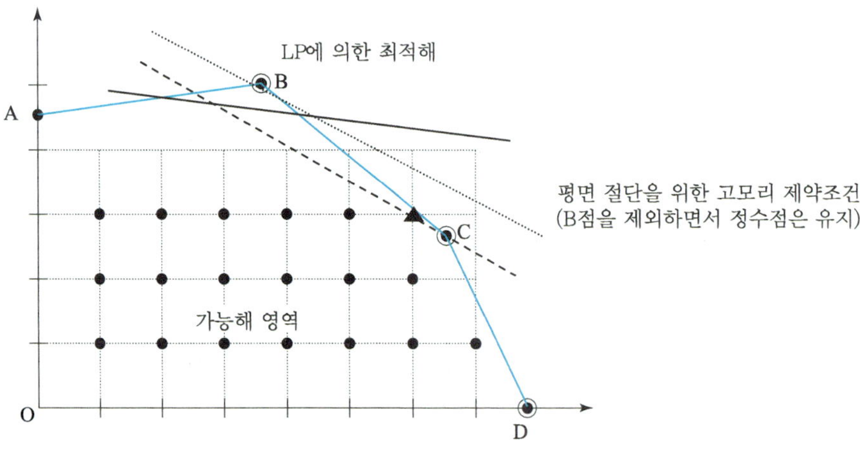

그림 6.1 선형계획모형의 가능해 영역의 예

역 OABCD에서 선형계획모형의 최적해는 등이익선(최대화 문제인 경우)과 원점으로부터 가장 먼 곳에서 만나는 점 B가 된다. 그러나 정수계획모형의 가능해는 선형계획모형의 가능해 영역 내의 정수에 한하기 때문에, 이 가능해 영역 내의 정수 구성점들 중에서 원점으로부터 가장 먼 정수 구성점(그림에서 ▲)이 최적해가 되는 것이다. 근본적으로 선형계획모형의 도해법과 차이가 없다. 다만 이와 같은 현상을 특징적으로 나타내는 차이점을 두 가지로 요약하면 다음과 같다.

첫째, 정수계획법이 갖는 결정변수에 대한 정수제한조건에 의해 가능해 영역은 선형계획모형의 가능해 영역 내에 존재한다.

둘째, 일반적으로 정수계획법의 최적해는 선형계획법의 최적해와 비교하여 결정변수 값은 다를 수 있으며, 최대화 문제에서 목적함수 값은 항상 작거나 같다. 그러므로 선형계획법의 최적해가 정수조건을 만족하게 하면 그 해는 당연히 정수계획법의 최적해가 된다.

6.3.2 완전 열거법

이 방법은 제약조건을 만족하게 하는 가능해 영역 내의 모든 결정변수의 조합을 나열하여 목적함수 값이 가장 큰 것을 찾아내는 것이다. 이때 정수의 결정변수 값을 갖는 조합의 수는 천문학적으로 많이 존재할 수 있으므로 아주 작은 크기의 문제이거나 0-1 정수계획법 중 작은 문제에만 활용이 가능할 뿐 현실적인 방법으로 적합하지 않다.

6.3.3 소수 정리법

정수계획모형의 해를 구하는 데 현실적인 접근법 중의 하나로 소수 정리법 또는 올림법은 선형계획모형의 해를 구한 후 최적해를 반올림 또는 소수 정리를 통해 해를 정하는 것이다. 이 방법은 정수계획법의 최적해를 구하는 데 드는 많은 시간과 노력을 줄여 최적해를 구해서 얻는 이익보다 비용이 클 때 이점이 될 수 있다. 그러나 이 경우의 해는 최적해와 다를 수도 있으며, 제약조건을 위반하는 불가능해일 수도 있다는 문제가 따른다. 그러므로 소수를 정리한 해가 제약조건을 만족하고 선형계획법의 해와 큰 차이가 없으면 최적 정수해로 사용하게 된다. 이 방법은 확실한 최적해를 얻기 위해선 결정변수의 분수 또는 소수를 모두 내린 경우뿐인데, 이 경우의 목적함수 값은 다른 해에 비해 최적해에서 가장 먼 값이 된다.

이와 같은 결점이 있으나 간편하고 시간이 절약되어 현실적으로 활용도가 크기 때문에 이를 보완하여 사용하는 방법으로 대표적인 것이 시행착오법이다.

이 방법은 선형계획법의 최적해 부근에 있는 가능해 영역 내의 정수 구성점 중에서 일부를 선택하여 비교 검토하는 것으로 다음과 같은 절차에 의해 수행된다.

① 결정변수 중 중요변수를 선택 후 선택되지 않은 변수의 소수 부분을 내린다.
② 선택된 변수(n개)에 대해 2^n개의 소수 정리법을 열거하여 가능해 여부를 검토한다.
③ 가능해 중 목적함수 값이 가장 큰 것을 최적근사치로 한다.
④ 최적근사치를 선형계획법의 최적해에서 목적함수 값과 비교, 다음 공식에 의해 최대오차율을 구한다.

$$\text{최대오차율} = \frac{\text{LP 최적해 목적함수 값} - \text{최적근사치 값}}{\text{LP 최적해 목적함수 값}}$$

⑤ 최대오차율이 허용기준 이내면 만족해로 사용, 아니면 최적해를 찾는 방법을 모색한다. 단, 허용기준은 임의의 값이나 통상 1% 이내면 최적해를 찾지 않고 근사치를 사용하며, 10% 이상이면 다른 방법을 모색한다.

6.3.4 평면 절단법(고모리법)

이 방법은 정수제약조건을 무시하고 선형계획법의 심플렉스법으로 문제를 해결하는데, 정수해를 얻기 위해 가능해 영역을 제한하는 제약조건을 찾아내는 것으로, 이 제약조건을 고모리 제약조건이라 한다. 또한 가능해 영역을 제한하기 위한 고모리 제약조건은 가능해 영역을 일부 절단(cutting plane, 그림 6.1 참조)하는 것이므로 평면 절단법이라고도 한다. 이 방법은 초기에 많이 연구되었으나 고모리 제약조건을 구하고 다시 이를 추가하여 선형계획모형의 해를 구하게 되어 시간이 오래 걸리고 고모리 제약조건식을 구하는 복잡한 절차 때문에 퇴색되었다. 그러므로 연구 방향은 자연히 부분적인 열거법(partial enumeration)으로 진행되었고, 그 대표적인 방법이 분단탐색법이다.

6.3.5 분단탐색법

분단탐색법(branch and bound method)은 부분열거를 수행하는 한 가지 방법으로써 모든 가능한 정숫값들의 조합에서 일부분만을 검토하면서 최적해를 결정하는 것이다. 이 방법은 가장 유용한 방법이기는 하지만, 문제 유형에 따라 적용방법이 조정되어야 하므로 고정된 일반적인 절차를 갖고 있지는 않다. 이 방법을 이용한 정수계획모형의 최적해를 구하는 방법을 알아보자.

대부분 정수계획문제는 결정변수들에 대한 상한값과 하한값을 갖고 있다. 그러므로 이러한 한정된 값을 갖는 결정변수를 갖는 정수계획모형은 한정된 수의 가능해를 갖는다. 이와 같은 한정된 해 중에서 열거법을 이용해 최적해를 탐색해낼 수 있다. 여기서는 최대화 문제에 대한 분단탐색법의 기본적인 절차를 다음과 같이 살펴보고 0-1 정수계획모형에 대하여는 6.4절에서 다루기로 한다.

정수계획법의 분단탐색 절차

- **제1단계:** 정수계획문제를 정수제약조건이 없는 선형계획모형으로 하여 최적해를 구한다.

- **제2단계:** 만일 제1단계의 해가 정수조건을 만족하게 하면, 그 해를 최적해로 하여 분단탐색을 끝낸다. 그렇지 않으면 제3단계로 넘어간다.

- **제3단계:** 정수조건을 충족시키지 못한 결정변수(여러 개일 때는 분수 또는 소수 부분이 큰 변수를 선택)에 대하여 정수조건에 필요한 상호 배타적인 2개의 분단제약조건을 도입하여 확장된 2개의 하위 선형계획문제를 구성한다. 즉, 추가되는 두 분단제약 조건은 다음과 같다.

$$x_i \geq k_i + 1$$
$$x_i \leq k_i$$

여기서 x_i는 비정숫값을 갖는 결정변수

k_i는 x_i의 분수 또는 소수 부분을 절하한 정숫값

- **제4단계:** 제3단계에서 구한 2개의 하위 선형계획문제의 해를 구한 다음에
  ① 비정수 최적해의 목적함수 값을 상한값(UB)으로 결정한다.
  ② 현재까지의 최선의 정수해의 목적함수 값을 하한값(LB)으로 결정한다.

(단, 없으면 0으로 해도 되고, 소수 정리법에 따라 절하된 변숫값이 대입된 목적함수 값을 사용할 수도 있다.)

③ 현재의 하한값보다 작은 상한값을 갖는 하위 문제가 존재하면 더 이상의 분단을 하지 않고 고려대상에서 제외한다.

④ 만일, 상한값보다 큰 실행 가능 정수해가 나타나거나 더는 분단이 불가능하면 현재까지의 최선의 정수해를 최적해로 결정하여 분단탐색을 끝내고, 그렇지 않으면 2개의 하위 문제 중 큰 목적함수 값을 갖는 문제를 최적 분단 문제로 선택한 후 제3단계로 되돌아간다.

위에 언급한 단계를 플로 차트 형태로 표시하면 다음과 같다.

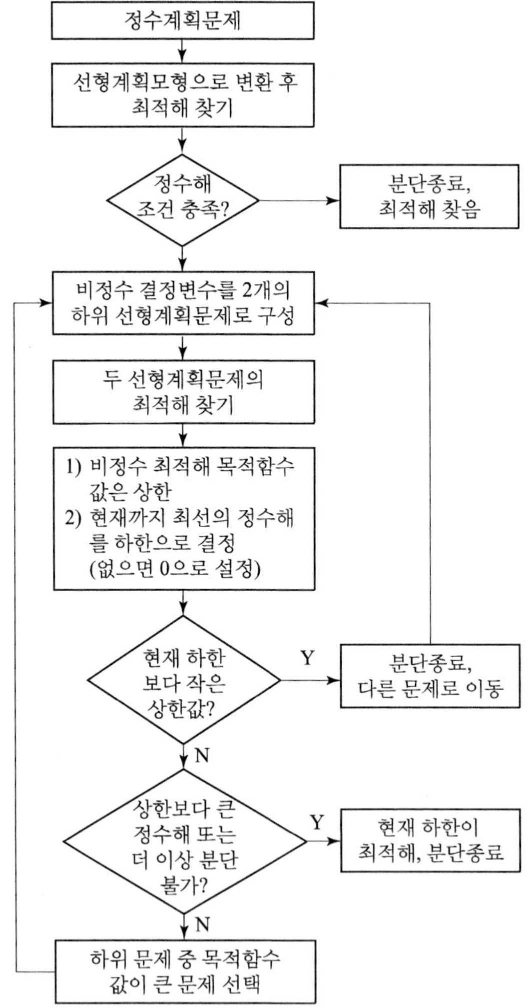

이상에서 간단히 설명한 분단탐색 절차를 이용하여 최대화 문제와 최소화 문제에 대한 순수정수계획문제와 혼합정수계획문제(최대화 문제만 다룸)의 문제 해결 과정을 예제를 통하여 알아보기로 한다.

(1) 최대화 문제

다음의 최대화 정수계획문제를 고려하자.

문제 #0 최대화 $Z = 2x_1 + 3x_2$

$$\begin{aligned} \text{s.t.} \quad & 3x_1 + x_2 \le 150 \\ & 4x_1 + 9x_2 \le 330 \\ & x_1,\ x_2 \ge 0 \quad \text{그리고 정수} \end{aligned}$$

위 문제를 분단탐색법을 이용하여 최적 정수해를 구하기 위하여 앞에서 설명하였던 제4단계의 절차에 따라 문제 해결 과정을 실행하여 보기로 한다.

- **제1단계:** 정수에 관한 제약조건을 무시하고 심플렉스법으로 선형계획문제의 최적해는 아래와 같다.

x_1	x_2	z
44.35	16.96	139.56

- **제2단계:** 최초의 문제(#0)의 최적해는 결정변수의 값이 정수가 아니므로 최적 정수해가 아니다. 그러므로 제3단계로 넘어간다.

- **제3단계:** 정수조건을 충족시키지 못한 결정변수(x_1, x_2) 중에서 분수 또는 소수 부분이 큰 것은 x_2(x_1의 소수 부분은 $0.35 < x_2$의 소수 부분은 0.96)이므로 x_2를 분단변수로 선택한다. 상호 배타적인 2개의 분단제약조건을 만들면 다음과 같다.

$$x_2 \ge (x_2\text{값의 정수 부분}) + 1 = 16 + 1 = 17$$

$$x_2 \le (x_2\text{값의 정수 부분}) = 16$$

위의 두 제약조건 $x_2 \ge 17$과 $x_2 \le 16$을 분리하며 최초문제(#0)의 제약조건에

추가하면, 다음과 같은 2개의 제1차 분단문제(#1-1과 #1-2)가 형성된다. 즉,

문제 #1-1 최대화 $Z = 2x_1 + 3x_2$

$$\begin{aligned} \text{s.t.} \quad & 3x_1 + 1x_2 \le 150 \\ & 4x_1 + 9x_2 \le 330 \\ & x_2 \ge 17 \\ & x_1,\ x_2 \ge 0 \quad \text{그리고 정수} \end{aligned}$$

문제 #1-2 최대화 $Z = 2x_1 + 3x_2$

$$\begin{aligned} \text{s.t.} \quad & 3x_1 + 1x_2 \le 150 \\ & 4x_1 + 9x_2 \le 330 \\ & x_2 \le 16 \\ & x_1,\ x_2 \ge 0 \quad \text{그리고 정수} \end{aligned}$$

- **제4단계:** 2개의 하위 문제에 대하여 선형계획모형의 최적해를 구하면 아래와 같다.

	x_1	x_2	z
문제 #1-1	44.25	17	139.5
문제 #1-2	44.67	16	137.34

① 문제 #1-1의 상한값은 UB = 139.5이고 문제 #1-2의 상한값은 UB = 137.34 이다.

② 현재까지 최선의 정수해는 없으므로 하한값은 없다.

③ 최적 정수해가 없으므로 2개의 하위 문제 중 목적함수 값이 큰($Z_1 = 139.5 > Z_2 = 137.34$) 문제 #1-1을 최적 분단문제로 선택한 후, 제3단계로 반복하여 계속한다.

- **제3단계:** 문제 #1-1의 해에서 정수조건을 충족시키지 못한 결정변수($x_1 = 44.25$)를 분단변수로 하여 2개의 분단제약조건을 만들면 다음과 같다.

$$x_1 \ge 45\ ,\quad x_1 \le 44$$

위의 두 제약조건을 분리하여 제1차 분단문제(#1-1)에 추가하여 제2차 분단문제를 만들면 다음과 같다.

문제 #2-1 최대화 $Z = 2x_1 + 3x_2$

$$
\begin{aligned}
\text{s.t.} \quad & 3x_1 + x_2 \le 150 \\
& 4x_1 + 9x_2 \le 330 \\
& x_2 \ge 17 \\
& x_1 \ge 45 \\
& x_1,\ x_2 \ge 0 \quad \text{그리고 정수}
\end{aligned}
$$

문제 #2-2 최대화 $Z = 2x_1 + 3x_2$

$$
\begin{aligned}
\text{s.t.} \quad & 3x_1 + 1x_2 \le 150 \\
& 4x_1 + 9x_2 \le 330 \\
& x_2 \ge 17 \\
& x_1 \le 44 \\
& x_1,\ x_2 \ge 0 \quad \text{그리고 정수}
\end{aligned}
$$

- **제4단계:** 제2차로 분단된 하위 문제에 대하여 선형계획모형의 최적해를 구하면 문제 #2-1은 가능해가 존재하지 않으며, 문제 #2-2의 최적해는 아래와 같다.

	x_1	x_2	z
문제 #2-2	44	17.11	139.33

① 문제 #2-1은 더는 고려하지 않는다.
문제 #2-2의 상한값은 UB = 139.33이다.

② 현재까지 최선의 정수해는 없으므로 하한값은 없다. 그러므로 LB = 0으로 한다.

③ 최적 정수해가 없으므로 2개의 하위 문제 중 목적함수 값이 큰 문제를 최적 분단문제로 선택하게 되는데, 하나는 실행 불가능이므로 나머지 한 문제(#2-2)가 최적 분단문제로 선택되고, 제3단계로 반복된다.

- **제3단계:** 문제 #2-2의 해에서 정수조건을 충족시키지 못한 결정변수($x_2 =$

17.11)를 분단변수로 하여 2개의 분단제약조건 $x_2 \geq 18$과 $x_2 \leq 17$을 분리하여 제2차 분단문제(#2-2)에 추가하여 제3차 분단문제를 만들면 다음과 같다.

문제 #3-1 최대화 $Z = 2x_1 + 3x_2$

$$
\begin{aligned}
\text{s.t.} \quad & 3x_1 + x_2 \leq 150 \\
& 4x_1 + 9x_2 \leq 330 \\
& x_2 \geq 17 \quad (\text{중복}) \\
& x_1 \leq 44 \\
& x_2 \geq 18 \\
& x_1,\ x_2 \geq 0 \quad \text{그리고 정수}
\end{aligned}
$$

문제 #3-2 최대화 $Z = 2x_1 + 3x_2$

$$
\begin{aligned}
\text{s.t.} \quad & 3x_1 + x_2 \leq 150 \\
& 4x_1 + 9x_2 \leq 330 \\
& x_2 \geq 17 \\
& x_1 \leq 44 \\
& x_2 \leq 17 \\
& x_1,\ x_2 \geq 0 \quad \text{그리고 정수}
\end{aligned}
$$

- **제4단계:** 2개의 하위 문제(#3-1과 #3-2)에 대하여 선형계획모형의 최적해를 구하면, 문제 #3-1의 최적해는 아래와 같다.

문제 #3-1	42	18	138
문제 #3-2	44	17	139

① 문제 #3-1의 상한값은 UB = 138, 문제 #3-2의 상한값은 UB = 139이다.

② 문제 #3-1의 하한값은 LB = 138이 되고, 현재까지의 하한값이 된다.
문제 #3-2의 하한값은 LB = 139가 되며, 현재까지의 하한값 138보다 개선된(큰) 값이므로 새로운 하한값이 된다.

③ 현재의 하한값(LB = 139)보다 작은 하한값을 갖는 문제 #3-1은 고려대상에서 제외한다.

④ 실행 가능 정수해가 존재하고 더는 분단을 할 수 없는 상황이므로(두 문제 모두 정수해가 되었기 때문에) 현재까지의 최선의 정수해인 문제 #3-2의 정수해를 최적해로 결정하고 분단탐색을 끝낸다. 즉, 최적 정수해는 아래와 같다.

	x_1	x_2	z
문제 #3-2	44	17	139

이상과 같이 최적 정수해를 구하는 과정을 예를 들어 살펴보았는데, 이 과정을 그림으로 나타내면 그림 6.2와 같다. 분단탐색법은 심플렉스법과는 달리 기본 개념을 기초로 절차와 방법을 다양하게 개선 또는 개발하여 사용할 수 있으므로 고정된 절차에 집착할 필요가 없는 방법이라 할 수 있다.

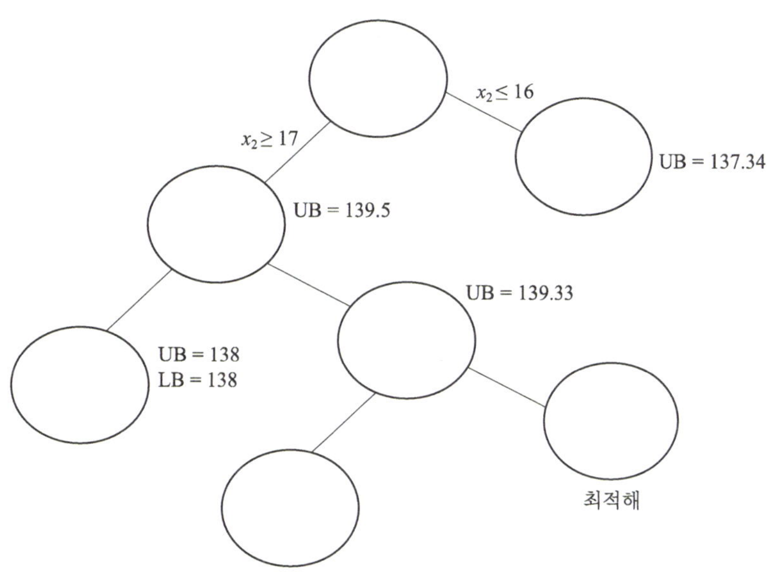

그림 6.2 최대화 문제의 완전한 분단탐색의 형태 및 해

(2) 최소화 문제

최소화 문제에 대한 분단탐색법을 이용한 순수정수계획문제의 해를 구하는 방법과 절차는 최대화 문제의 경우와 같다. 단, 제3단계에서 상 · 하한값을 결정하는 경우만 다르게 된다. 최대화 문제의 경우에는 정수계획문제의 목적함수 값이 선형계획문제로 해를 구한 값보다 클 수 없으므로 선형계획문제의 최적해에서 Z(목적

함수)값을 상한값으로 하였지만, 최소화 문제에서는 반대로 선형계획문제의 최적해의 목적함수 값보다 정수계획문제의 목적함수 값이 클 수밖에 없으므로 선형계획문제의 목적함수 값을 하한값으로 결정한다. 즉, 상 · 하한값을 바꾸어 적용하면 앞에서 설명한 최대화 문제의 경우와 같은 절차에 의해 문제를 해결할 수 있다.

다음과 같은 예제를 이용하여 문제 해결 과정을 분단탐색 절차에 따라 실행해 보자.

문제 #0 최소화 $Z = 2x_1 + 5x_2$

s.t. $5x_1 + 2x_2 \geq 16$

$x_1 + 3x_2 \geq 12$

$x_1,\ x_2 \geq 0$ 그리고 정수

- **제1단계:** 정수제약조건을 무시하고 심플렉스법으로 선형계획문제의 최적해를 구하면 아래와 같다.

x_1	x_2	z
1.85	3.38	20.6

- **제2단계:** 최초의 문제(#0)는 정수해가 아니므로 제3단계로 넘어간다.

- **제3단계:** 정수조건을 충족시키지 못한 결정변수($x_1,\ x_2$) 중에서 분수 또는 소수 부분이 큰 것($x_1 = 1.85$)을 최적 분단변수로 선택한 후, 상호 배타적인 2개의 분단제약조건을 만든다.

$$x_1 \geq (x_1\text{의 정수 부분}) + 1 = 1 + 1 = 2$$
$$x_1 \leq (x_1\text{의 정수 부분}) = 1$$

위의 두 제약조건 $x_1 \geq 2$와 $x_1 \leq 1$을 분리하여 최초문제(#0)의 제약조건에 추가하여 제1차 분단문제(#1-1과 #1-2)를 만든다.

문제 #1-1 최소화 $Z = 2x_1 + 5x_2$

s.t. $5x_1 + 2x_2 \geq 16$

$x_1 + 3x_2 \geq 12$

$$x_1 \ \geq \ 2$$

$$x_1,\ x_2 \ \geq \ 0 \quad \text{그리고 정수}$$

문제 #1-2 최소화 $Z = 2x_1 + 5x_2$

s.t. $5x_1 + 2x_2 \ \geq \ 16$

$x_1 + 3x_2 \ \geq \ 12$

$x_1 \ \leq \ 1$

$x_1,\ x_2 \ \geq \ 0$ 그리고 정수

- **제4단계:** 2개의 하위 문제에 대하여 선형계획모형의 최적해를 구하면, 문제 #1-1의 최적해는 아래와 같다.

	x_1	x_2	z
문제 #1-1	2	3.33	20.65
문제 #1-2	1	5.5	29.5

① 문제 #1-1의 하한값은 LB = 20.65이고 문제 #1-2의 하한값은 LB = 29.5이다.

② 현재까지 정수해가 없으므로 2개의 하위 문제 중 목적함수 값이 작은(최소화 문제이므로 $Z_1 = 20.65$) 문제 #1-1을 최적 분단문제로 선택한 후, 제3단계로 반복하여 계속한다.

- **제3단계:** 문제 #1-1의 해에서 정수조건을 충족시키지 못한 결정변수($x_2 =$ 3.33)를 분단변수로 하여 2개의 분단제약조건을 만들면 다음과 같다.

$$x_2 \geq 4$$

$$x_2 \leq 3$$

위의 두 제약조건을 분리하여 제2차 분단문제(#2-1, #2-2)를 만들면 다음과 같다.

문제 #2-1 최소화 $Z = 2x_1 + 5x_2$

s.t. $5x_1 + 2x_2 \ \geq \ 16$

$x_1 + 3x_2 \ \geq \ 12$

$x_1 \ \geq \ 2$

$$x_2 \geq 4$$
$$x_1,\ x_2 \geq 0 \quad \text{그리고 정수}$$

문제 #2-2 최소화 $Z = 2x_1 + 5x_2$

$$\text{s.t.} \quad 5x_1 + 2x_2 \geq 16$$
$$x_1 + 3x_2 \geq 12$$
$$x_1 \geq 2$$
$$x_2 \leq 3$$
$$x_1,\ x_2 \geq 0 \quad \text{그리고 정수}$$

- **제4단계:** 2개의 하위 문제에 대하여 선형계획모형의 최적해를 구하면 아래와 같다.

	x_1	x_2	z
문제 #2-1	2	4	24
문제 #2-2	3	3	21

① 문제 #2-1의 하한값은 LB = 24이고 문제 #2-2의 하한값은 LB = 21이다.

② 문제 #2-1의 상한값은 UB = 24가 되고 현재까지의 상한값이며, 문제 #2-2의 상한값은 UB = 21이고 현재까지의 상한값보다 개선된(작은) 값이므로 새로운 상한값이 된다.

③ 현재의 상한값(UB = 21)보다 큰 하한값을 갖는 문제 #2-1은 고려대상에서 제외된다.

④ 실행 가능 정수해가 존재하고 더는 분단을 할 수 없는 상황이므로(두 문제 모두 정수해가 되어 분단이 필요 없음) 현재까지의 최선의 정수해인 문제 #2-2의 해를 최적해로 결정하고 분단탐색을 끝낸다. 즉, 최적 정수해는 아래와 같다.

x_1	x_2	z
3	3	21

이상과 같이 순수정수계획문제의 최소화 문제에 대한 최적해를 구하는 과정을 예를 들어 살펴보았는데, 이 과정을 그림으로 나타내면 그림 6.3과 같다. 최소화

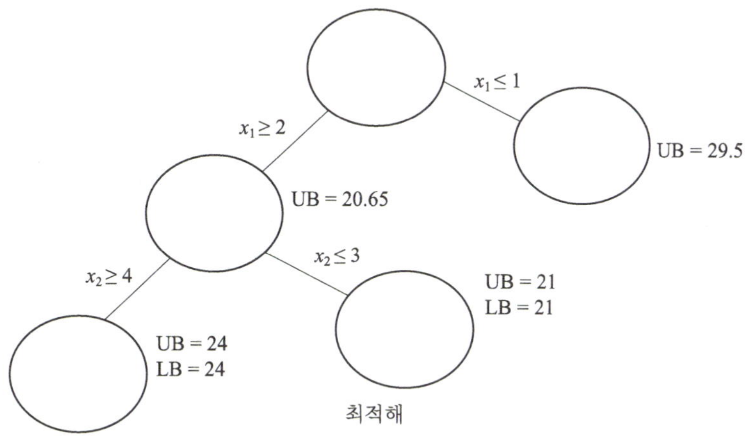

그림 6.3 최소화 문제의 완전한 분단탐색의 형태 및 해

문제에서는 최대화 문제의 분단탐색 절차에서 상한과 하한의 개념이 바뀌게 됨으로써 크고 작은 개념이 반대라는 사실뿐이기 때문에 조금만 주의를 기울이면 쉽게 적용할 수 있다.

(3) 혼합정수계획문제

앞에서 설명했던 순수정수계획문제의 해를 구하는 과정과 똑같은 방법으로 혼합정수계획문제의 해를 구할 수 있다. 다만 차이점은 혼합정수계획문제의 경우에는 결정변수 일부가 정수제약을 받으므로, 정수제약을 받지 않는 변수는 고려대상에서 제외하고, 정수제약을 받는 변수에 한하여 분단변수로 선택하는 것만 다를 뿐이다. 여기서도 앞 절에서 예로 들었던 혼합정수계획모형의 최대화 문제를 다시 이용하여 해를 구하는 과정을 살펴보기로 한다.

문제 #0 최대화 $Z = 3x_1 + 5x_2$

$$\begin{aligned} \text{s.t.} \quad & 2x_1 + 4x_2 \le 5 \\ & 4x_1 + 2x_2 \le 6 \\ & x_1,\ x_2 \ge 0 \quad \text{그리고 } x_1\text{: 정수} \end{aligned}$$

위 혼합정수계획문제에 대한 최적해를 분단탐색법을 이용하여 구하기 위하여 이미 설명하였던 제4단계의 절차에 따라 문제 해결 과정을 실행하여 보기로 한다.

- **제1단계:** 혼합정수계획문제(#0)에서 정수제약조건을 무시하고 심플렉스법으로

선형계획문제의 최적해를 구하면 아래와 같다.

x_1	x_2	z
1.7	0.67	6.86

- **제2단계:** 최초문제(#0)의 최적해는 결정변수의 값 중에서 정수조건이 있어야 하는 x_1이 정수가 아니므로 최적 정수해가 아니다. 그러므로 제3단계로 넘어간다.

- **제3단계:** 정수조건이 필요한 결정변수 중에서 정수조건을 충족시키지 못한 변수(x_1)를 분단변수로 하여 상호 배타적인 2개의 분단제약조건을 만들면 다음과 같다.

$$x_1 \geq 1+1=2$$
$$x_1 \leq 1$$

위의 두 제약조건 $x_1 \geq 2$와 $x_1 \leq 1$을 분리하여 최초문제(#0)의 제약조건에 추가하여 다음과 같은 제1차 분단문제(#1-1과 #1-2)를 만든다.

문제 #1-1 최대화 $Z=3x_1+5x_2$

$$\begin{aligned} \text{s.t.} \quad & 2x_1+4x_2 \leq 5 \\ & 4x_1+2x_2 \leq 6 \\ & x_1 \geq 2 \\ & x_1,\ x_2 \geq 0 \quad \text{그리고 } x_1\text{: 정수} \end{aligned}$$

문제 #1-2 최대화 $Z=3x_1+5x_2$

$$\begin{aligned} \text{s.t.} \quad & 2x_1+4x_2 \leq 5 \\ & 4x_1+2x_2 \leq 6 \\ & x_1 \leq 1 \\ & x_1,\ x_2 \geq 0 \quad \text{그리고 } x_1\text{: 정수} \end{aligned}$$

- **제4단계:** 2개의 하위 문제에 대하여 선형계획모형의 최적해를 구하면 아래와 같다.

	x_1	x_2	z
문제 #1-1		실행 불가능	
문제 #1-2	1	0.75	6.75

정수조건이 있어야 하는 변수 x_1에 대한 정수해가 나타났고, 더는 분단이 불필요하므로 문제 #1-2의 해를 최적 정수해로 결정하고 분단탐색을 끝낸다.

즉, 최적 정수해는 아래와 같다.

x_1	x_2	z
1	0.75	0.75

이상과 같은 간단한 혼합정수계획문제의 최대화 문제에 대한 최적해를 구하는 과정을 그림으로 나타내면 그림 6.4와 같다.

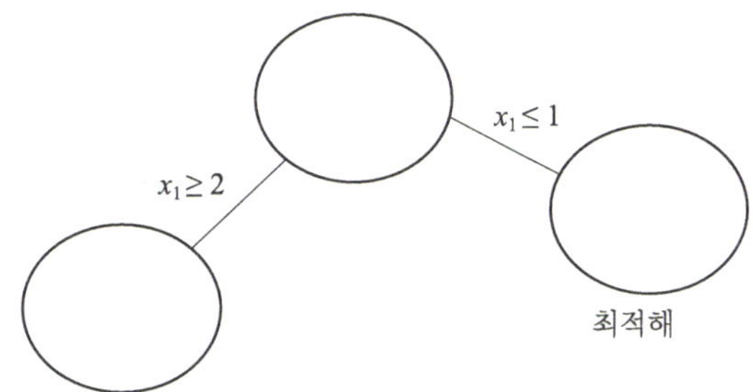

그림 6.4 혼합정수계획문제의 완전한 분단탐색의 형태 및 해

6.4 0–1 정수계획법

정수계획법의 특수한 형태이면서 적용 범위와 용도가 다양하고 주요한 모형 중의 하나가 0-1 정수계획법(0-1 integer programming)이다. 많은 의사결정변수의 값이 0 또는 1의 값만을 가져야 하는 경우의 문제 형태이다. 실제로 많은 종류의 문제를 0-1 정수계획법으로 해결할 수 있으며, 결정변수가 선택되면 1, 선택되지 않으면 0의 해를 갖는다는 것이 특징이다. 0-1 계획법의 좋은 예로는 연구개발 프로젝트, 일정계획, 자본예산, 포트폴리오 선택, 배당문제 등이 있다.

0-1 정수계획법에 대한 해법은 발라스(Balas)와 글로버(F. Glover) 등이 개발한 가산적 연산(additive algorithm) 및 역추적법(backtracking method)에 근거를 둔

부분열거법(partial or implicit enumeration method) 등이 대표적인 방법이다. 이에 대한 이론의 전개는 이 책의 범위를 넘으므로 생략하기로 하고, 여기서는 대표적인 0-1 계획문제인 배낭문제(knapsack problem)와 할당문제(assignment problem)에 대한 예제를 이용하여 분단탐색에 의한 문제 해결 과정을 간단히 알아보기로 한다.

6.4.1 0-1 문제에 대한 분단탐색법 적용

배낭문제는 하나의 목적함수와 단 하나의 제약조건으로 구성되는 선형계획모형으로 대표적인 경영과학의 수리계획모형이다. 예를 들어 여행할 준비과정에서 가지고 가야 할 네 가지 물품을 가정하고, 각각의 무게와 주관적 효용가치가 표 6.2와 같을 때 배낭의 총 용량이 11 kg이라면 네 가지 물품을 모두 가져갈 수 없다. 그러므로 가치의 총합이 최대가 되도록 물품을 선택하여야만 한다. 각 물품의 선택 여부와 관련된 변수를 x_i라 하면 다음과 같은 선형계획모형이 된다.

$$x_i = \begin{cases} 1, & \text{물품 } i\text{가 선택될 때} \\ 0, & \text{그렇지 않은 경우} \end{cases}$$

$$\begin{aligned} \text{최대화 } & Z = 18x_1 + 25x_2 + 30x_3 + 20x_4 \quad (\text{가치}) \\ \text{s.t.} \quad & 2x_1 + 4x_2 + 5x_3 + 3x_4 \le 11 \quad (\text{무게}) \\ & x_i = 0 \text{ 또는 } 1 (i = 1, \cdots, 4) \end{aligned}$$

목적함수의 계수들은 각 물품의 효용가치를 나타내고, 제약조건의 계수들은 각 물품의 무게를, 그리고 우변상수는 무게의 최대용량을 나타낸다. 이 문제는 모형을 수립하는 것처럼 쉽게 해를 찾을 수는 없다. 각 항목을 나타내는 변수는 선택되거나 선택되지 않거나 둘 중의 하나이므로 일부분이 선택될 수 없어 선형계획법으로 해결하지 못한다. 따라서 분단탐색법을 이용하여 해를 구하게 되고, 분단

표 6.2 물품의 종류와 주관적 가치

항목	효용가치	무게(kg)	가치/무게 비율	순위(비율)
1 (물)	18	2	9.0	1
2 (음식)	25	4	6.25	3
3 (낚시도구)	30	5	6.0	4
4 (침낭)	20	3	6.67	2

을 가능한 적게 하려고 LP 완화법, 즉 여기서는 정수조건을 $x_i = 0$ 또는 1에서 $0 \le x_i \le 1$로 취급하여 해를 구한다. 이때 완화된 문제의 해는 최적 정수해(최대화 문제의 경우)의 목적함수 값보다 크거나 같게 되고 선형계획문제의 해의 집합 내에 있게 된다.

완화된 배낭문제를 해결하는 것은 아주 단순하여 심플렉스법을 이용할 필요가 없다. 가치와 무게의 비율을 구하여 비율이 높은 순위대로 차례로 채워나가면 되고, 마지막 물품이 분수가 되는 경우 이를 정수(0 또는 1)가 될 때까지 반복하면 된다. 이에 대한 절차는 간단히 다음과 같다.

- **제1단계:** 모든 해의 집합으로부터 상한값을 구한다.
- **제2단계:** 분단마디로부터 정수해가 아닌 변숫값을 0과 1의 값을 갖도록 하여 분단을 하고, 상한값을 구한다.
- **제3단계:** 만일 분단마디의 상한값이 이제까지의 실행 가능한 상한값보다 작거나 같은 경우, 또는 실행가능해가 구해지면 현재의 분단마디에서 분단을 멈추고 다른 분단마디로 이동한다. 그렇지 않으면 이 분단마디에서 분단을 실행한다.
- **제4단계:** 더는 탐색할 분단마디가 없으면 분단을 끝내고, 실행가능해 중 최선의 상한값을 갖는 해를 최적해로 한다. 그렇지 않으면 제2단계로 되돌아간다(단, 최소화 문제는 상한값 대신 하한값을 사용한다).

이상의 절차와 주어진 배낭문제의 예제를 이용하여 분단탐색법에 따른 해를 구하는 과정을 알아보기로 한다.

- **제1단계:** 완화된 제약조건을 이용하여 가치/무게 비율 순위에 따라 11 kg의 최대용량에 맞게 하면, 물품 1, 4, 2, 3 순으로 각각 배낭을 채우게 되는데, 물품 1, 4, 2의 무게 합이 9 kg이므로 나머지 2 kg은 물품 3으로 채워야 하나, 물품 3의 무게가 5 kg이므로 2/5 kg만큼만 채울 수 있다. 그러므로 최적해는 아래와 같으며 상한값은 75가 된다.

x_1	x_2	x_3	x_4	z
1	1	2/5	1	75

- **제2단계:** 최초의 분단마디에서 x_3가 정수(0 또는 1)제약을 위반하고 있으므로 $x_3 = 0$과 $x_3 = 1$의 두 가지로 분단을 실행한다. $x_3 = 0$인 경우, 남은 변수들에 대해 가치/무게 비율 순위대로 11 kg을 채우면 상한값은 63이 된다.

x_1	x_2	x_3	x_4	z
1	1	0	1	63

- **제3단계:** 현재의 분단마디가 실행가능해를 가지므로 여기서 분단을 끝내고 다른 분단마디, 즉 $x_3 = 1$인 경우로 이동한다.

- **제4단계:** 탐색할 분단마디가 존재하므로 제2단계로 되돌아간다.

- **제2단계:** $x_3 = 1$인 경우, 남은 변수들의 가치/무게 비율 순위대로 11 kg을 채우면, $x_1 = 1$, $x_4 = 1$, $x_2 = 0.25$가 되고, 실행 불가능(분수해 존재)의 상한값 74.25가 된다.

x_1	x_2	x_3	x_4	z
1	0.25	1	1	74.25

- **제3단계:** 현재 분단마디의 상한값 74.25는 지금까지 실행 가능한 최선의 상한값 63보다 크므로 여기서 분단을 실행한다.

- **제4단계:** 탐색할 분단마디가 존재하므로 제2단계로 되돌아간다.

- **제2단계:** x_2가 정수(0 또는 1)제약을 위반하고 있으므로 $x_2 = 0$과 $x_2 = 1$의 두 가지로 분단을 실행한다. $x_2 = 0$인 경우, 남은 변수는 $x_3 = 1$, $x_1 = 1$, $x_4 = 1$이 되고 실행가능해를 가지며 상한값은 68이 된다.

x_1	x_2	x_3	x_4	z
1	0	1	0	68

- **제3단계:** 실행가능해이므로 분단을 멈추고 다른 분단마디로 이동한다.

- **제4단계:** 탐색할 분단마디가 존재하므로 제2단계로 되돌아간다.

- **제2단계:** $x_2 = 1$인 경우 최적해는 아래와 같다.

x_1	x_2	x_3	x_4	z
1	1	1	0	73

- **제3단계:** 실행가능해이므로 분단을 멈추고 다음 분단마디로 이동한다.
- **제4단계:** 탐색할 분단마디가 더는 없으므로 분단탐색을 끝낸다. 이때 최적해는 실행가능해 중 상한값이(73) 가장 큰 마지막 분단마디의 해가 된다.

x_1	x_2	x_3	x_4	z
1	1	1	0	73

이상의 분단탐색 과정을 그림으로 나타내면 그림 6.5와 같다.

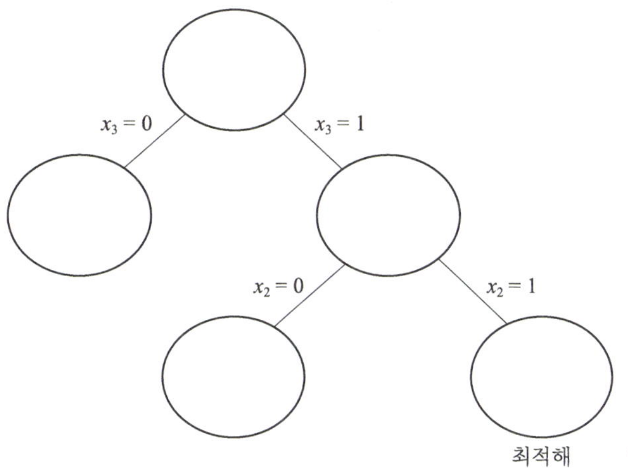

그림 6.5 배낭문제의 분단탐색 형태 및 해

6.4.2 할당문제에 대한 분단탐색법

분단탐색은 기본 개념을 문제특성에 맞춰 방법을 개발할 수 있으므로 다양한 해법 절차가 있을 수 있는데, 할당법을 분단탐색법으로 해결하는 방법이 그 예 중의 하나이다. 할당문제는 특수한 선형계획모형의 하나로 좀 더 효율적으로 해를 구하는 알고리즘이 개발되어 있지만 여기서는 분단탐색법으로 해결하는 과정을 예제를 통해 설명하고자 한다.

비용을 나타내는 할당문제의 경우 최소화 문제가 되며, 분단탐색 절차는 다음과 같이 두 단계로 구분하여 실행된다.

- **제1단계:** 할당문제의 모든 가능해를 소집단으로 분할하여 한계값을 구한 후, 이 가운데 상한값(가능해)과 하한값을 구한다. 분단 후 현재의 상한값보다 크거나 같은 한계값을 갖는 소집단 및 가능해를 갖는 소집단은 분단대상에서 제외한다.

- **제2단계:** 분단대상이 더는 없으면 최적해(현재의 상한값보다 작은 해)를 구한 후, 분단탐색을 끝내고 분단대상이 있으면 하한값을 갖는 소집단을 분단대상으로 하여 제1단계로 되돌아간다.

할당문제를 예를 들어 문제 해결 과정을 살펴보기로 한다. 4명의 인원을 네 가지 작업에 1 : 1로 할당하는 문제는 각 결정변수 값이 0 또는 1이 되어야 하는 제약조건을 가진 특수한 형태의 정수계획문제이다. 표 6.2에 주어진 4명의 작업자가 4개의 작업에 할당되어야 하므로 4!(=24)의 가능해가 존재하게 된다. 이 문제를 앞의 절차에 따라 해결하면 다음과 같다.

표 6.2 할당문제의 작업과 작업자의 비용표

작업자 \ 작업	A	B	C	D
1	11	16	17	10
2	15	15	9	11
3	12	10	12	20
4	15	14	18	13

- **제1단계:** 비용표에서 작업자와 작업 사이에 최소의 비용이 되는 것만을 찾아 하한값으로 정한다. 여기서는 각 열의 최솟값을 합한 것으로 A, B, C, D열의 최솟값인 11, 10, 9, 10을 합한 40이 된다.

  만일 이 경우의 해가 가능해라면 최적해가 된다. 그러나 이 할당방법이 가능해가 아니므로 가능해의 소집단으로 나누어 한계값을 구한다. 즉, 작업 A를 4명의 작업자에게 할당할 수 있으므로 4개의 소집단으로 분할하면 3!(=6)로 가능해 탐색이 줄어든다. 제1작업자가 A작업에 할당되는 경우의 소집단에 대한 한계값은 1과 A의 할당된 비용 11에 첫행과 A열을 제외한 B, C, D열의 최솟값 10, 9, 11을 더한 값, 즉 41(= 11 + 10 + 9 + 11)이 된다. 같은 방법으로 제2, 3, 4작업자가 A작업에 할당될 경우의 소집단에 대한 한계값은 각각 47, 45, 44가 된다.

그러나 1-A인 경우는 C열과 D열에서 최솟값이 같은 작업자에 중복되고, 2-A인 경우는 B, C열에서 중복되어 실행 불가능해가 되며, 3-A와 4-A의 경우는 실행가능해이다. 따라서 첫 번째 분단에서는 실행가능해인 두 경우 중에서 작은 값(44)을 갖는 할당 소집단의 해를 상한값으로 결정하고, 가능해는 아니지만 현재의 상한값보다 작은 값을 갖는 가능해가 나올 수 있으며, 4개의 소집단 중에서 가장 작은 해값(41)을 갖는 1-A 할당 소집단을 하한값으로 결정한다.

여기서 4개의 분단된 소집단 중 현재의 상한값(44)보다 큰 47, 45의 값을 갖는 2-A, 3-A 소집단은 분단대상에서 제외되며, 또한 가능해를 갖는 4-A도 분단대상에서 제외된다. 이를 요약하면 다음과 같다.

소집단	한계값	상 · 하한값 결정	분단대상
1-A	11 + (10 + 9 + 11) = 41	하한값(불능해)	분단
2-A	15 + (10 + 12 + 10) = 47	불능해	제외
3-A	12 + (14 + 9 + 10) = 45	가능해	제외
4-A	15 + (10 + 9 + 10) = 44	상한값(가능해)	제외

- **제2단계:** 분단대상이 있으므로 하한값을 갖는 소집단(1-A)에 대해 제2차 분단을 실행한다.

- **제1단계:** 제1작업자와 A작업은 이미 할당된 상태이므로 고정해 놓고, 나머지 제3작업자와 세 작업에 대해 제2차 분단을 실행하기 위한 소집단으로(앞에서와 같은 방법으로 이용) 나눈다. 즉, 세 사람을 B작업에 각각 할당하면 1차 소집단 1-A(이미 결정) 및 2-B(2차 소집단의 하나)의 할당 경우의 비용에 C와 D열의 최솟값으로 된다. 1-A 및 3-B의 할당 경우에 대한 한계값은 41이 되고, 1-A 및 4-B의 경우는 45가 된다. 첫 번째 2차 소집단의 해는 가능해이며 현재의 상한값보다 크므로 분단대상에서 제외되며, 두 번째는 실행 불가능해이지만 2차 분단의 소집단 해 중 가장 작고 현재의 상한값보다 작으므로 하한값으로 결정되며 다음 분단대상이 된다. 세 번째는 실행 불가능해이며 현재의 상한값보다 크므로 분단대상에서 제외된다. 이를 요약하면 다음과 같다.

소집단	한계값	상 · 하한값 결정	분단대상
1-A와 2-B	11 + 15 + (12 + 13) = 51	가능해	제외
3-B	11 + 10 + (9 + 11) = 41	하한값(불능해)	분단
4-B	11 + 14 + (9 + 11) = 45	불능해	제외

- **제2단계:** 분단대상이 있으므로 하한값을 갖는 소집단(1-A와 3-B)에 대해 제3차 분단을 실행한다.

- **제1단계:** 제1작업자와 A작업 그리고 제3작업자와 B작업은 이미 할당된 상태이므로 고정해 놓고, 나머지 2명의 작업자와 두 작업에 대해 제3차 분단을 실행하기 위한 소집단으로 나눈다. 즉, 두 사람을 C작업에 각각 할당하면 1-A와 3-B 및 2-C(3차 소집단의 하나)의 할당 경우의 비용에 나머지 D열의 최솟값을 더한 43의 한계값을 가지며, 1-A와 3-B 및 4-C의 할당 경우는 한계값 50을 갖는다. 두 경우 모두 실행가능해이므로 분단대상에서 제외되며, 한계값 50은 현재의 상한값(44)보다 크고, 한계값 43은 현재의 한계값(44)보다 작으므로 새로운 상한값이 된다. 이를 요약하면 다음과 같다.

소집단	한계값	상 · 하한값 결정	분단대상
1-A, 3-B와 2-C	11 + 10 + 9 + (13) = 43	상한값(가능해)	제외
4-C	11 + 10 + 18 + (11) = 50	가능해	제외

- **제2단계:** 더는 분단대상이 없으므로 지금까지의 가장 작은 상한값(43)을 갖는 소집단의 할당방법을 최적해로 결정하고 분단탐색을 끝낸다.

이상 할당문제에 대한 분단탐색법을 이용하여 문제 해결을 한 결과를 그림으로 나타내면 그림 6.6과 같다.

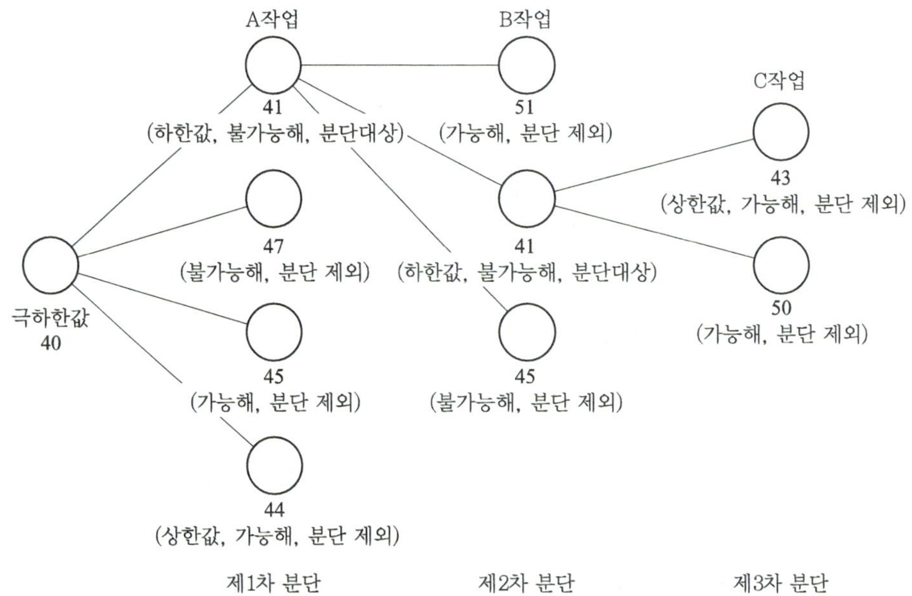

그림 6.6 할당문제의 분단탐색 결과

6.5 컴퓨터 응용

앞 절에서 다루었던 다음 문제를 고려하자.

$$\text{최대화 } Z = 18x_1 + 25x_2 + 30x_3 + 20x_4 \quad (\text{가치})$$

$$\text{s.t.} \quad 2x_1 + 4x_2 + 5x_3 + 3x_4 \leq 11 \quad (\text{무게})$$

$$x_i = 0 \text{ 또는 } 1 (i = 1, \cdots, 4)$$

0-1 배낭문제이며, 결정변수는 4개이다. 기본적으로 링고로 정수계획법을 해결할 때는 앞서 배운 선형계획법과 같게 입력하지만, 결정변수가 정수여야 한다는 조건을 하나 더 추가해야 한다. 링고에서 정수제약은 “@BIN(결정변수)” 명령어로 가능하다. 즉, x라는 결정변수가 정수여야 한다면 링고에 “@BIN(x);” 제약조건을 추가 반영해주면 된다. 이제 위 예제를 링고에 입력해보면 다음과 같다.

Lingo Model - 0-1정수계획법

```
Max = 18*x1 + 25*x2 + 30*x3 + 20*x4;
2*x1 + 4*x2 + 5*x3 + 3*x4 <=11;
@BIN(x1);
@BIN(x2);
@BIN(x3);
@BIN(x4);
```

이제 문제를 해결해보자.

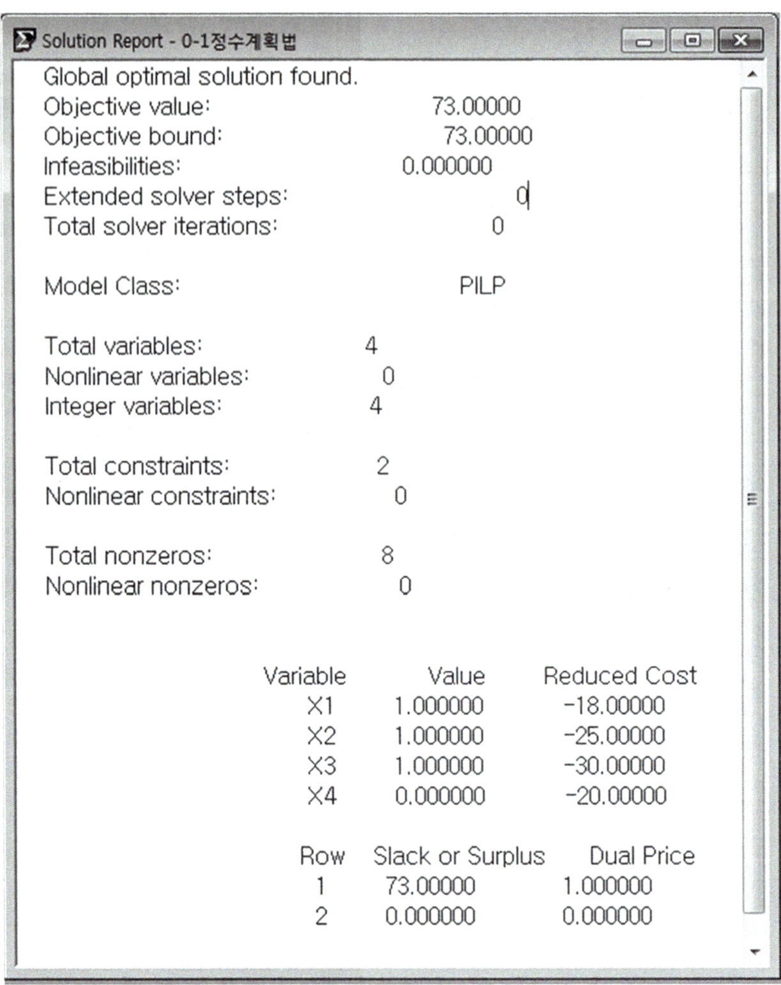

이 문제의 최적목적함수 값은 73, 최적해는 $x=(1,\ 1,\ 1,\ 0)$이라는 것을 알 수 있다.

6.6 요약

이 장에서는 기존의 선형계획법에서 결정변수가 정숫값을 가져야 한다는 조건식을 추가한 문제 유형인 정수계획법을 다루었다. 정수계획문제의 해를 구하는 방법으로 가장 널리 사용되는 방법에는 분단탐색법이 있으며, 분단탐색법은 결정변수의 가능한 정숫값들의 조합에서 일부분만을 검토하여 최적해를 결정하는 방법이다.

분단탐색법은 정수조건을 충족시키지 못하는 결정변수에 대해 상호 배타적인 2개의 분단제약조건을 도입하여 실행 가능 영역이 좁아진 2개의 하위 선형계획문제를 구성하고, 해당 문제의 최적해를 구하여 비정수 최적해의 목적함수 값은 상한값으로 현재까지 정수 최적해의 목적함수 값은 하한값으로 결정하여 상한값과 하한값이 일치할 때까지 분단을 계속해 나가는 방법이다. 분단 도중 현재의 하한값보다 작은 상한값을 갖는 하위 문제가 존재 시 혹은 해가 존재하지 않을 시에는 분단의 고려대상에서 제외한다.

6.1 다음과 같은 순수정수계획문제를 도해법을 이용하여 해결하시오.

$$
\begin{aligned}
\text{최대화 } Z &= 9x_1 + 5x_2 \\
\text{s.t. } \quad & x_1 + 2x_2 \le 41 \\
& 3x_1 + x_2 \le 50 \\
& x_2 \ge 5 \\
& x_1,\ x_2 \ge 0 \text{ 그리고 정수}
\end{aligned}
$$

6.2 다음과 같이 순수정수계획문제에 대한 물음에 답하시오.

$$
\begin{aligned}
\text{최대화 } Z &= 5x_1 + 8x_2 \\
\text{s.t. } \quad & 6x_1 + 5x_2 \le 30 \\
& 9x_1 + 4x_2 \le 36 \\
& x_1 + 2x_2 \le 10 \\
& x_1,\ x_2 \ge 0 \text{ 그리고 정수}
\end{aligned}
$$

(1) 도해법으로 위 문제를 해결하고, 정수해를 그림에 표시하시오.
(2) 소수 정리법으로 위 문제를 해결하시오.
(3) 위의 두 방법에 의한 해를 비교하시오.

6.3 다음과 같이 순수정수계획문제에 대한 물음에 답하시오.

$$
\begin{aligned}
\text{최대화 } Z &= x_1 + x_2 \\
\text{s.t. } \quad & 4x_1 + 6x_2 \le 22
\end{aligned}
$$

$$x_1 + 5x_2 \le 15$$
$$2x_1 + x_2 \le 9$$
$$x_1,\ x_2 \ge 0 \ \text{그리고 정수}$$

(1) 도해법으로 위 문제를 해결하시오.
(2) 분단탐색법을 이용하여 위 문제를 해결하시오.
(3) 위의 두 방법에 의한 최적해를 비교하시오.

6.4 다음과 같은 순수정수계획문제를 분단탐색법으로 해결하시오.

$$\text{최대화 } Z = 4x_1 + 3x_2$$
$$\text{s.t.} \quad 4x_1 + 9x_2 \le 18$$
$$8x_1 + 5x_2 \le 17$$
$$x_1,\ x_2 \ge 0 \ \text{그리고 정수}$$

6.5 다음과 같은 순수정수계획문제를 분단탐색법으로 해결하시오.

$$\text{최대화 } Z = x_1 + x_2 + 3x_2$$
$$\text{s.t.} \quad 2x_1 + 4x_2 + x_3 \le 100$$
$$5x_2 + 3x_3 \le 140$$
$$x_1,\ x_2,\ x_3 \ge 0 \ \text{그리고 정수}$$

6.6 다음과 같은 순수정수계획문제를 분단탐색법으로 해결하시오.

$$\text{최소화 } Z = 5x_1 + 4x_2$$
$$\text{s.t.} \quad 2x_1 + 5x_2 \ge 120$$
$$3x_1 + x_2 \ge 100$$
$$x_2 \ge 10$$
$$x_1,\ x_2 \ge 0 \ \text{그리고 정수}$$

6.7 다음과 같은 순수정수계획문제를 분단탐색법으로 해결하시오.

$$\begin{aligned} \text{최소화 } Z &= 3x_1 + 4x_2 \\ \text{s.t.} \quad 2x_1 + 4x_2 &\geq 8 \\ 2x_1 + 6x_2 &\geq 12 \\ x_1,\ x_2 &\geq 0 \text{ 그리고 정수} \end{aligned}$$

6.8 다음과 같은 순수정수계획문제에 대한 물음에 답하시오.

$$\begin{aligned} \text{최대화 } Z &= 20x_1 + 5x_2 \\ \text{s.t.} \quad 5x_1 + x_2 &\leq 15 \\ 6x_1 + 4x_2 &\leq 24 \\ x_1 + x_2 &\leq 5 \\ x_1,\ x_2 &\geq 0 \text{ 그리고 정수} \end{aligned}$$

(1) 도해법으로 위 문제를 해결하시오.
(2) 분단탐색법으로 위 문제를 해결하시오.
(3) 컴퓨터 프로그램을 이용하여 위 문제를 해결하시오.
(4) 위의 세 방법에 의한 최적해를 비교하시오.

6.9 다음과 같은 혼합정수계획문제에 대한 물음에 답하시오.

$$\begin{aligned} \text{최대화 } Z &= 2x_1 + 3x_2 \\ \text{s.t.} \quad 4x_1 + 9x_2 &\leq 36 \\ 7x_1 + 5x_2 &\leq 35 \\ x_1,\ x_2 &\geq 0 \text{ 그리고 } x_1\text{: 정수} \end{aligned}$$

(1) 도해법으로 위 문제를 해결하시오.
(2) 소수 정리법으로 위 문제를 해결하시오.
(3) 위의 두 방법에 의해 해를 비교하시오.

6.10 다음과 같은 혼합정수계획문제에 대한 물음에 답하시오.

$$\text{최대화 } Z = x_1 + x_2$$

$$
\begin{aligned}
\text{s.t.} \quad & 7x_1 + 9x_2 \leq 63 \\
& 9x_1 + 5x_2 \leq 45 \\
& 3x_1 + x_2 \leq 12 \\
& x_1,\ x_2 \geq 0 \quad \text{그리고 } x_2\text{: 정수}
\end{aligned}
$$

(1) 도해법으로 위 문제를 해결하시오.

(2) 분단탐색법을 이용하여 위 문제를 해결하시오.

(3) 위의 두 방법에 의한 최적해를 비교하시오.

(4) 위 문제의 선형계획법에 의한 최적해와 정수계획법에 의한 최적해를 비교하시오.

6.11 다음과 같은 혼합정수계획문제를 분단탐색법으로 해결하시오.

$$
\begin{aligned}
\text{최대화 } & Z = x_1 + 2x_2 + 3x_3 \\
\text{s.t.} \quad & 7x_1 + 4x_2 + 3x_3 \leq 28 \\
& 4x_1 + 7x_2 + 2x_3 \leq 28 \\
& x_1,\ x_2,\ x_3 \geq 0 \quad \text{그리고 } x_1,\ x_2\text{: 정수}
\end{aligned}
$$

6.12 다음과 같은 혼합정수계획문제를 분단탐색법으로 해결하시오.

$$
\begin{aligned}
\text{최대화 } & Z = 10x_1 + 3x_2 \\
\text{s.t.} \quad & 6x_1 + 7x_2 \leq 40 \\
& 3x_1 + x_2 \leq 11 \\
& x_1,\ x_2 \geq 0 \quad \text{그리고 } x_1\text{: 정수}
\end{aligned}
$$

6.13 다음과 같은 혼합정수계획문제를 분단탐색법으로 해결하시오.

$$
\begin{aligned}
\text{최소화 } & Z = 3x_1 + 4x_2 \\
\text{s.t} \quad & 2x_1 + x_2 \geq 8 \\
& 2x_1 + 6x_2 \geq 12 \\
& x_1,\ x_2 \geq 0 \quad \text{그리고 } x_1\text{: 정수}
\end{aligned}
$$

6.14 다음과 같은 0-1 정수계획문제를 분단탐색법으로 해결하시오.

$$\begin{aligned} \text{최대화 } & Z = 20x_1 + 18x_2 + 13x_3 + 30x_4 + 15x_5 \\ \text{s.t. } & 5x_1 + 20x_2 + 12x_3 + 7x_4 + 4x_5 \le 25 \\ & x_i = 0 \text{ 또는 } 1 (i = 1, \cdots, 5) \end{aligned}$$

6.15 다음과 같은 0-1 정수계획문제를 분단탐색법으로 해결하시오.

$$\begin{aligned} \text{최소화 } & Zz = 2x_1 + x_2 + 3x_3 + 2x_4 + 4x_5 \\ \text{s.t. } & x_1 + 2x_2 + x_3 + x_4 + 2x_5 \ge 4 \\ & 7x_1 + x_2 - 3x_4 + 3x_5 \ge 6 \\ & -9x_1 + 9x_2 + 6x_3 - 3x_5 \ge -3 \\ & x_i = 0 \text{ 또는 } 1 (i = 1, \cdots, 5) \end{aligned}$$

6.16 KM사는 주어진 예산 2.5억 원을 사용하여 아래 표에서 보는 바와 같이 몇 개의 R&D 프로젝트를 수행하고자 한다. 모든 프로젝트를 수행할 만큼의 충분한 예산이 확보되지 못한 관계로 우선순위와 예산의 적정범위를 고려하여 수행되어야 할 프로젝트를 선택해야 하는 문제에 직면해 있다. 이러한 상황에서 다음 물음에 답하시오.

프로젝트명	비용(단위: 백만 원)	기대효용
보안시설 및 방지	50	19
사옥 개선	160	17
건강진료센터	120	12
사원 교육시설	80	8
체력증진 센터	40	4

(1) 위 문제에 대해 0-1 정수계획법으로 모형을 구성하시오.

(2) 분단탐색법으로 문제를 해결하시오.

6.17 KM사는 사무용 가구를 생산하고 있다. 최근 25억 원의 예산으로 공장 또는 창고의 건축을 고려하고 있다. 공장 1개를 건설하는 데 소요되는 예산은 4억 원이며 현 상황에서 5개 이상은 필요치 않으며, 창고 1동을 건설하는 데 소요되는 예

산은 2억 원으로 창고 수는 8동 이상은 요구되지 않는다. 창고 1동을 건설하여 얻는 예상수익은 월 300만 원이며, 공장 1개당 예상수익은 월 600만 원이다. 창고와 공장의 최적 건축 수는 현 상황에서 각각 얼마나 되어야 하는가?

(1) 위 문제에 대하여 정수계획모형을 구성하시오.

(2) 분단탐색법으로 문제를 해결하시오.

6.18 KM지방자치단체는 범죄예방을 효율적으로 하기 위하여 지역 내 파출소를 재배치하고자 한다. 지역은 7개 지역으로 구분되어 있고, 파출소 예상 설치 지역을 대상으로 인접된 구역(관할 지역)을 검토하여 보면 다음 표와 같다. 설치방법은 7개동 모두가 파출소를 반드시 인접하게 두고 있어야 한다. 이 경우 파출소 수를 최소화하려면 파출소 위치를 어떻게 잡아야 하겠는가?

예상 설치 지역	관할 가능 지역
A	1, 5, 7
B	1, 2, 5, 7
C	1, 3, 5
D	2, 4, 5
E	3, 4, 6
F	4, 5, 6
G	1, 5, 6, 7

(1) 위 문제에 대한 정수계획모형을 구성하시오.

(2) 최적해를 구하시오.

6.19 육군본부는 주어진 예산 11억 원을 사용하여 아래 표에서 보는 바와 같이 몇 개의 R&D 프로젝트를 수행하고자 한다. 모든 프로젝트를 수행할 만큼의 충분한 예산이 확보되지 못한 관계로 우선순위와 예산의 적정범위를 고려하여 수행되어야 할 프로젝트를 선택해야 하는 문제에 직면해 있다. 이러한 상황에서 다음 물음에 답하시오.

프로젝트명	비용(단위: 억 원)	기대효용
보안시설 및 방지	2	36
사옥 개선	4	50
장병 체력증진 센터	5	60
장병 교육시설 개선	3	40

(1) 위의 내용을 바탕으로 정수계획법으로 모형화하시오.

(2) (1)의 0-1 정수계획문제를 분단탐색법을 활용하여 최적해를 구하시오. 단, 각 분단문제의 해는 링고를 활용하여 구하고 분단탐색 가지를 완성하시오.

6.20 군수사령부는 군수보급체계를 개선하기 위해 38억 원의 예산으로 유통판매점과 물류센터를 신설하려고 계획 중에 있다. 유통판매점은 신설비용이 5억 원, 물류센터는 신설비용이 10억 원이다. 만약 유통판매점과 물류센터를 신설하게 되면 유통판매점의 경우에는 4천만 원, 물류센터의 경우에는 6천만 원의 비용 절감효과가 있다. 단, 반드시 물류센터는 1개 이상을 신설해야 하며, 현재 부지 여건상 두 시설을 합하여 5개가 넘지 않아야 한다.

	유통판매점	물류센터
신설비용	5억 원	10억 원
비용 절감액	4천만 원	6천만 원

(1) 위의 내용을 모형화하시오.

(2) (1)의 정수계획문제를 분단탐색법을 활용하여 최적해를 구하시오. 단, 각 분단문제의 해는 링고를 활용하여 구하고 분단탐색 가지를 완성하시오.

6.21 군수사령부는 간부들이 착용하는 전투복과 근무복을 원료 A, B를 사용하여 위탁생산 후 간부피복쇼핑몰에 판매하려고 한다. 전투복은 개당 판매이익은 4만 원이고, 근무복의 개당 판매이익은 3만 원이다. 군수사령부가 보유한 원료 A와 B의 양과 전투복 및 근무복을 만드는 데 들어가는 원료의 양은 아래 표와 같다. 생산된 제품은 간부피복쇼핑몰을 통해 전량 판매된다고 할 때, 총 판매이익을 최대로 하는 전투복과 근무복의 생산량을 결정하시오.

	제품별 원료 사용량		가용 원료량
	전투복	근무복	
A	4	9	450
B	8	5	400
판매이익	4만 원	3만 원	

(1) 위의 내용을 바탕으로 생산계획문제를 모형화하시오.

(2) (1)의 정수계획문제를 분단탐색법을 활용하여 최적해를 구하시오. 단, 각 분

MILITARY OPERATION RESEARCH

단문제의 해는 링고를 활용하여 구하고 분단탐색 가지를 완성하시오.

6.22 육군본부는 주어진 예산 11억 원을 사용하여 아래 표에서 보는 바와 같이 몇 개의 R&D 프로젝트를 수행하고자 한다. 모든 프로젝트를 수행할 만큼의 충분한 예산이 확보되지 못한 관계로 우선순위와 예산의 적정범위를 고려하여 수행되어야 할 프로젝트를 선택해야 하는 문제에 직면해 있다. 이러한 상황에서 장병들의 기대효용을 최대화할 수 있는 프로젝트를 선정하시오.

프로젝트명	비용(단위: 억 원)	기대효용
보안시설 및 방지	2	36
사옥 개선	4	50
장병 체력증진 센터	5	60
장병 교육시설 개선	3	40

(1) 위의 내용을 바탕으로 정수계획법으로 모형화하시오.

(2) (1)의 0-1 정수계획문제를 분단탐색법을 활용하여 최적해를 구하시오. 단, 각 분단문제의 해는 링고를 활용하여 구하고 분단탐색 가지를 완성하시오.

6.23 육군 의복 생산 위탁업체인 ㈜희망상사는 장교들에게 지급할 장교 정복과 근무복을 위탁생산하여 판매한다. 원료 A, B, C를 사용하여 정복과 근무복을 생산 후 매달 일정량을 육군에 지급하는데, 다가오는 6월의 생산계획을 수립 중이다. ㈜희망상사가 현재 보유한 원료 A, B, C의 양과 정복 및 근무복을 만드는 데 들어가는 원료의 양은 아래 표와 같고, 정복의 벌당 판매이익은 4만 원, 근무복의 벌당 판매이익은 3만 원이다. 소요량은 고려하지 않고 오직 생산된 제품을 전량 판매하는 시스템이라 할 때, 총 판매이익을 최대로 하는 정복과 근무복의 6월 생산량을 결정하시오.

	제품별 원료 사용량		가용 원료량
	정복	근무복	
A	1	1.5	30
B	3	1	75
C	1	2	50
판매이익(벌당)	4만 원	3만 원	

(1) 위의 내용을 바탕으로 생산계획문제를 모형화하시오.

(2) (1)의 정수계획문제를 분단탐색법을 활용하여 최적해를 구하시오. 단, 각 분단문제의 해는 링고를 활용하여 구하고 분단탐색 가지를 완성하시오.

6.24 육군본부에서는 국군의 날을 맞이하여 "국군의 날 행사" 동안 다음 네 가지 이벤트를 추진하고자 한다. 모든 이벤트를 수행할 만큼의 충분한 예산이 확보되지 못한 관계로 예산의 적정범위와 기대효용가치를 고려하여 시행할 이벤트를 선택해야 하는 문제에 직면해 있다. 아래 표에 각 이벤트에 드는 자금의 예상액과 각 이벤트가 가져올 기대효용가치가 제시되어 있다. 가용자금 한도 내에서 이벤트의 기대효용가치(참여도, 만족도, 군 이미지 향상 등 / 이벤트당 500점 만점)를 최대화할 수 있는 사업을 선정하시오.

이벤트	기대효용가치	자금소요예상액 (단위: 백만 원)	비율 (가치/소요예상금액)	순위
무기 전시회	350	1	350	1
병영훈련 체험	150	2	75	2
헬기탑승 체험	200	4	50	4
페인트건 사격체험	400	7	57.14	3
총 가용자금		11		

(1) 위의 내용을 바탕으로 정수계획법으로 모형화하시오.

(2) (1)의 정수계획문제를 분단탐색법을 활용하여 최적해를 구하시오. 단, 각 분단문제의 해는 링고를 활용하여 구하고 분단탐색 가지를 완성하시오.

6.25 군수사령부는 간부들이 착용하는 전투복과 근무복을 원료 A, B를 사용하여 위탁생산 후 간부 피복쇼핑몰에 판매하려고 한다. 전투복은 개당 판매이익은 4만 원이고, 근무복의 개당 판매이익은 3만 원이다. 군수사령부가 보유한 원료 A와 B의 양과 전투복 및 근무복을 만드는 데 들어가는 원료의 양은 아래 표와 같다. 생산된 제품은 간부 피복쇼핑몰을 통해 전량 판매된다고 할 때, 총 판매이익을 최대로 하는 전투복과 근무복의 생산량을 결정하시오.

	제품별 원료 사용량		가용 원료량
	전투복	근무복	
A	4	9	500
B	8	5	400
판매이익	4만 원	3만 원	

6.26 방위사업청의 방산진흥국 예하 수출관리과는 A전차와 B자주포를 위탁생산 및 수출하는 부서이다. 두 제품은 동일한 생산라인에서 생산되고 있으며, 생산의 최종단계는 품질의 이상유무 확인을 위한 내부확인과 외부확인 과정이다. 위탁생산 회사에서는 한 달 동안 사용가능한 제품 내부확인 과정이 150시간, 외부확인 과정이 330시간이다. A전차 1대의 품질확인에는 내부확인 과정 3시간과 외부확인 과정 4시간이 소요되고, B자주포 1대에는 내부확인 과정 1시간과 외부확인 과정 9시간이 소요된다. 한편, 제품의 수출로부터 얻는 수익은 A전차가 개당 20억, B자주포가 개당 30억이다. 총 판매수익을 최대로 하기 위해 한 달 동안 A전차와 B자주포를 몇 대씩 생산해야 하는가?

구분	A전차	B자주포	가용공정시간
내부확인 과정	3	1	150
외부확인 과정	4	9	330
개당 판매수익	20억	30억	

6.27 2015년 12월부터 OO중공업에서는 K2 전차에 장착되는 엔진과 변속기를 국내에서 생산하여 납품한다. OO중공업에서 엔진과 변속기를 생산할 때 수행하는 공정은 크게 세 가지로, 가공, 조립, 품질검사이다. 엔진 1개를 생산할 때 가공 3시간, 조립 7시간, 품질검사 1시간이 소요되고, 변속기 1개를 생산할 때 가공 5시간, 조립 4시간, 품질검사 2시간이 소요된다. 또한 각 공정별 주당 가용시간은 아래 표와 같다. 엔진은 개당 50만 원, 변속기는 개당 40만 원의 판매이익을 낼 수 있다고 할 때, 주당 총 판매이익을 최대로 하는 엔진과 변속기의 한 주 생산량을 결정하시오.

구분	각 부품의 생산공정 시 소요시간		주당 가용시간
	엔진	변속기	
가공공정	3	5	30
조립공정	7	4	28
품질검사	1	2	11
판매이득(10만)	5	4	

(1) 위의 내용을 바탕으로 생산계획문제를 모형화하시오.

(2) 위의 문제를 분단탐색법을 활용하여 최적해를 구하시오. 단, 각 분단문제의

해는 링고를 활용하여 구하고 분단탐색 가지를 완성하시오(분단이 필요 없는 가지는 비워 두고, 최적해를 반드시 표시할 것).

(3) 최적해 및 최적목적함수 값을 작성하고 문제상황에서의 의미를 해석하시오.

최적해	
최적목적함수 값	
최적해 및 최적목적함수 값의 의미 해석	

6.28 군수사령부는 물류체계 개선을 위해 38억 원의 예산으로 유통판매점과 물류센터를 신설하고자 한다. 유통판매점의 신설비용은 5억 원, 물류센터는 10억 원이다. 유통판매점과 물류센터 신설에 따른 비용절감효과는 각각 1년 단위 4천만 원, 6천만 원이다. 단, 유통판매점은 최소한 1개소 이상을 신설해야 하며, 현재 대지 여건상 유통판매점과 물류센터 시설을 합하여 5개소를 넘을 수 없다. 연 단위 비용절감효과를 극대화할 수 있는 유통판매점과 물류센터 신설개수를 도출하시오.

(1) 위의 문제를 순수정수계획모형으로 나타내시오.

(2) 위 문제를 분단탐색법(심플렉스법의 해는 링고를 활용하여 구함)을 활용하여 최적해와 최적목적함수 값을 구하시오. 좌측 상자에는 상한 및 하한값, 각 가지에는 결정변수와 목적함수 값을 명기하시오(가지의 모양은 필요한 만큼 추가 및 변경 가능).

6.29 현재 특전 ○○중대는 공중침투 후 재보급을 위해 공중 재보급 물품을 포장 중이다. 재보급품의 작전지원 기간과 낙하 중량을 고려해봤을 때 개인당 하루 단위의 식량을 포함하는 데 1.8 kg의 무게가 허용된다. 전투식량의 종류와 열량, 각각의 무게는 아래 표와 같다. 재보급 패키지 중량을 지키면서 최대의 열량을 내려면 하루 단위의 식량을 어떻게 구성하는 것이 좋겠는가?(현재 각 중대원은 1개씩의 전투식량을 보유하고 있으며 유사시에 대비하여 1인 단위로 물품을 포장

하게 되어 있다.)

(1) 위의 내용을 0-1 정수계획모형으로 나타내시오.

(2) 위 문제를 0-1 정수계획모형(배낭문제)에서 배운 분단탐색법(링고를 사용하지 않음)을 활용하여 최적해와 최적값을 구하시오.

7장 네트워크 모형

7.1 기본 개념

현대사회에서 네트워크(network)란 우리에게 굉장히 친숙한 용어 중 하나이다. SNS(social network service) 등 각종 서비스가 광범위하게 퍼져 있고 사업, 교육, 생물학, 기술, 통신, 예술, 미디어, 과학 등 다양한 분야에서 네트워크는 관계망을 표현하는 효과적인 수단으로 사용되어 왔다. 이는 수많은 실제 시스템들이 네트워크의 형태로 모형화할 수 있기 때문이다.

군에서도 현재 각종 네트워크를 효율적으로 이용하여 전투력 극대화를 꾀하고 있다. 특히 작전지속지원 능력의 향상을 위한 보급로 분석, 효과적인 통신 여건 보장을 위한 통신망 설계 등 다양한 분야에서 사용되고 있다. 우리는 앞서 이 책의 제4장 수송모델과 할당모델에서 네트워크가 간략히 어떠한 개념인지 설명한 바 있다. 이러한 수송모델 역시 선형계획법의 특수한 형태의 하나이면서 네트워크 모델이라 할 수 있다.

이러한 특정 요소의 흐름을 나타내는 네트워크를 표현한 모델이 네트워크 흐름 모델인데, 이를 이용한 최단경로 문제, 최소 걸침 나무 문제, 그리고 최대흐름 문제 등은 현실에서 굉장히 유용하고 많이 사용되는 문제이며 최근의 획기적인 알고리즘 상의 발견을 통해 20~30년 전에는 도저히 해결하기 어려웠던 대규모의 문제들을 소프트웨어를 이용해 쉽게 풀 수 있게 되었다.

최단경로 문제란 하나의 출발지와 하나 이상의 여러 개의 목적지 사이의 최단 경로를 결정하는 문제이다. 여기서 최단경로는 거리, 시간, 비용 등이 될 수 있다. 최대흐름 문제란 출발지와 목적지가 각각 하나인 네트워크로 들어오고 나가는 최대흐름량이 일정 기간 동안 얼마인지를 계산하는 문제이다. 최소 걸침 나무 문제란 최단경로 문제와 유사하지만 이 문제의 목적은 모든 마디를 서로 연결할 때 가지들의 총 길이가 최소가 되도록 하는 것이다.

이러한 네트워크 흐름모델은 선형계획모형의 특수한 형태이다. 그렇기에 심플렉스법을 이용하여 풀 수도 있지만 네트워크의 특색을 이용한 고유한 알고리즘이 존재한다. 이 장에서는 이에 따라 문제의 해를 찾아가는 과정을 소개한다.

7.2 네트워크 모형의 구성요소

네트워크는 기본적으로 두 가지 요소를 포함한다.

첫째, 주요 지점, 시점 또는 설비 등을 나타내는 마디(node)가 있다. 이는 보통 원이나 점으로 표시한다. 둘째, 이 마디들이 어떻게 연결되어 있는가를 나타내는 호(arc)이다. 호는 일반적으로 선분 혹은 화살표로 나타낸다. 선분은 두 마디의 연결에 있어 방향성이 고려될 필요가 없는 경우에 사용하며, 화살표는 특정 방향을 나타낼 필요가 있을 때 사용한다. 다음 그림 7.1을 참고해보자.

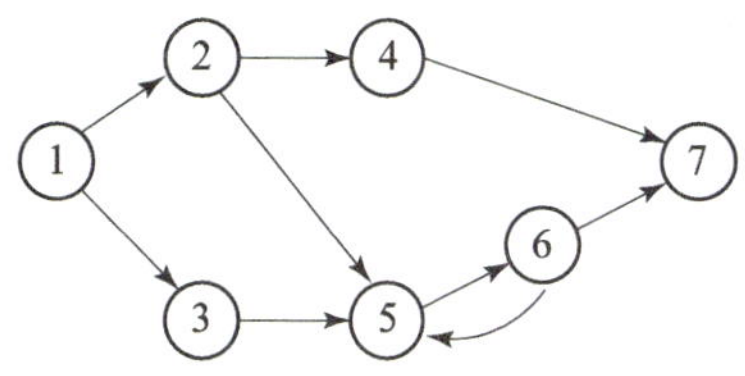

그림 7.1 네트워크 모형

그림 7.1의 네트워크 모형은 총 7개의 마디(1～7)로 구성되어 있으며, 각 마디의 연결 특성을 화살표로 나타내고 있다. 즉 1-2번 마디를 잇는 화살표는 1번 마디에서 2번 마디로 방향성이 존재한다는 것을 의미하며, 5-6번 마디 사이의 각 화살표는 5번과 6번 마디 사이에는 쌍방향 이동이 가능하다는 것을 의미한다(양방향 화살표는 "↔"로 표기하기도 한다). 이렇듯 마디와 호로 연결된 네트워크의 물리적 구성을 네트워크 토폴로지(network topology)라고 하며, 이러한 네트워크 토폴로지 위에 추가적인 정보가 더해질 수 있다. 그림 7.2를 참고해보자.

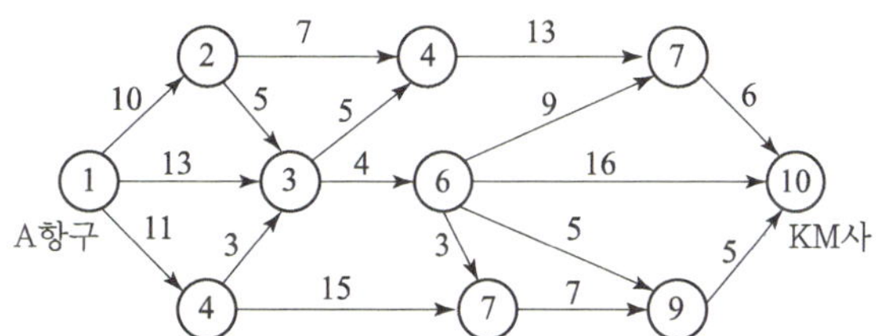

그림 7.2 최단경로의 네트워크

그림 7.2의 네트워크는 A항구(마디 1)에서 KM사(마디 10)까지의 최단거리를 찾고자 하는 문제이다. A항구에서 KM사까지 물품 운송 간 거쳐 갈 수 있는 지점들을 각 마디(2～9)로 표현하고, 각 호에는 각 마디 간 거리(km)를 표현한 것이다. 즉, 그림 7.2는 그림 7.1과 같은 네트워크 토폴로지 위에 각 호의 소요거리를 추가한 것이다. 이렇듯, 통상 우리가 고려하는 네트워크 문제는 그림 7.2와 같이 각 호에 문제해결에 필요한 여러 정보들이 추가되어 있는 경우이다. 이 외에도 각

호에도 단위기간당 최대수송량 혹은 최소수송량 등 다양한 정보들이 추가될 수 있으며, 이러한 정보들은 문제해결에 있어서 제약조건으로 작용하거나 파라미터로 작용한다.

7.3 최단경로 문제

7.3.1 기본 개념 및 풀이 절차

최단경로 문제(shortest path problem)는 네트워크상의 호에 표시된 수치를 이용하여 시작 지점에서 완료 지점까지의 최단경로를 결정하고자 할 때 사용되는 기법으로서 수송계획, 정보통신 시스템 설계 등에 많이 활용되고 있다.

이 문제의 해를 구하는 기본 개념은 시작점으로부터 출발하여 가장 가까운 경로가 되는 다음 단계를 계속 찾아가는 것이며, 그 목적은 총 거리, 시간 또는 비용 등을 최소화하는 데 있다. 최단경로를 산출하는 방법에는 선형계획법의 최소화 모형 등 여러 가지 방법이 있으나 여기서는 시작점에서 출발하여 계속해서 최단 거리에 있는 다음 마디를 찾아가는 효율적인 방법을 하나 소개하기로 한다.

최단경로를 찾는 절차는 각 마디별 두 가지 과정을 거친다. 절차 설명에 앞서, 문제해결에 유용한 정보를 제공하는 꼬리표(레이블, label)의 개념을 먼저 알아보도록 하자. 꼬리표는 각 마디별 하나씩 존재하며 두 가지 정보를 내포하고 있다. 어떤 마디의 꼬리표가 [15, 1]이라 하면, 출발 마디에서부터 이 마디까지의 거리는 15이며, 그 경로상에 이 마디 직전 마디의 번호가 "1"이라는 의미이다. 즉, 출발 마디를 제외한 나머지 마디들의 이러한 레이블 정보를 최신화하고, 최단경로가 얻어진 마디는 그 레이블 정보를 확정짓는 과정이 모든 마디들에 대해 적용된다. 해당 레이블의 정보가 변화할 여지가 남아 있는 레이블을 임시 레이블이라 칭하며, 확정되어 더 이상 변화하지 않는 레이블을 확정 레이블이라 한다.

7.3.2 예제

절차를 쉽게 이해하기 위해서 간단한 예를 통해 최단경로 알고리즘을 적용해보자.

예제 7.1

귀관은 특전중대장으로서, 고산(마디 1)에서 출발하여 문천(마디 7)으로 침투 이동을 준비하고 있다. 각 지점 사이의 거리(km)가 다음과 같을 때, 고산에서 문천까지 최단경로는 무엇이고, 그 거리는 얼마인지 구하시오.

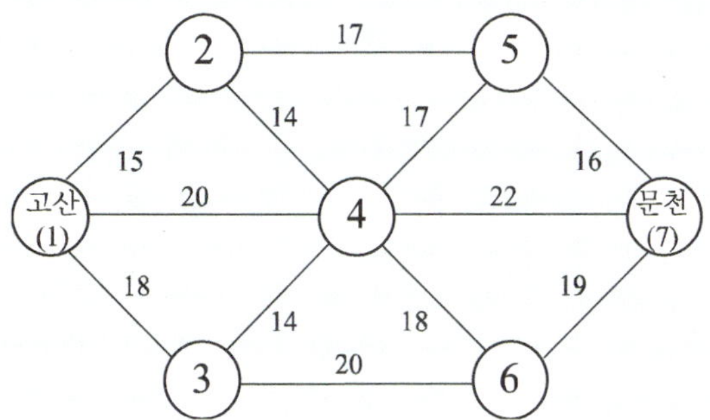

이 문제의 해결을 위해서 다음과 같이 모든 마디에 레이블을 작성한다.

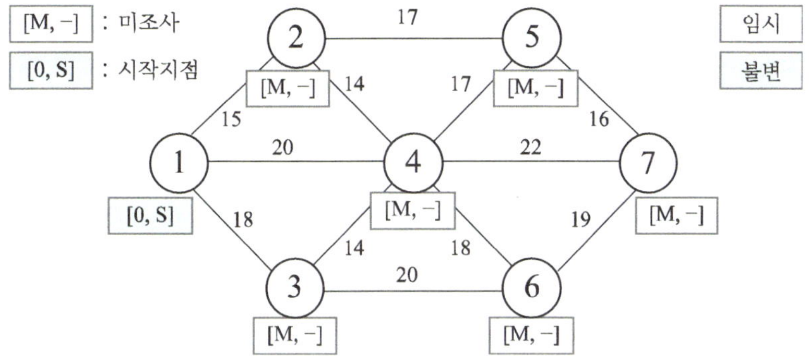

1번 마디는 출발지점이므로 출발 마디에서부터의 거리는 당연히 0이 되고, 출발지점에서의 경로상 이전 마디는 존재하지 않으며, 출발지점이라는 의미의 "S"를 부여하여 [0, S]의 레이블을 부여한다. 그리고 이 1번 마디의 이 레이블 정보는 더 이상 변화하지 않을 것이므로, 1번 마디는 불변(확정) 마디에 포함시킨다. 기타 2~7번 마디들은 아직 어떠한 경로도 고려하지 않았으므로 출발지점으로부터의 거리는 big M(시스템 내에서 영향을 받지 않는 큰 수)으로 표기하고, 두 번째 정보는 비워둔다. 그 다음 2, 3, 4번 마디의 정보를 1번 마디를 기준으로 다음과 같이 최신화한다.

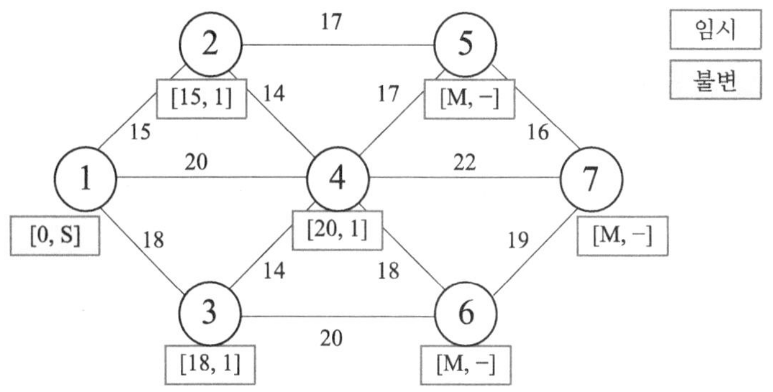

즉, 확정된 1번 마디로부터 인접한 2, 3, 4번 마디로의 경로를 기준으로 2, 3, 4번 마디의 레이블을 최신화한다. 1-2번 마디 경로는 비용이 15이고, 1-2 경로를 기준으로, 2번 마디 기준으로 이전 마디는 마디 1이므로 레이블의 두 번째 정보는 1로 정해진다. 같은 논리로, 3번과 4번 마디의 레이블도 위와 같이 최신화 가능하다. 이어서 이중 가장 작은 값[15 = min(15, 20, 18)]을 가지는 2번 마디도 확정할 수 있다. 그 이유는 출발 마디인 1번 마디에서부터 3번 혹은 4번 마디를 거쳐 2번 마디로 가더라도 1번 마디에서 2번 마디로 직접 향할 때 발생하는 비용인 15보다는 반드시 크기 때문이다. 따라서 2번 마디는 확정할 수 있으되, 3, 4번 마디는 아직 가능성을 열어둬야 한다. 이어서 확정된 1, 2번 마디를 기준으로 인접한 3, 4, 5번 마디의 레이블을 최신화하면 다음 그림과 같다. 또 이중 가장 작은 비용 값을 가지고 있는 3번 마디가 추가적으로 확정 가능하며, 그 결과는 다음과 같다.

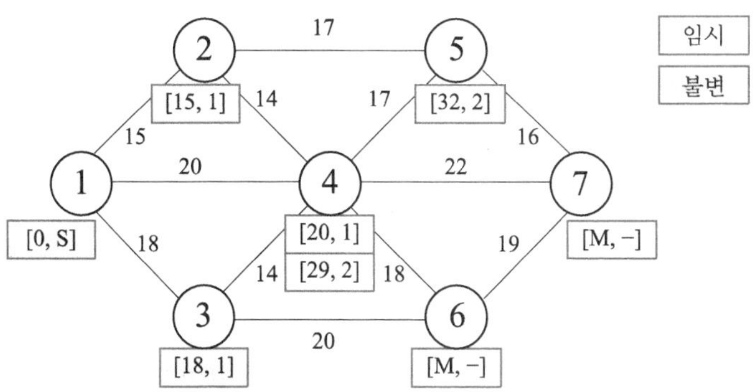

이와 같은 방식으로 모든 마디에 대한 레이블 정보를 최신화하게 되면 최종 다음과 같은 결과를 얻을 수 있다.

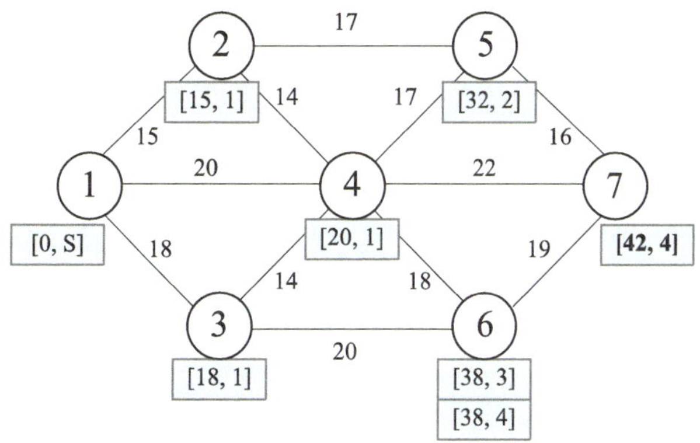

여기에서, 모든 마디의 레이블이 최신화되어 있으며, 출발 마디인 1번 마디에서부터 모든 마디로의 최단경로 또한 확인가능하다. 예를 들어 2, 3, 4번 마디의 경우 1번 마디에서의 최단경로는 각각 1-2, 1-3, 1-4이며 최단경로 비용은 15, 18, 20이다. 1번 마디에서 5번 마디로의 최단경로는 1-2-5이며, 이때 비용은 32이다. 이렇듯 각 마디에 주어진 레이블 정보를 통해 각 마디로의 최단경로 및 최단경로 비용을 도출할 수 있다. 특이하게, 6번 마디의 경로 2개의 레이블 정보가 존재하는데, 이것은 6번 마디로의 최단경로가 2개 존재한다는 것을 의미한다. 즉, 1번 마디에서 6번 마디까지 가는 경로 중 38이라는 비용이 산출되는 2개의 경로가 존재하며, 그 경로는 1-3-6과 1-4-6이다. 최종 예제에서 요구한 1번 마디에서 7번 마디로의 최단경로는 1-4-7이 되고 비용값은 42이다. 이를 선형계획 모형으로 표현하면 다음과 같이 표현할 수 있다.

$$
\begin{aligned}
\text{최소화 } Z = {} & 150x_{12} + 180x_{13} + 200x_{14} + 140x_{24} + 180x_{26} + 145x_{34} \\
& + 200x_{36} + 175x_{45} + 185x_{46} + 220x_{47} + 165x_{57} + 195x_{67} \\
\text{제약조건: } & x_{12} + x_{13} + x_{14} = 1 \\
& x_{12} - x_{24} - x_{25} = 0 \\
& x_{13} - x_{34} - x_{36} = 0 \\
& x_{14} + x_{24} + x_{34} - x_{45} - x_{46} - x_{47} = 0 \\
& x_{25} + x_{45} - x_{57} = 0 \\
& x_{36} + x_{46} - x_{67} = 0 \\
& x_{47} + x_{57} + x_{67} = 1 \\
& x_{ij} = 0 \text{ 또는 } 1
\end{aligned}
$$

그림 7.3 최단경로 문제의 선형계획모형

7.4 최대흐름 문제

7.4.1 기본 개념 및 해의 절차

최대흐름 문제(maximum flow problem)는 네트워크를 형성하는 시스템의 시작 지점에서 완료 지점까지의 최대흐름량을 구하는 문제이다. 가스 및 원유의 수송라인이나 도로의 교통량 문제, 전신전화국의 정보처리 문제, 관계용수량 조절 문제 등은 최대흐름 문제의 대표적인 예라고 할 수 있다. 이와 같은 최대흐름량 문제는 네트워크로 나타낼 수 있으며, 각각의 경로를 따라 이동되는 흐름량 및 경로를 분석하여 최대흐름량 및 흐름경로를 결정하게 된다.

최대흐름 문제에서 각 단계 사이의 호에는 양쪽에 숫자가 기입되는데, 이는 실제 흐름 가능량을 나타낸다. 즉, 다음 그림에서 마디 ①, ②를 잇는 호 ①-② 상의 4는 마디 ①에서 마디 ②로의 흐름 가능량을 나타내며, 6은 마디 ②에서 마디 ①로 나타내는 것이다.

① 4 —————— 6 ②

최대흐름은 선형계획모형으로 해를 구할 수 있으며, 좀 더 효율적인 알고리즘이 많이 개발되어 있으나, 여기서는 다음과 같이 3단계의 절차에 의해 해를 구하는 방법을 소개한다. 즉, 시작점에서 완료점까지의 최대흐름량을 갖는 경로와 흐름량을 단계적으로 찾아내는 방법이다. 이때 잔여용량 네트워크가 사용된다. 잔여용량 네트워크는 매 단계별로 네트워크별 흐름량을 할당하고 잔여용량을 기록해 두었다가 잔여용량이 더 이상 존재하지 않아 경로구성이 되지 않는 단계까지 반복하여 계산하는 방법이다. 아래 단계별로 적용해 보면 쉽게 이해가 될 것이다.

- **제1단계:** 네트워크에서 임의의 경로 중에서 양(+)의 흐름량이 없으면 종료하고 현재해가 최적해가 된다. 양의 흐름량이 하나라도 존재한다면 2단계로 진행한다.
- **제2단계:** 양의 흐름이 존재하는 경로상 가장 작은 용량을 찾아 경로의 최대용량으로 할당시킨다.
- **제3단계:** 2단계에서 선택된 경로상에서 완료점 방향으로의 각 호의 용량에서 흐름량을 더해주고, 시작점 방향으로의 용량에서 흐름량만큼 빼준 다음, 1단계를 반복한다.

7.4.2 예제

예제를 이용하여 앞에서 살펴본 알고리즘을 적용해보자.

예제 7.2

KM사는 다음 그림의 네트워크와 같은 철도 수송망을 이용하여 생산품을 특정 지역에 분배하고자 한다. 철도를 이용한 수송능력 및 이용가능한 철도를 조사한 결과를 네트워크로 나타낸 것이 그림 7.4이다. 마디 1에서 마디 6까지의 최대흐름량과 흐름경로를 도출하시오.

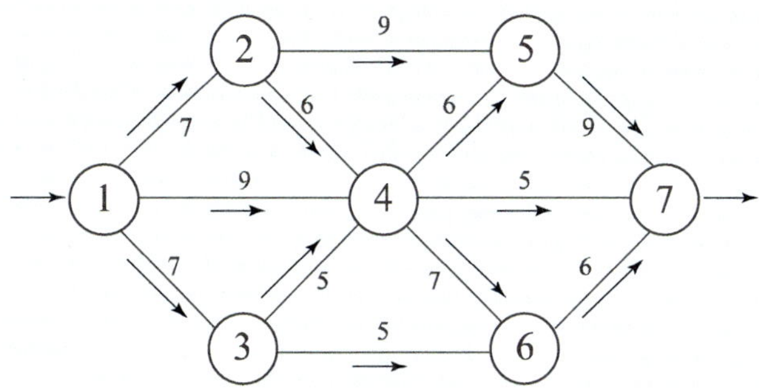

그림 7.4 흐름량의 네트워크

(1) **제1단계:** 임의의 경로 ①－②－④－⑦을 선택한다. 경로상 양의 흐름이 존재하므로 현재 상태가 최적이 아니다.

(2) **제2단계:** 경로 ①－②－④－⑦에 흐를 수 있는 최대흐름인 6의 흐름을 증가시킨다.

(3) **제3단계:** 이 6의 흐름에 대해 네트워크를 최신화하면 그림 7.5와 같은 결과

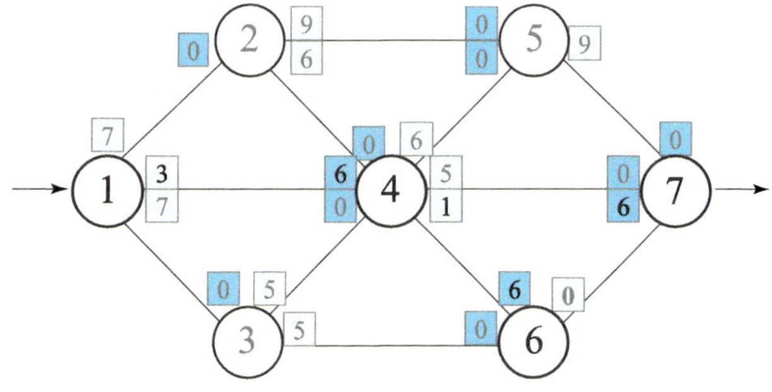

그림 7.5 1차 분석 결과

가 나온다.

(4) **제1단계:** 임의의 경로 ①－②－⑤－⑦을 선택한다. 경로상 양의 흐름이 존재하므로 현재 상태가 최적이 아니다.

(5) **제2단계:** 경로 ①－②－⑤－⑦에 흐를 수 있는 최대흐름인, 가장 작은 용량값 3의 흐름을 증가시킨다.

(6) **제3단계:** 이 3의 흐름에 대해 네트워크를 최신화하면 그림 7.6과 같은 결과를 얻는다.

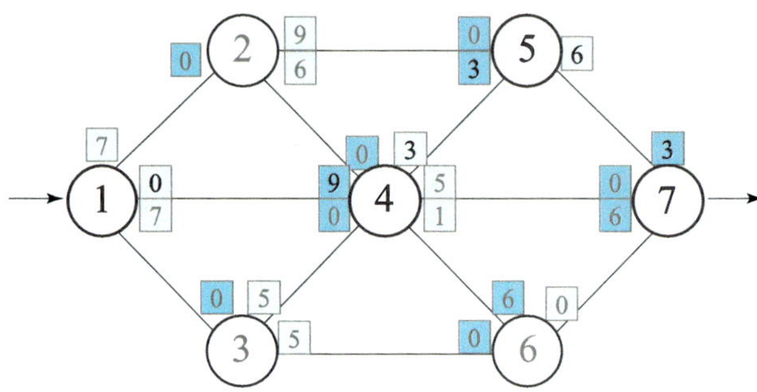

그림 7.6 2차 분석 결과

(7) **제1단계:** 임의의 경로 ①－③－④－⑦을 선택한다. 경로상 양의 흐름이 존재하므로 현재 상태가 최적이 아니다.

(8) **제2단계:** 경로 ①－③－④－⑦에 흐를 수 있는 최대흐름인, 가장 작은 용량값 5의 흐름을 증가시킨다.

(9) **제3단계:** 이 5의 흐름에 대해 네트워크를 최신화하면 그림 7.7과 같은 결과를 얻는다.

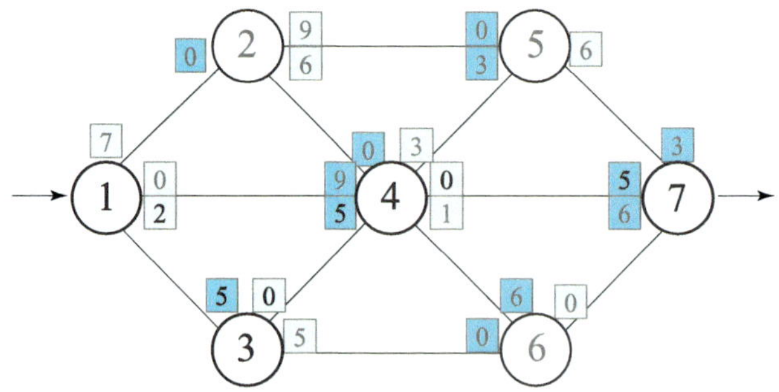

그림 7.7 3차 분석 결과

(10) **제1단계:** 임의의 경로 ①－②－⑤－⑦을 선택한다. 경로상 양의 흐름이 존재하므로 현재 상태가 최적이 아니다.

(11) **제2단계:** 경로 ①－②－⑤－⑦에 흐를 수 있는 최대흐름인, 가장 작은 용량값 6의 흐름을 증가시킨다.

(12) **제3단계:** 이 6의 흐름에 대해 네트워크를 최신화하면 그림 7.8과 같은 결과를 얻는다.

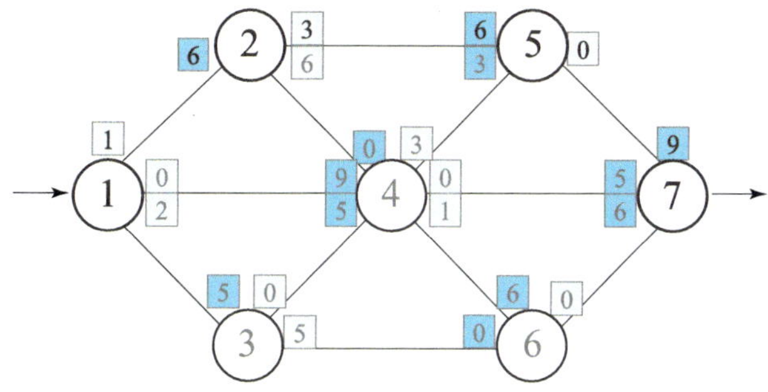

그림 7.8 4차 분석 결과

(13) **제1단계:** 더 이상 흐름을 증가시킬 수 있는 경로가 존재하지 않으므로 알고리즘을 종료하고, 다음 결과를 얻는다.

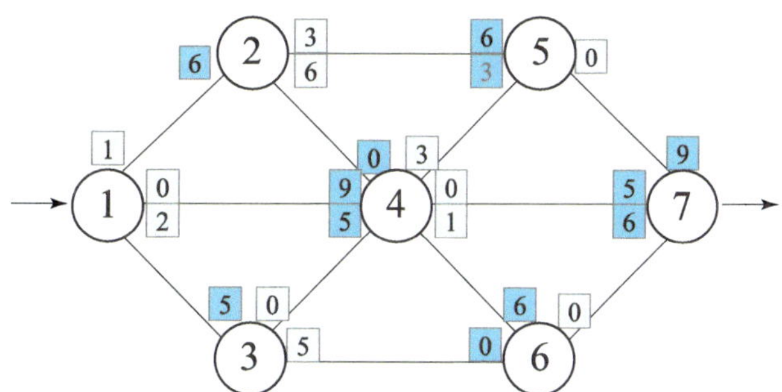

요약하면 이 네트워크 예제의 최대흐름량은 20이 된다. 이를 선형계획모형으로 표현하면 다음과 같다.

$$
\begin{aligned}
&\text{최소화 } Z = x_{71} \\
&\text{제약조건: } x_{71} - x_{12} - x_{13} - x_{14} = 0 \\
&\qquad x_{12} - x_{24} - x_{25} = 0 \\
&\qquad x_{13} - x_{34} - x_{36} = 0 \\
&\qquad x_{14} + x_{24} + x_{34} - x_{45} - x_{46} - x_{47} = 0 \\
&\qquad x_{25} + x_{45} - x_{57} = 0 \\
&\qquad x_{36} + x_{46} - x_{67} = 0 \\
&\qquad x_{47} + x_{57} + x_{67} - x_{71} = 0
\end{aligned}
$$

그림 7.9 최대흐름 문제의 선형계획 모형화

7.5 컴퓨터 응용

다음 예제에서 1번 마디에서 7번 마디로 흐를 수 있는 최대흐름을 구해보자.

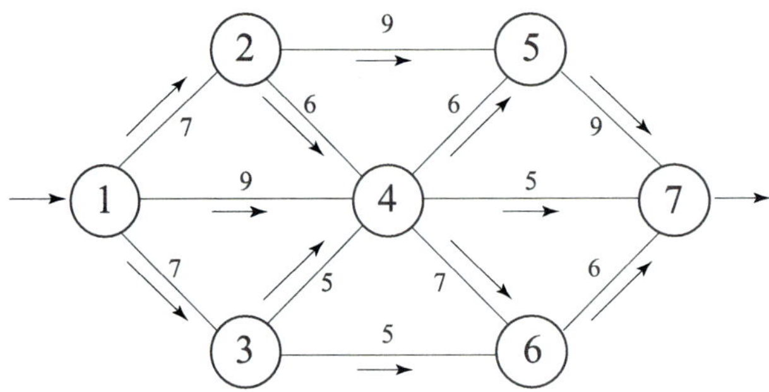

이 예제에서 우리가 결정할 수 있는 것은 각 호의 흐름을 결정하는 것이다. 이 결정변수는 각 호에 대해 정의된다. 즉, 1번에서 2번 마디 사이의 흐름값을 x12로 정의할 수 있다. x25, x24, x45, x13, x34, x46, ⋯, x67 등 12개의 결정변수를 정의할 수 있으며, 이에 추가하여 x71을 정의한다. x71은 실제 존재하지 않는 흐름이지만 실제 1번 마디에 유입되어 7번 마디로 유출되는 총 흐름값을 산출하기 위해 추가한 것이다. 제약조건은 각 호의 상한에 대한 제약과 각 마디의 균형(balance)에 대한 제약식을 모두 반영하면 된다. 그 결과는 다음과 같다.

Lingo Model - [4.27]10장_수업예제(최대흐름)

```
max = x71;

x71 - x12 - x13 - x14 = 0;
x12 - x24 - x25 = 0 ;
x13 - x34 - x36 = 0;
x14 + x24 + x34 - x45 - x46 - x47 = 0;
x25 + x45 - x57 = 0;
x36 + x46 - x67 = 0;
x47 + x57 + x67 - x71 = 0;

x12 <= 7;
x13 <= 7;
x14 <= 8;
x24 <= 4;
x25 <= 4;
x34 <= 5;
x36 <= 3;
x45 <= 6;
x46 <= 4;
x47 <= 5;
x57 <= 9;
x67 <= 6;
```

이 예제의 링고 풀이결과는 다음과 같다.

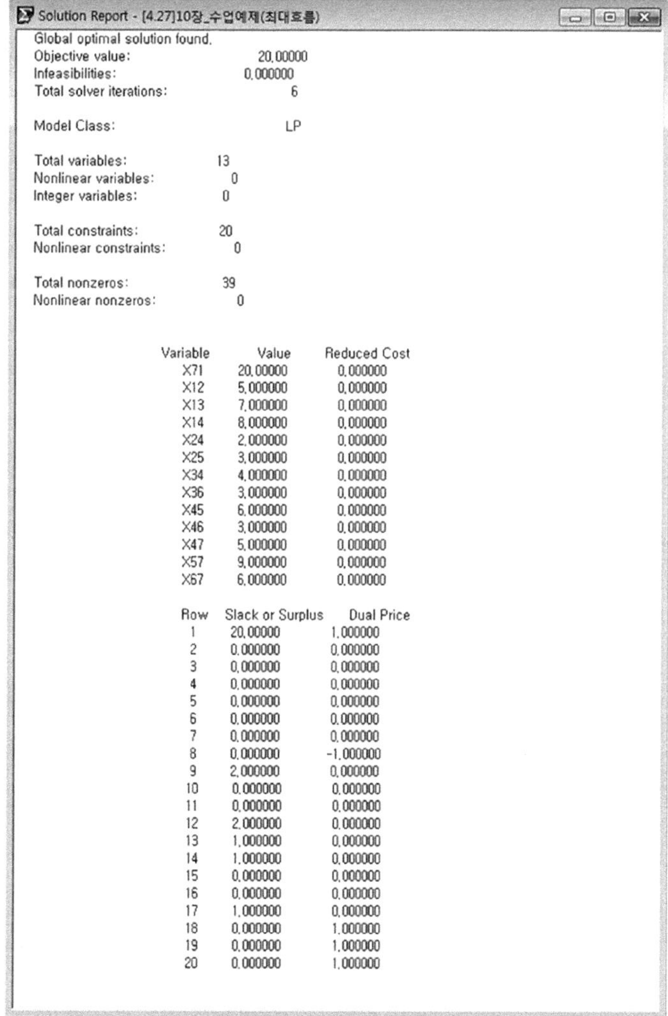

Solution Report - [4.27]10장_수업예제(최대흐름)

```
Global optimal solution found.
Objective value:                  20.00000
Infeasibilities:                  0.000000
Total solver iterations:                 6

Model Class:                            LP

Total variables:               13
Nonlinear variables:            0
Integer variables:              0

Total constraints:             20
Nonlinear constraints:          0

Total nonzeros:                39
Nonlinear nonzeros:             0
```

Variable	Value	Reduced Cost
X71	20.00000	0.000000
X12	5.000000	0.000000
X13	7.000000	0.000000
X14	8.000000	0.000000
X24	2.000000	0.000000
X25	3.000000	0.000000
X34	4.000000	0.000000
X36	3.000000	0.000000
X45	6.000000	0.000000
X46	3.000000	0.000000
X47	5.000000	0.000000
X57	9.000000	0.000000
X67	6.000000	0.000000

Row	Slack or Surplus	Dual Price
1	20.00000	1.000000
2	0.000000	0.000000
3	0.000000	0.000000
4	0.000000	0.000000
5	0.000000	0.000000
6	0.000000	0.000000
7	0.000000	0.000000
8	0.000000	-1.000000
9	2.000000	0.000000
10	0.000000	0.000000
11	0.000000	0.000000
12	2.000000	0.000000
13	1.000000	0.000000
14	1.000000	0.000000
15	0.000000	0.000000
16	0.000000	0.000000
17	1.000000	0.000000
18	0.000000	1.000000
19	0.000000	1.000000
20	0.000000	1.000000

앞의 결과를 통해 네트워크 전체의 최대흐름과 각 호에 대한 흐름값을 확인할 수 있다.

7.6 요약

이 장을 통해서 마디(node)와 호(arc)로 구성된 네트워크 모델의 개념과 구성요소를 알아보았다. 또한 이러한 네트워크 모델을 통해 시작점에서부터 완료점까지의 시간이나 거리를 고려하여 최단거리를 구하는 최단경로 문제(shortest path problem)에 대한 풀이법을 알아보았으며 한정된 수요량(흐름량)을 지니는 각 경로를 최대한 만족시키면서 최대의 흐름량을 구하는 최대흐름 문제(maximum flow problem) 풀이법에 대해서도 알아보았다. 이러한 네트워크 모델들은 부대이동, 유류의 흐름, 유류 분배소의 설치 등과 같은 국방 분야의 현실문제를 좀 더 과학적이고 합리적으로 판단할 수 있게 도와주는 하나의 도구가 될 것이다.

연습문제

7.1 아래 네트워크에서 마디 ①로부터 마디 ⑧까지의 최단경로를 구하고 총 거리를 계산하시오.

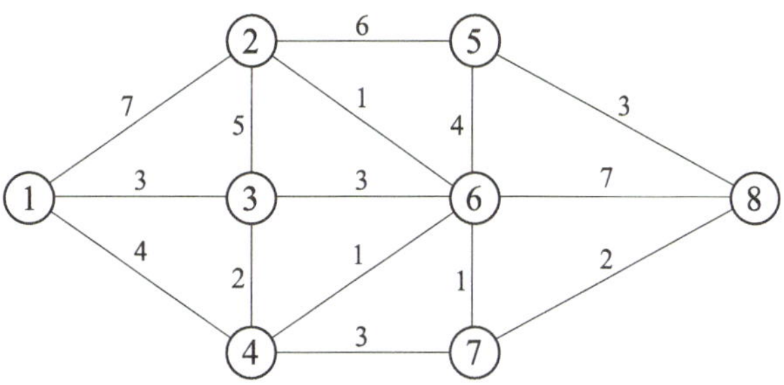

7.2 다음 네트워크를 보고 마디 ①에서 마디 ⑩까지 최단경로 및 거리를 구하시오.

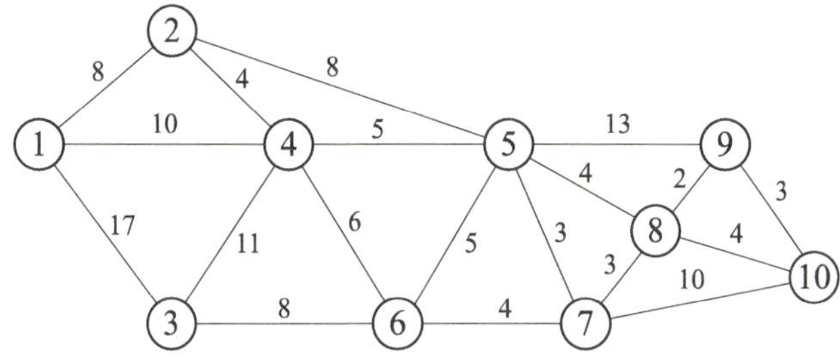

7.3 아래 네트워크는 A마을의 상수도관을 설치하기 위해 수도관 매설 위치 및 지도를 작성해 놓은 것이다. 수도관의 길이 및 매설공사량을 최소화하기 위한 연결방법을 찾으시오.

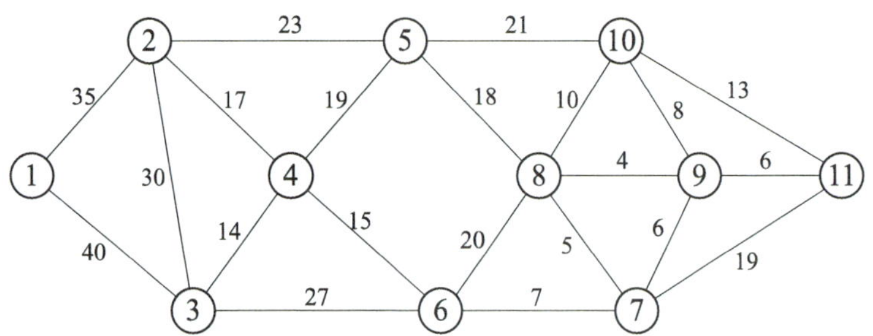

7.4 다음 네트워크는 각 지점 간 수송거리를 나타내고 있다. ①에서 각 지점까지의 최단경로를 찾으시오.

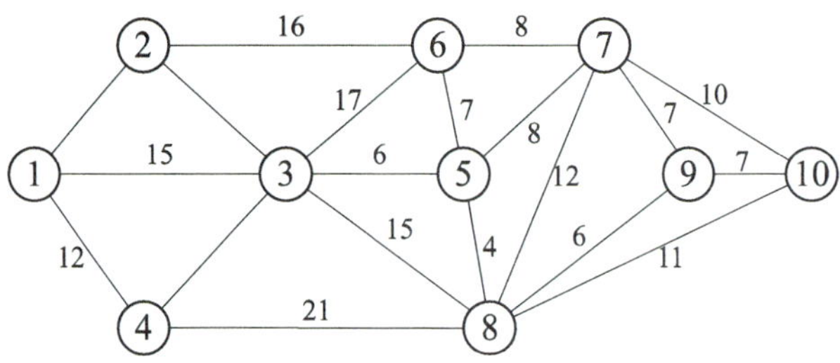

7.5 KM 식용유 제조회사는 저장탱크로부터 파이프라인을 통하여 식용유를 탱크 ①에서 탱크 ⑨까지 수송하려 한다. 현재 저장탱크 및 파이프라인의 상태를 점검해본 결과 다음의 네트워크와 탱크 상호 간 운송량이 나타나 있다. 이러한 상황에서 ①에서 ⑨까지 운송할 수 있는 식용류의 최대량은 얼마이며, 각 저장탱크 사이에 운송 가능량은 얼마인지 구하시오.

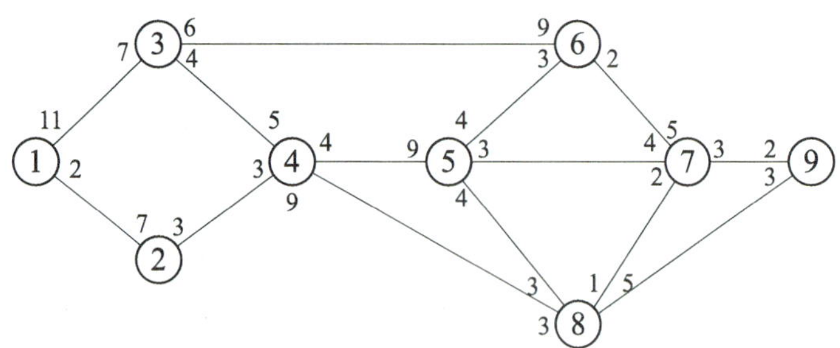

7.6 아래 네트워크에서 흐름경로 및 최대흐름량을 구하시오.

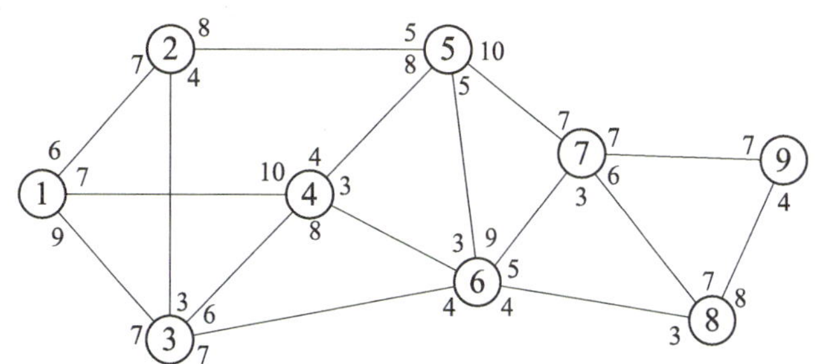

7.7 아래 교통망에서 KM 운송회사는 지점 ①에서 지점 ⑨로 제품수송을 하고자 한다. 각 지점 간 운송비용은 네트워크에 나타나 있는 바와 같을 때, 운송비를 최소화하기 위한 수송 경로를 찾아보시오.

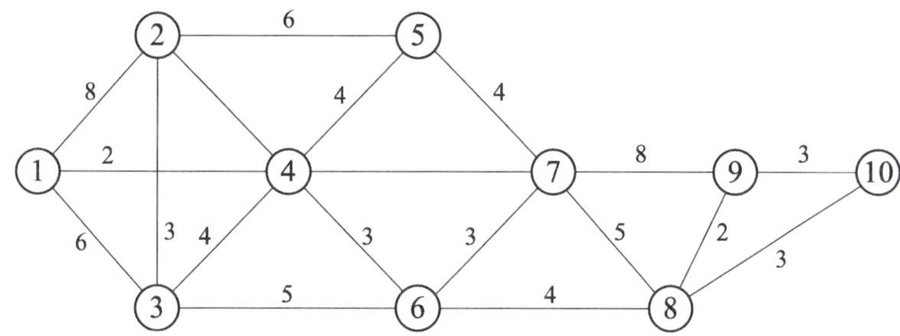

7.8 다음 네트워크에서 지점 ①에서 각 지점까지의 최단거리를 갖는 경로 및 거리를 구하시오.

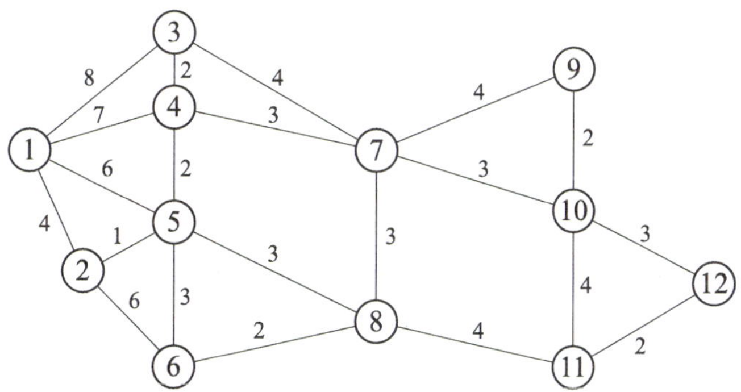

7.9 KM 가스공급회사는 신도시가 건설된 지역에서 각 지역의 저장탱크에 가스공급을 위한 파이프라인을 도로망을 따라 설치하고자 한다. 공급자는 지점 Ⓐ에 있고, 저장탱크가 있는 곳은 23개 지점이다. 공급지에서 각 저장탱크가 있는 지점 사이에 가스공급 파이프라인의 길이가 최소로 되는 연결방법을 아래 네트워크에서 찾아보시오.

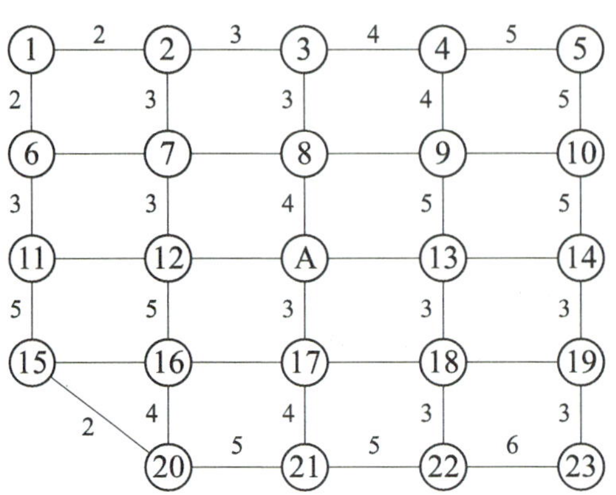

7.10 KM 고속버스는 도시 ①에서 출발하여 다음 네트워크에서 보는 바와 같이 여러 도시를 경유하여 도시 ⑪까지 승객을 운송한다. 각 도시 간 운행시간이 다음과 같을 때 도시 ①에서 도시 ⑪까지 운행시간이 최소가 되는 최단경로를 구하시오.

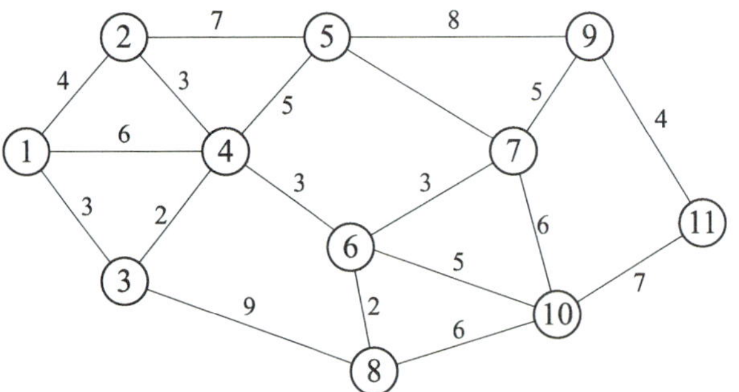

7.11 KM 은행은 S도시의 9개 지점 간 전산망 연결방법을 찾고자 하여 지점 간 거리를 조사한 결과 아래 표와 같았다. 아래 표를 이용하여 네트워크를 구성하고, 최단거리 결합법을 이용하여 연결방법을 찾아보시오.

지점	1	2	3	4	5	6	7	8	9	10	11	12
1	-	13	12	9	8	17	15	25	18	20	19	25
2	13	-	8	22	21	31	28	38	5	7	32	19
3	12	8	-	21	20	15	24	22	10	15	31	27
4	9	22	21	-	8	8	6	15	27	24	10	23
5	8	21	20	8	-	16	14	23	25	16	11	17
6	17	31	15	8	16	-	9	7	25	32	18	31
7	15	28	24	6	14	9	-	10	33	30	9	22
8	25	38	22	15	23	7	10	-	32	41	19	32
9	18	5	10	27	25	25	33	32	-	9	32	21
10	20	7	15	24	16	32	30	41	9	-	25	12
11	19	32	31	10	11	18	9	19	32	25	-	13
12	25	19	27	23	17	31	22	32	21	12	13	-

7.12 다음 네트워크는 A지역과 B지역 사이의 통신망 연결을 나타낸 것이다. 네트워크의 호에 표시한 숫자의 왼쪽은 A → B 방향의 통화가능량이고, 오른쪽은 B → A 방향의 통화가능량이다. 단위는 1000회라고 할 때 다음 물음에 답하시오.

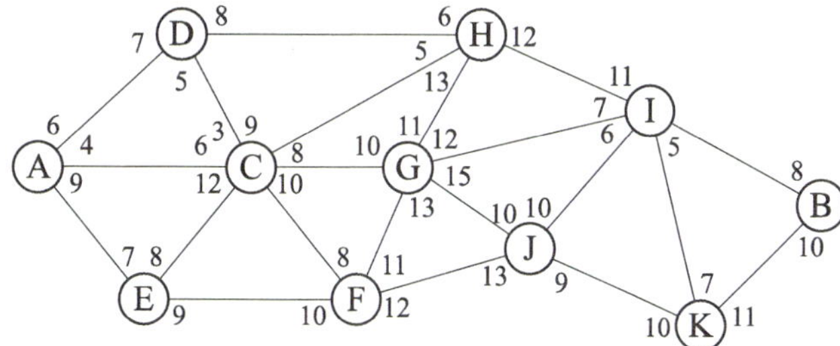

(1) 마디 A에서 마디 B로 동시에 통화가능한 최대 통화수는 얼마인가?

(2) 마디 B에서 마디 A로 동시에 통화가능한 최대 통화수는 얼마인가?

7.13 귀하는 ○사단 ○○대대 소대장으로 임무수행 중이다. 부대 훈련 간 s진지에서 t고지까지 부대이동을 해야 하는 상황이다. 거리, 지형 등을 고려하여 각 지점 사이의 소요시간을 산출한 결과는 다음과 같다.

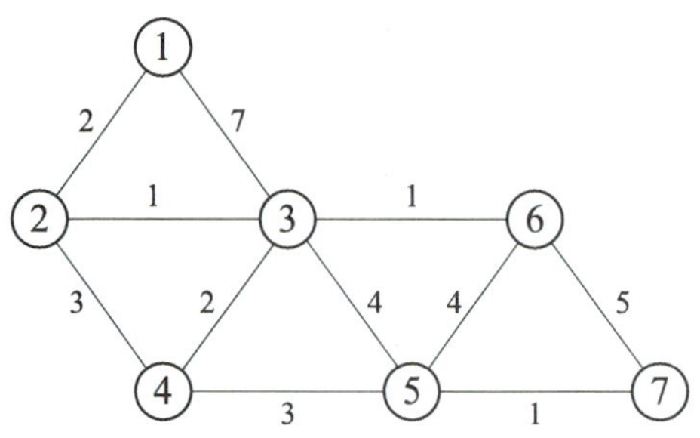

최단경로 알고리즘을 적용하여 s-t 최단경로를 구하시오.

7.14 전시 포병탄약 재할당 계획을 구상 중이다. s탄약고에서 t부대까지의 기동경로를 분석하여, 단위시간당 수송가능한 탄약의 양을 분석하여 아래와 같이 나타내었다. 전시에 s탄약고에서 t부대까지 수송가능한 단위시간당 최대 탄약의 양은 얼마인가?(숫자가 명시되지 않은 방향의 최대용량은 0으로 간주한다.)

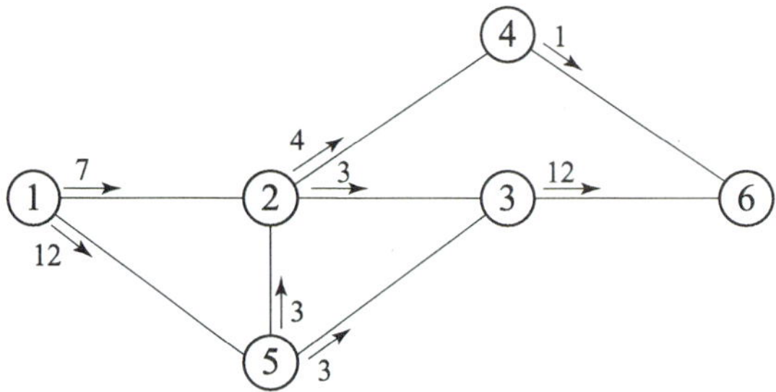

7.15 귀하는 ○사단 ○○대대 ○소대장으로 임무수행 중이다. 대대 전술훈련 평가 간 s진지(S노드)에서 t고지(T노드)까지 부대이동을 해야 하는 상황이 발생하였다. 거리, 지형 등을 고려하여 각 지점 사이의 소요시간을 산출한 결과는 아래와 같다.

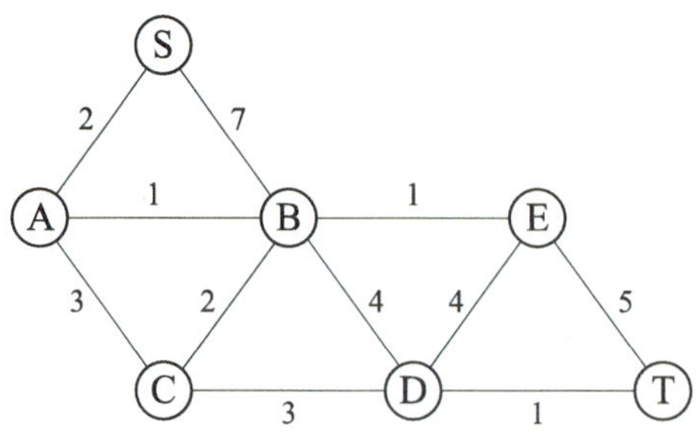

최단경로 알고리즘을 적용하여 s-t(S노드 – T노드) 최단경로를 구하시오.

7.16 전시 개인화기 탄약 분배 계획을 구상 중이다. s탄약고(S노드)에서 t부대(T노드)까지의 기동경로를 분석하여, 가용경로별 단위시간당 수송가능한 탄약의 양을 분석하여 아래와 같이 나타내었다. 전시 s탄약고에서 t부대까지 수송가능한 단위시간당 탄약의 최대량은 얼마인가?(숫자가 명시되지 않은 방향의 최대용량은 0으로 간주한다.)

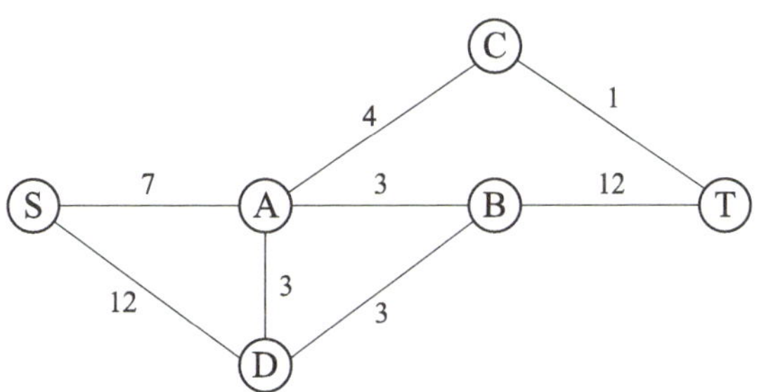

7.17 귀관은 하계군사훈련 소대장 생도이다. 현재 소대는 공격작전 훈련 간 최초진지(노드O)에서 목표(노드T)까지 침투작전 임무를 부여받았다. 작전목적상 가용한 최단시간에 침투작전을 수행하여야 한다. 전장분석 간 거리, 지형 등을 고려하여 각 지점 사이의 소요시간(단위: 시간)을 산출한 결과는 아래와 같다.

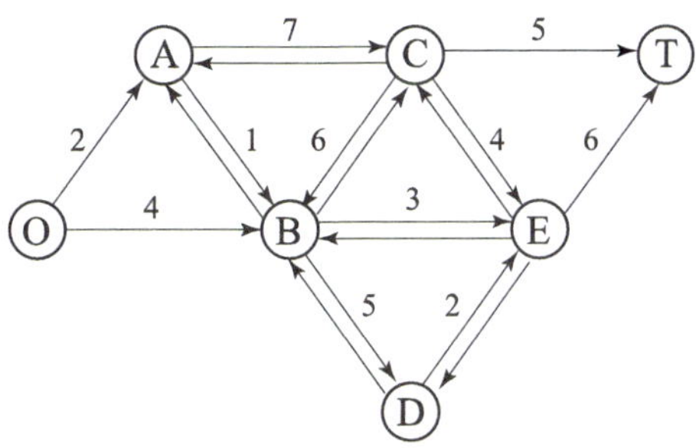

최단경로 알고리즘을 적용하여 침투작전을 위한 최초진지에서 목표까지의(노드 O → 노드T) 최단경로와 이때의 소요시간을 구하시오.

8장 PERT/CPM

8.1 기본 개념

PERT(program evaluation and review technique)와 CPM(critical path method)은 프로젝트를 효과적으로 계획, 평가, 통제하기 위하여 개발된 OR 기법이다. 프로젝트를 계획하고 이를 합리적으로 평가 및 검토하여 일정 및 자원을 효과적으로 통제(관리)하는 일은 현대조직, 특히 대규모 조직에서 현실적으로 흔히 있는 일이며 중요한 문제이다. 정부나 대기업에서 수행하는 대규모 프로젝트의 경우 상당한 규모의 자원이 소요되기 때문에 프로젝트의 효과적인 관리 여부가 조직의 성패에 결정적인 역할을 하게 되므로 그 중요성은 대단히 크다 할 것이다.

가장 간편하고 사용이 용이한 프로젝트의 일정계획 및 통제기법으로는 1918년 간트(H. L. Gantt)에 의해 개발된 간트 차트로써 현재도 널리 활용되고 있다. 그 이후 PERT와 CPM은 1950년대 말 거의 같은 시기에 복잡한 대규모 프로젝트의 계획 및 통제를 위하여 개발되었다. PERT 기법은 폴라리스 핵미사일 개발 프로젝트의 계획수립을 위하여 미 해군에 의해 개발되었으며, CPM 기법은 화학공장의 유지관리를 위하여 듀퐁(DuPont)과 유니백(Univac) 회사에 의해 개발되었다. 두 기법은 유사한 점이 많아 크게 차이가 나지는 않지만, 근본적으로 다른 점을 든다면 다음과 같다. CPM은 활동시간이 정확하게 알려진 확정적 분석에 적합하고 시간과 비용 사이의 관계분석(상쇄, trade-off)에 중점을 둔 반면, PERT는 활동시간의 정확한 예측이 어려운 경우에 확률분포를 기초로 하여 특정 목표달성에 중점을 두고 있다는 점에서 차이가 있다. 그러나 지금은 두 기법 사이의 차이점은 없으며, 통합된 용어 PERT/CPM으로 사용되고 있다.

PERT/CPM은 프로젝트의 계획 및 통제를 효과적으로 하기 위한 기법으로 적용 범위가 상당히 넓다. 특히, 복잡하고 어려운 중장기 프로젝트에 효과적이며, 신제품 및 신공정의 연구개발 프로젝트, 대규모 토목 및 건축공사, 대규모 설비의 제작, 수리 및 보전 프로젝트, 대형 기계류(항공기, 선박 등)의 제작, 그리고 새로운 시스템 개발 프로젝트 등에 활용되고 있다.

이와 같은 개념을 갖는 PERT/CPM의 분석목표를 몇 가지로 요약해보면 다음과 같다. 첫째, 프로젝트의 완료기간을 구하는 것이다. 이는 현재 주어진 상황에서 프로젝트를 시작하여 완료할 때까지 필요한 최소한의 시간이 얼마나 걸리는가를 파악하는 것이다. 둘째, 프로젝트의 각 활동에 대한 일정계획을 수립하는 것이다. 수많은 활동이 동시에 그리고 순차적으로 진행되는 프로젝트를 통합 관리할 수 있도록 각 활동의 시작 및 완료 가능시점, 그리고 프로젝트의 완료기간을 지연시키지 않기 위해 필요한 각 활동의 시작시점과 완료시점을 파악하여 통제하기 위한 것이다. 셋째, 주경로의 활동들을 결정하는 것이다. 프로젝트를 예정 기간 내에 완료하기 위해서 필요한 일정을 반드시 지켜야 하는 활동들을 찾아내어 중점적으로 관리하는 것이다. 넷째, 여유활동을 결정하는 것이다. 여유활동이란 일정한 범위 내에서 활동시간이 지연되어도 프로젝트의 일정관리에 영향을 주지 않는 활동을 의미한다. 이러한 여유활동 및 여유가능시간을 파악하여 일정 및 자원관리에 활용할 수 있다. 다섯째, 확률분석이다. PERT는 정확한 활동시간이 아닌 추정시간을 사용하기 때문에 주어진 시간은 확률적 시간이다. 그러므로 프로젝트의 완료기간은 정확한 기간이 아니고, 계획된 일정기간 내에 완료할 수 있는 가능성에 대해 확률을 구하는 것이다. 여섯째, 투입자원의 증대로 시간단축이 가능한 활동의 단축가능시간 및 프로젝트 완료기간의 단축 정도를 파악하는 것이다. 마지막으로 우선적으로 단축해야 할 활동과 증가되는 소요비용을 결정하는 것이다.

8.2 기본용어 및 네트워크

PERT/CPM 기법은 네트워크로 형성되어 있다. 그러므로 이 기법의 이해를 위해서 네트워크 개념 및 기본용어에 대한 설명이 필요하다. 네트워크의 개념은 앞 장에서 일부 다루었으므로 여기서는 PERT/CPM과 관련된 네트워크 구성 및 용어를 설명하고자 한다. PERT/CPM에서 프로젝트는 수많은 활동으로 구분되어 나타나게 되며, 이들 활동의 시작 및 완료시점 그리고 상호관계 및 선후관계는 크게 활동과 단계의 두 가지 요소로 구성된 네트워크로 나타내어진다. 활동과 단계로 이루어지는 프로젝트를 네트워크로 구성하기 위한 수단으로 활동을 의미하는 호(arc)와 단계를 의미하는 결합점(마디, node)을 사용한다. 이러한 개념하에서 프로젝트를 네트워크로 표현하는 것과 관련된 기본요소들을 설명하면 다음과 같다.

① 활동(activity): 자원과 시간을 필요로 하는 프로젝트의 한 작업 단위를 의미한다.

② 호(arc): 네트워크를 구성하는 한 요소로서 활동을 의미하며, 화살표로 표현하여 활동의 선후관계를 나타낸다.

③ 단계(event): 활동의 특정시점, 즉 시작시점과 완료시점을 나타내어 활동과 활동 사이를 구분짓는다.

④ 결합점(node): 네트워크를 구성하는 한 요소로서 단계를 의미하며, 원으로 표현하고 원 안에 번호를 부여하여 각 단계를 구분한다.

⑤ 네트워크(network): 프로젝트의 선후 및 병행관계를 나타내는 활동 및 단계를 호(화살표)와 원(결합점)을 이용하여 그림으로 표현한 것으로 예를 들면 다음과 같다.

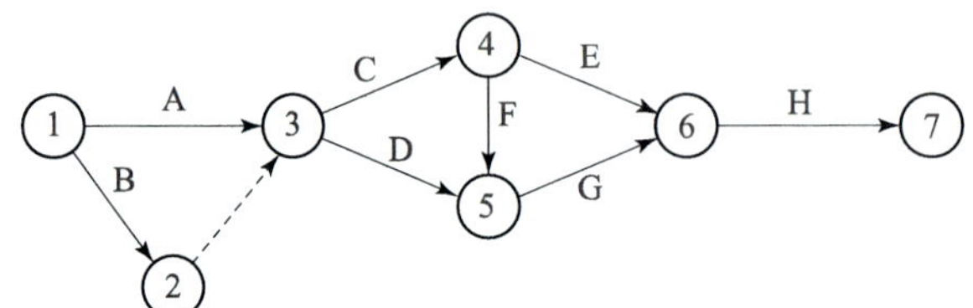

그림 8.1 네트워크 예

여기서, A, B, C, D, E, F, G, H: 활동명칭

호(⟶): 활동, ----➤: 가상활동(dummy)

①, ···, ⑦: 단계(결합점: node) 및 단계명칭

① → ③ → ④ → ⑥ → ⑦: 경로

⑥ 경로(path): 네트워크상에서 시작으로부터 완료까지의 연결된 활동(단계)의 흐름 또는 진행과정을 의미한다.

⑦ 주경로(critical path): 시작점과 완료점을 진행과정에 따라 연결한 경로들 중에서 가장 긴 시간(기간)을 갖는 경로를 말한다.

⑧ 주활동(critical activity): 주경로에 포함된 활동으로 예상시간에 프로젝트를 완료하기 위해 지연되어서는 안 되는 활동을 말한다.

⑨ 여유활동(slack activity): 네트워크에서 주경로가 아닌 경로에 포함된 활동으로서 일정 범위 내에서 지연되어도 전체 프로젝트 완료일정에 지장을 주지 않는 활동을 말한다.

⑩ 가상활동(dummy activity): 실제로는 존재하지 않는 활동으로서 네트워크 구성을 위해 선후관계를 조정하기 위한 보조수단으로 사용되는 활동이다. 가상활동은 호(화살표)를 점선으로 표시한다.

⑪ 선행활동 및 후행활동(predecessor activity and successor activity): 프로젝트

를 구성하는 수많은 활동들은 시작에서 완료까지 일련의 작업(활동) 순서대로 이루어지는데, 어떤 활동을 시작하려면 그 전에 반드시 완료되어야만 하는 활동이 있다. 이 경우에 진행 순서상 앞선 활동을 선행활동이라 하고, 반대로 어떤 활동 뒤에 오는 활동을 후행활동이라고 한다.

8.3 PERT/CPM

8.3.1 PERT/CPM 확률적 모형 분석절차

PERT/CPM 확률적 모형의 분석절차는 크게 5단계로 구분된다. 프로젝트(문제)의 규정-일정계획 수립-확률분석-자원계획 수립-평가 및 통제 순이다. 여기서는 간단하게 내용을 요약하여 설명하기로 한다.

■ **제1단계–프로젝트(문제)의 규정**

이 단계에서는 프로젝트의 목표와 내용을 정확하게 규정하여 프로젝트를 구성하는 활동을 구분하고, 활동 간 선후관계를 결정하여 네트워크를 작성한 후에 각 활동의 소요시간을 추정하여 프로젝트의 내용을 완성된 네트워크로 표현하는 것이다.

(1) 활동과 단계 및 선후관계 파악

프로젝트를 구성하는 활동을 결정하는 기준은 특별히 없으나 세밀하게 구분하는 경우에는 활동의 수가 너무 많아 관리에 어려움이 있고, 너무 포괄적으로 구분하게 되면 PERT/CPM 분석 자체가 필요 없게 될 수도 있다. 그러므로 적절하게 활동을 구분하는 것이 필요하다. 또한 구분된 활동의 구체적인 내용을 기술하여 중복과 혼란을 방지하고, 활동의 선후관계 파악에 도움이 되도록 하는 것이 필요하다. 활동의 선후관계는 프로젝트 내용을 정확히 분석하여 구분된 각 활동에 대한 직전 활동만을 파악해가면 자동적으로 결정된다.

(2) 네트워크 작성

활동의 구분과 선후관계의 결정은 네트워크 작성의 기초가 된다. 네트워크 작성은 모양보다는 선후관계의 시각화를 통해 일정계획 수립의 용이성 및 프로젝트 진행의 선후관계상 오류를 쉽게 찾을 수 있도록 작성하는 것이 중요하다.

(3) 예상 활동시간의 계산

PERT/CPM에서 활동시간은 확정된 값이 아닌 추정값을 사용하는 것이 특징이다. 이는 과거자료 및 경험이 없는 경우 유추분석을 통해 활동시간을 산출하기 때문이다. 이로 인해 프로젝트의 완료시간은 예상 또는 기대시간이 되며, 확률분석이 필요하게 되는 것이다.

활동시간의 추정값은 세 가지 시간개념을 이용한다. 즉, 낙관적 시간, 최빈 시간 그리고 비관적 시간이다. ① 낙관적 시간(optimistic time, t_o)이란 가장 이상적인 조건하에서, ② 최빈시간(most likely time, t_m)은 정상적인 상태에서 발생 가능성이 가장 많은 경우에, 그리고 ③ 비관적 시간(pessimistic time, t_p)은 비정상적인 열악한 조건하에서 활동이 완료되는 데 각각 소요되는 시간을 의미하며, 부호는 각각 t_o, t_m, t_p를 사용하여 표시한다.

이와 같은 활동시간의 추정값은 일반적으로 베타분포의 특성을 지니고 있으며, 그림 8.2와 같은 모양을 갖는다. 베타분포에서 평균값과 표준편차는 다음과 같은 공식을 이용하여 구한다.

$$\text{평균}(t_e) = \frac{t_o + 4t_m + t_p}{6}$$

$$\text{분산}(V_t) = \left(\frac{t_p - t_o}{6}\right)^2$$

$$\text{표준편차}(S_t) = \frac{t_p - t_o}{6}$$

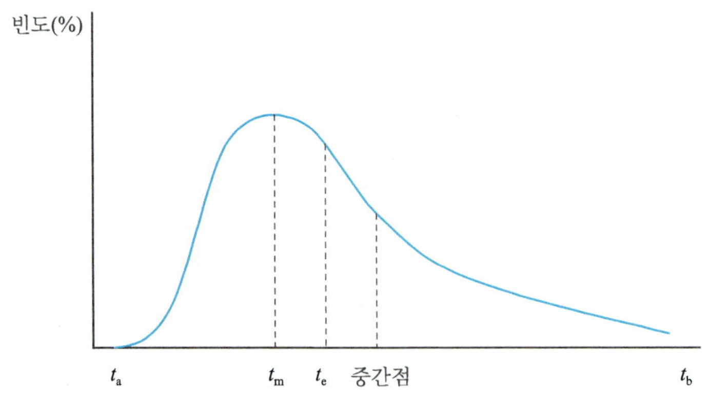

그림 8.2

그림 8.2에서 보는 바와 같이 최빈시간(t_m)은 일반적으로 낙관적 시간(t_o)에 더 가깝다. 이는 세 가지 활동시간 추정값이 평균값(t_e)을 기준으로 왼쪽으로 편중된 분포를 보이는 베타분포의 일반적 특성이기도 하다. 베타분포를 나타내는 세 가지 추정시간을 토대로 산출한 평균과 표준편차는 프로젝트의 기대시간(ET, expected time), 즉 예상완료시간이나, 주어진 시간 내에 프로젝트의 완료 가능성 등을 파악하는 데 매우 유용하게 활용된다. 여기서 구한 평균값, 즉 활동의 소요시간 추정값을 작성된 네트워크에서 각 활동을 나타내는 호(화살표)에 표기하면 완성된 네트워크가 된다.

■ 제2단계–일정계획 수립

일정계획 수립을 위해서는 주경로를 결정해야 하며, 주경로에 소요되는 시간이 일정을 가장 빨리 완수할 수 있는 시간이 된다. 주경로를 결정하는 방법으로는 완전열거법과 분석법이 있다.

완전열거법은 네트워크상 모든 경로를 열거한 후 소요되는 시간을 비교하여 가장 긴 시간을 갖는 경로를 주경로로 결정하는 방법이다. 하지만 이는 수많은 경로를 갖는 복잡한 프로젝트의 경우 모든 경로를 비교하기가 제한된다는 단점이 있다.

분석법은 이러한 단점을 극복하기 위해 사용하는 방법으로, 필요한 시간개념은 분석방법에 따라 약간씩 다르지만, 여기서는 각 활동별 가장 빠른 시간(ES와 EF)과 가장 늦은 시간(LS와 LF), 그리고 여유시간을 이용한다. 전진법을 통해 가장 빠른 시작시간(ES, Earliest Start time)과 가장 빠른 완료시간(EF, Earliest Finish time)값을 수립하고, 후진법을 시행하여 가장 늦은 시작시간(LS, Latest Start time)과 가장 늦은 완료시간(LF, Latest Finish time)값을 구한다. 그리고 그 차이인 여유시간을 산출하여 주경로를 선정한다. 이 책에서는 분석법을 통해서 주경로를 결정하고 일정계획을 수립하는 방법을 소개한다.

(1) 전진법: ES, EF 계산

전진법에서는 시작단계에서부터 종료단계까지, 각 활동의 가장 빠른 시작시간(ES)과 가장 빠른 완료시간(EF)을 구한다. 이는 활동이 가장 빨리 시작될 수 있는 시간을 말한다. 각 활동별로 이를 계산하게 되는데, 시작단계에서 0으로 시작하여 종료단계까지 계산을 진행한다. 각 단계별 가장 빠른 시작시간은 선행활동의 가장 빠른 완료시간(EF) 중 가장 긴 값이 된다. 이는 모든 선행활동이 완료되어야 다음 활동을 시작할 수 있기 때문이다.

가장 빠른 완료시간(EF)은 활동이 가장 빨리 완료될 수 있는 시간이다. 각 활동의 가장 빠른 시작시간(ES)에 각 활동별 시간을 더하면 가장 빠른 완료시간(EF) 값을 구할 수 있다.

위의 내용을 절차화하여 나타내면 아래와 같다.

① 프로젝트 첫 활동의 ES값은 0
② ES가 계산된 활동의 EF 산출(EF = ES + t_e)
③ 선행활동의 EF를, 후행활동의 ES로 산출(ES = 선행활동 EF 중 가장 큰 값)
④ 종료 마디를 포함한 모든 활동의 ES, EF값이 구해질 때까지 반복

(2) 후진법: LS, LF 계산

후진법에서는 전진법과 반대로 종료단계에서부터 시작단계까지, 각 활동의 가장 늦은 완료시간(LF)과 가장 늦은 시작시간(LS)을 구한다.

가장 늦은 완료시간(LF)이란 어느 단계에서 프로젝트 전체의 완료시간을 지연시키지 않으면서 최대로 지연시킬 수 있는 시간을 말한다. 종료단계의 가장 늦은 완료시간(LF)값은 프로젝트의 완료시간이므로, 전진법에서 구했던 종료단계의 가장 빠른 완료시간(EF)과 같다. 종료단계를 제외한 기타 단계에서는 가장 늦은 완료시간(LF)값은 후행활동들의 가장 늦은 시작시간(LS)값 중 가장 작은 값이다. 이는 선행활동은 모든 후행활동 중 가장 빨리 시작하는 활동이 시작하기 전에 끝나야 하기 때문이다.

가장 늦은 시작시간(LS)이란 프로젝트 전체를 지연시키지 않으면서 활동이 가장 늦게 시작될 수 있는 시간을 말한다. 각 활동의 가장 늦은 완료시간(LF)에서 각 활동별 시간을 빼주면 가장 늦은 시작시간(LS)값을 구할 수 있다.

위의 내용을 절차화하여 나타내면 아래와 같다.

① 마지막 활동의 LF = 종료마디 EF
② LF가 계산된 활동의 LS 산출(LS = LF − t_e)
③ 후행활동의 LS를, 선행활동의 LF로 산출(LF = 후행활동 LS 중 가장 작

은 값)

④ 시작 마디를 포함한 모든 활동의 LF, LS값이 구해질 때까지 반복

(3) 여유시간(Ts: slack time) 계산

여유시간은 프로젝트의 전체 완료시간을 지연시키지 않는 각 단계의 활동의 최대 지연가능시간을 의미한다. 여유시간의 계산은 가장 빠른 예상시간(ES, EF)과 가장 늦은 예상시간(LS, LF)의 차이다. 즉,

$$Ts = LF - EF = LS - ES$$

만일 여유시간(Ts)이 0이라면 그 단계에서 활동은 지연이 허용되지 않는다는 의미이다.

| 참고 | 총 여유시간과 자체여유시간

여유시간은 활동의 지연이 허용되는 최대 가능시간으로 일정계획 수립 및 자원할당에 중요한 정보를 제공한다. 여유시간은 총 여유시간과 자체여유시간으로 나누어진다. 대부분의 분석방법에서, 특히 컴퓨터 프로그램에서 사용하고 있는 여유시간은 총 여유시간을 의미한다.

총 여유시간(TS, total slack time)은 특정 활동의 일정계획 수립에 사용할 수 있는 최대 여유시간으로 다음과 같이 계산된다.

$$TS_{ij} = LF_j - ES_i + t_{ij}$$

여기서, TS_{ij}: 활동(단계 $i \rightarrow j$)에 대한 총 여유시간

LF_j: 단계 j 의 최대허용 완료시간

ES_i: 단계 i 의 가장 빠른 시작시간

t_{ij}: 활동($i \rightarrow j$)의 예상소요시간

자체여유시간(US, unshared slack time)은 다른 활동과 공유하지 않고 특정 활동이 갖는 여유시간으로 다음과 같이 계산된다.

$$US_{ij} = ES_j - ES_i + t_{ij}$$

여기서, US_{ij} : 활동(단계 $i \rightarrow j$)에 대한 자체여유시간

ES_i : 단계 i 의 가장 빠른 시작시간

ES_j : 단계 j 의 가장 빠른 시작시간

t_{ij}: 활동($i \rightarrow j$)의 예상소요시간

공유여유시간(shared slack time)은 어떤 경로에서 2개 이상의 연결된 활동이 여유시간을 가질 때, 그 활동들은 여유시간을 공유하게 된다는 의미이다. 또한 다음에 설명하게 될 주경로에 포함된 활동(단계)의 여유시간은 모두 0이며, 이때 사용되는 여유시간은 총 여유시간을 의미한다.

따라서 주경로에 해당하는 활동들은 총 여유시간 및 자체여유시간이 모두 0이므로 여유시간 분석대상에서 제외된다. 그러므로 주경로에 포함되지 않은 활동만 여유시간이 존재하며, 총 여유시간과 자체여유시간을 갖게 된다. 주경로가 아닌 경로에서 2개 이상의 활동이 있는 경우에 공유여유시간이 존재하게 되지만, 총 여유시간을 공유하게 되는 것이므로 자체여유시간은 총 여유시간을 초과할 수 없다.

(4) 주경로의 결정

주경로(critical path)는 선행활동의 가장 늦은 완료시간(LF)값과 후행활동의 가장 빠른 시작시간(ES)값이 동일한 값을 갖는 경우, 즉 여유시간(Ts)이 0인 경우의 단계들로 연결되는 경로를 말한다. 다시 말해서 주경로에 포함되어 있는 모든 활동은 어느 한 활동이라도 예상시간보다 지연되는 경우 전체 프로젝트의 완료시간이 지연되게 된다. 주경로에 해당하는 활동들을 주활동이라 한다.

(5) 일정계획 수립

일정계획은 모든 활동을 수행하는 적정 시기를 나타내는 것으로서 주로 도표로 나타내며, 간트 차트가 가장 많이 활용된다. 일정계획표는 앞에서 구한 ES, EF, LS, LF, Ts의 값을 기초로 작성한다. 즉, $Ts = 0$인 주경로에 해당하는 활동을 중심으로 각 활동의 시작시간, 완료시간, 여유시간을 시간(일정)에 따라 도표로 표현하게 된다. 간단한 예를 들어보면, 그림 8.3의 네트워크에 대한 일정계획표는 그림 8.4와 같다.

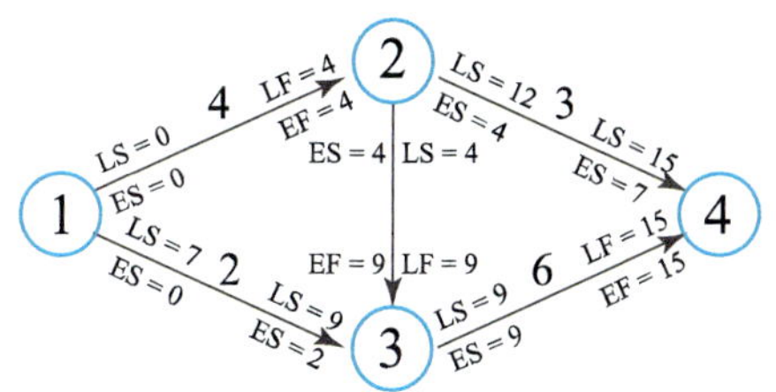

주경로: ①→②→③→④
(여유시간 Ts = 0인 단계들)
①→③: 여유시간 7
②→④: 여유시간 8

그림 8.3 네트워크의 예

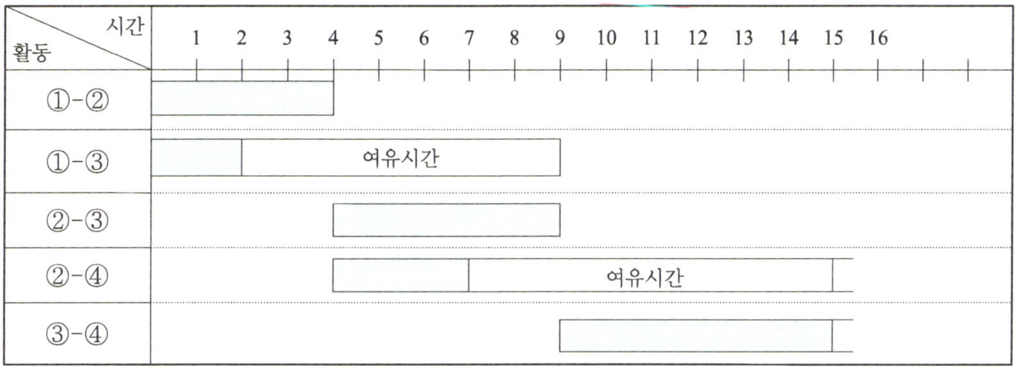

활동 \ 시간	1	2	3	4	5	6	7	8	9	10	11	12	13	14	15	16
①-②																
①-③						여유시간										
②-③																
②-④											여유시간					
③-④																

그림 8.4 일정계획표의 예(간트 차트)

■ 제3단계-확률분석

활동시간의 예측이 불확실한 경우 단일 추정값을 적용하기 어려우므로 좀 더 정확한 예측을 위해 효과적으로 사용되는 기법이 PERT이다. 이러한 PERT/TIME 시간예측의 특성 때문에 의사결정자는 프로젝트의 예상완료시간에 대한 가능성을 알아보고자 하는 것이며, 이때 필요한 정보를 제공해주는 것이 확률분석이다.

확률분석은 프로젝트의 활동시간에 대한 표준편차와 정규분포를 이용하여 수행된다. 앞에서 설명한 바와 같이 활동시간은 추정값으로서 평균값으로부터 분산되어 있으며, 베타분포의 특성을 갖는 활동시간의 분산(σ^2)과 표준편차(σ)의 산출공식을 이용하여 표준편차가 구해진다.

프로젝트의 예상완료시간은 주경로에 포함된 활동만 관련이 되므로 주경로에 해당하는 활동들에 대한 표준편차 값을 구하여 합하면 된다. 즉, 주경로의 표준편차(σ_{cp})는 다음과 같이 산출된다.

$$\sigma_{cp} = \sqrt{\sum \sigma_k^2} \quad (k = \text{주활동})$$

세 가지 활동시간(t_o, t_m, t_p)의 분포형태는 베타분포이나 '표본의 크기가 클 경우 모집단의 분포가 정규분포가 아니라도 표본의 평균은 정규분포를 이룬다'는 이론에 근거하여 PERT의 확률분석에 정규분포가 이용된다. 정규분포 이용 시 필요한 자료는 예상완료시간의 평균과 표준편차를 가지고 산출한 표준화된 확률변수 Z값이며, 다음과 같이 구한다.

$$Z = \frac{X - Te}{\sigma_{cp}}$$

여기서, X: 계획된 프로젝트 완료시간(의사결정자가 정한 시간)

Te: 프로젝트 예상완료시간

Z: 표준화된 확률변수

σ_{cp}: 주활동에 대한 표준편차의 합

PERT/TIME 확률분석에서 구하고자 하는 것은 특정시간(계획된 시간) 내에 프로젝트를 완료할 수 있는 확률(가능성)과 반대로 주어진 확률을 가지고 프로젝트를 완료하기 위해 필요한 시간이다. 이러한 확률 및 시간은 다음과 같은 공식과 정규분포표를 이용하여 구하게 된다.

(1) 프로젝트를 계획된 시간 내에 완료할 수 있는 확률(P)

$$P\left(Z \le \frac{X - Te}{\sigma_{cp}}\right)$$

여기서 구한 Z값은 그림 8.5에서 빗금친 부분의 면적을 의미하므로 확률 P는 평균 아래의 면적 0.5(그림의 빗금친 부분의 면적) + Z값에 해당하는 정규분포표의 값이 된다.

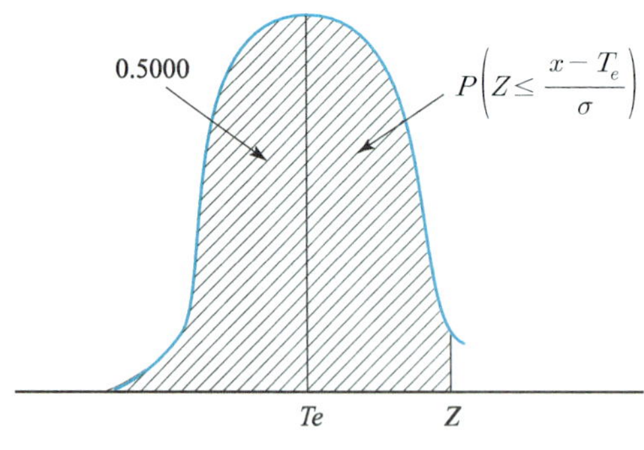

그림 8.5 확률분포

MILITARY OPERATION RESEARCH

(2) 주어진 확률로 프로젝트를 완료하는 데 소요되는 시간(X)

만일 의사결정자가 프로젝트를 완료할 수 있는 확률이 일정 수준 이상 되는 시점을 파악하고자 할 때, 원하는 확률 수준에서 프로젝트가 완료될 수 있는 예상시간을 필요로 하게 된다. 이 경우에 완료소요시간(X)은 다음과 같이 구한다. 즉, 주어진 확률에 해당하는 Z값을 정규분포표에서 구한 다음 Z, Te, σ_{cp}의 각 값을 다음 식에 대입하여 X를 구하면 된다.

$$Z \le \frac{X - Te}{\sigma_{cp}} \text{에서}$$

$$X \ge \sigma_{cp} \cdot Z + Te$$

제4단계–자원계획 수립

프로젝트를 수행하는 데는 자금이나 인력 등의 자원이 소요된다. 필요한 경우 앞 단계에서 작성한 일정계획표를 기초로 인력, 자금 등의 자원계획을 수립하게 된다. 제한된 자원으로 효과적인 프로젝트 수행을 위해서는 합리적인 계획이 요구되며 전체적으로 균형된 관리가 중요하다.

이러한 자원계획 수립 시에 프로젝트 전체의 측면에서 자원사용의 유연성을 제공하는 것이 여유활동이다. 즉, 주활동에 소요되는 자원은 주어진 시간대에 적시, 적량이 투입되어야 하므로 여유가 없으나, 여유활동은 자원의 집중투입을 막고 획득이 어려운 자원의 시간적 여유를 갖도록 함으로써 자원을 분산하여 전체적으로 균형을 맞출 수 있게 한다.

예를 들어 앞 단계의 그림 8.3과 그림 8.4의 네트워크와 일정계획을 이용하여 인력계획을 수립해보자. 예제에서 소요되는 인력을 총 인력과 평균인력(단위: 명)으로 나타낸 것이 표 8.1이고, 소요인력과 일정계획을 기초로 수립된 인력계획은 그림 8.6과 같이 시간대별 도표로 나타내고 있다.

표 8.1 활동별 소요인력 (단위: 명)

활동	총 소요인력	완료시간	평균소요인력/시간
①-②	16	4	4
①-③	6	2	3
②-③	30	5	6
②-④	6	3	2
③-④	30	6	5

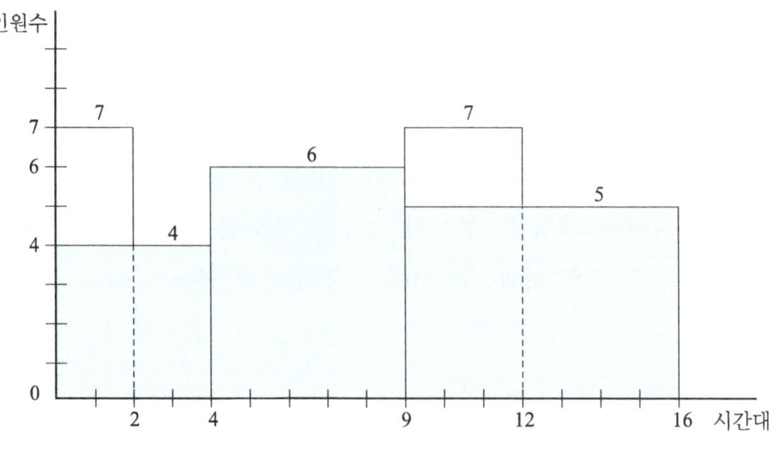

그림 8.6 시간대별 소요인력

그림 8.6에서 보는 바와 같이 주활동의 시간대는 변경할 수가 없으므로 자원의 분산 및 이동은 생각할 수 없다. 그러나 여유활동은 가능한 시간대의 범위 내에서 조정이 가능하다. 즉, 활동 ②-④의 시작시간을 여유시간 범위 내에서 4시간대로부터 9시간대로 조정하면 시간당 소요인력이 8명(②-③ 주활동의 소요인력 6명과 ②-④ 활동의 소요인력 2명)으로 시간당 소요인력이 평준화되는 효과를 가져온다.

자원계획은 이와 같이 자원의 사용이 특정 시간대에 집중되어 자원의 조달 및 관리의 어려움을 덜 수 있는 등의 필요한 정보를 제공하여 효과적인 프로젝트 수행을 할 수 있도록 해준다.

■ **제5단계–평가 및 통제**

평가 및 통제 단계는 계획의 수정단계라 할 수 있다.

프로젝트가 시작되기 전에 수립한 계획은 프로젝트의 수행과정에서 여러 가지 요인에 의해 실행결과와 차이가 나타날 수밖에 없다. 따라서 계획대로 진행되지 않는 경우에 그 원인을 파악하고 타 활동과의 영향 정도를 분석하여 계획을 수정하는 것이 필요하다. 이러한 과정은 프로젝트가 완료될 때까지 반복됨으로써 효과적인 프로젝트 관리가 가능해진다.

8.3.2 PERT/CPM 확률적 모형 예제

이 절은 앞에서 설명한 내용 및 PERT/TIME 분석절차의 이해를 돕기 위하여 예제를 이용한 분석을 실행해보고자 하는 것이다.

예제 8.1은 분석절차의 설명 및 이해를 위해 만들어진 간단한 문제이다. 아래 예제를 이용하여 PERT/TIME 분석절차에 따라 분석해보자.

예제 8.1

KM 건설회사는 사업확장과 더불어 필요한 사무실을 확보하는 방안으로 새로운 건물을 건축하기로 결정을 하였다. 건축공사를 효율적으로 수행하기 위해 계획수립을 하기로 한 후, 건축공사 관계 전문가들에 의한 토의결과 건물 신축공사는 다음과 같은 공사활동들로 구성되는 것으로 파악되었다.

활동	공사내용	소요인원(명)	소요시간(단위: 주)		
			t_o	t_m	t_p
A	기초공사	210	5	7	9
B	형틀공사	120	3	6	9
C	정지작업	40	1	4	7
D	목공사	30	3	5	13
E	철근공사	160	5	8	11
F	콘크리트 공사	180	4	8	18
G	실비(냉난방 시설)공사	120	6	8	10
H	미장공사	30	2	3	4
I	잡공사	30	1	2	3
J	샷시공사	60	2	3	4
K	마무리 공사	100	2	5	8
L	도장공사	60	3	6	9

이와 같이 분석된 활동을 기초로 건축공사에 필요한 추정시간을 구하기 위한 소요시간에 대한 자료가 표 우측에 주어졌다. 이상의 자료를 기초로 건축공사의 예상완료시간, 일정계획, 확률분석 및 인력계획 등을 PERT 기법에 의한 분석을 통해 알아본 후에 의사결정자는 최종판단을 하기로 하였다.

■ 제1단계–프로젝트의 규정

(1) 활동, 단계 및 선후관계 파악

프로젝트(건물 신축공사)에 대한 활동은 예제에서 이미 파악되어 있으며, 활동의 선후관계는 표 8.2와 같이 전문가들에 의해 분석되었다고 가정한다. 활동의 선후관계를 기초로 단계는 쉽게 파악될 수 있다.

표 8.2 건축공사 구성 활동의 선후관계

활동	선행활동	활동	선행활동
A	–	G	D, F
B	–	H	D, F
C	A	I	C
D	A	J	H
E	A	K	H
F	B, E	L	H, I, J

(2) 네트워크 작성

활동의 선후관계를 나타내는 표 8.2를 기초로 예제의 건축공사에 대한 네트워크를 작성하면 그림 8.7과 같다.

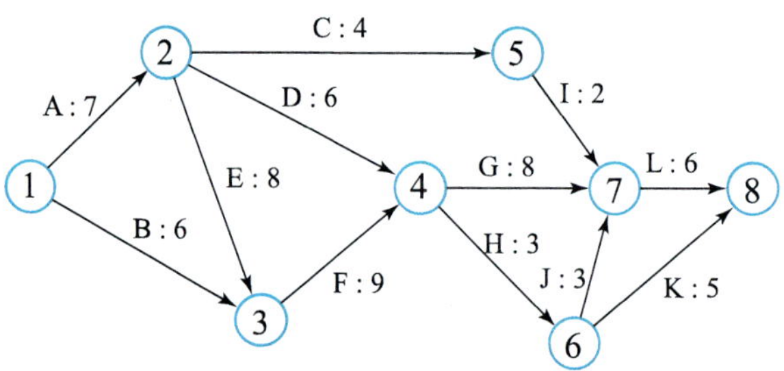

그림 8.7 건축공사(예제)의 네트워크

(3) 예상 활동시간의 산출

평균시간(ET), 분산(σ^2) 및 표준편차(σ)를 앞 절에서 설명한 공식을 이용하여 예제 8.1의 문제에 주어진 활동의 소요시간(t_o, t_m, t_p)에 대한 자료를 가지고 계산하여 얻은 결과는 표 8.3과 같다. 표에서 평균시간(ET)은 추정시간이 되는데, 이들 평균시간을 그림 8.7의 네트워크에서 각 활동에 대한 예상 활동시간(추정시간)으로 기입하면 완성된 네트워크가 된다.

표 8.3 활동의 추정시간(ET) 및 분산(표준편차)

활동	낙관적 시간 (t_o)	최빈시간 (t_m)	비관적 시간 (t_p)	평균시간 (ET)	분산 (σ^2)	표준편차 (σ)
A(① → ②)	5	7	9	7	0.44	0.67
B(① → ③)	3	6	9	6	1.00	1.00
C(② → ⑤)	1	4	7	4	1.00	1.00
D(② → ④)	3	5	13	6	2.78	1.67
E(② → ③)	5	8	11	8	1.00	1.00
F(③ → ④)	4	8	18	9	5.44	2.33
G(④ → ⑦)	6	8	10	8	0.44	0.67
H(④ → ⑥)	2	3	4	3	0.11	0.33
I(⑤ → ⑦)	1	2	3	2	0.11	0.33
J(⑥ → ⑦)	2	3	4	3	0.11	0.33
K(⑥ → ⑧)	2	5	8	5	1.00	1.00
L(⑦ → ⑧)	3	6	9	6	1.00	1.00

■ 제2단계–일정계획 수립

(1) 가장 빠른 시작시간(ES), 가장 빠른 완료시간(EF)의 산출

활동 A는 단계 ①, 즉 시작단계에서 시작하여 선행활동이 없으므로 ES = 0이 된다.

$$EF = ES + t_e = 0 + 7 = 7$$

활동 B도 단계 ① 시작단계에서 시작하여 선행활동이 없으므로 ES = 0,

$$EF = ES + t_e = 0 + 6 = 6$$

활동 C의 ES = 선행활동 A의 EF = 7

$$EF = ES + t_e = 7 + 4 = 11$$

활동 D의 ES = 선행활동 A의 EF = 7

$$EF = ES + t_e = 7 + 6 = 13$$

활동 E의 ES = 선행활동 A의 EF = 7

$$EF = ES + t_e = 7 + 8 = 15$$

활동 F의 ES = max(선행활동(활동 B, E)의 EF값) = 15

$$EF = ES + t_e = 15 + 9 = 23$$

활동 G의 ES = max(선행활동(활동 D, F)의 EF값) = 24

$$EF = ES + t_e = 24 + 8 = 32$$

활동 H의 ES = max(선행활동(활동 D, F)의 EF값) = 24

EF = ES + t_e = 24 + 3 = 27

활동 I의 ES = 선행활동 C의 EF값 = 11

EF = ES + t_e = 11 + 2 = 13

활동 J의 ES = 선행활동 H의 EF값 = 27

EF = ES + t_e = 27 + 3 = 30

활동 K의 ES = 선행활동 H의 EF값 = 27

EF = ES + t_e = 27 + 5 = 32

활동 L의 ES = max(선행활동(활동 G, I, J)의 EF값) = 32

EF = ES + t_e = 32 + 6 = 38

(2) 가장 늦은 완료시간(LF), 가장 늦은 시작시간(LS)의 산출

활동 L의 LF = 프로젝트 전체 기대시간(최종단계 EF값 중 최댓값) = 38

LS = LF − t_e = 38 − 6 = 32

활동 K의 LF = 프로젝트 전체 기대시간(최종단계 EF값 중 최댓값) = 38

LS = LF − t_e = 38 − 5 = 33

활동 J의 LF = 후행활동 L의 LS값 = 32

LS = LF − t_e = 32 − 3 = 29

활동 I의 LF = 후행활동 L의 LS값 = 32

LS = LF − t_e = 32 − 2 = 30

활동 H의 LF = min(후행활동(활동 J, K)의 LS값) = 29

LS = LF − t_e = 29 − 3 = 26

활동 G의 LF = 후행활동 L의 LS값 = 32

LS = LF − t_e = 32 − 8 = 24

활동 F의 LF = min(후행활동(활동 G, H)의 LS값) = 24

LS = LF − t_e = 24 − 9 = 15

활동 E의 LF = 후행활동 F의 LS값 = 15

LS = LF − t_e = 15 − 8 = 7

활동 D의 LF = min(후행활동(활동 G, H)의 LS값) = 24

LS = LF − t_e = 24 − 6 = 18

활동 C의 LF = 후행활동 I의 LS값 = 30

$LS = LF - t_e = 30 - 4 = 26$

활동 B의 LF = 후행활동 F의 LS값 = 15

$LS = LF - t_e = 15 - 6 = 9$

활동 A의 LF = min(후행활동(활동 C, D, E)의 LS값) = 7

$LS = LF - t_e = 7 - 7 = 0$

(3) 여유시간(Ts) 산출

여유시간은 LS − ES 또는 LF − EF, 즉 각 활동에 초과할당된 시간은 앞에서 구한 가장 빠른 예상시간과 가장 늦은 예상시간 값의 차이다. 산출결과는 활동 A에서 L까지 각각 0, 9, 19, 11, 0, 0, 0, 2, 19, 2, 4, 0이다.

(4) 주경로의 결정

주경로는 여유시간이 0인 활동들로 연결되는 경로이므로 네트워크에서 A-E-F-G-L이 된다.

(5) 일정계획 수립

앞에서 구한 ES, EF, LS, LF값과 주경로를 네트워크에 표시하면 그림 8.8과 같으며, 이를 기초로 일정계획표를 작성하면 그림 8.9와 같다.

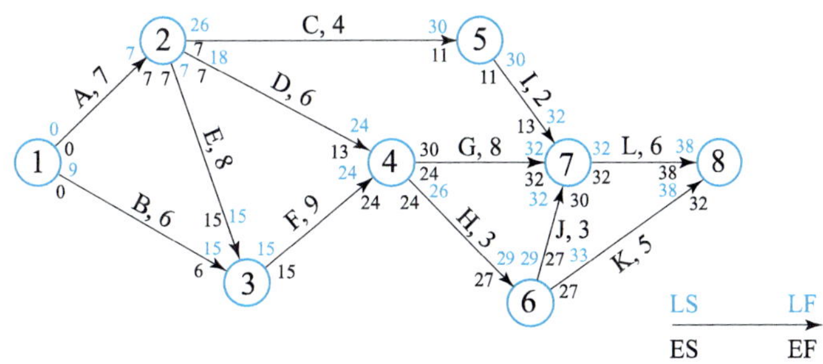

그림 8.8 건축공사 일정의 네트워크

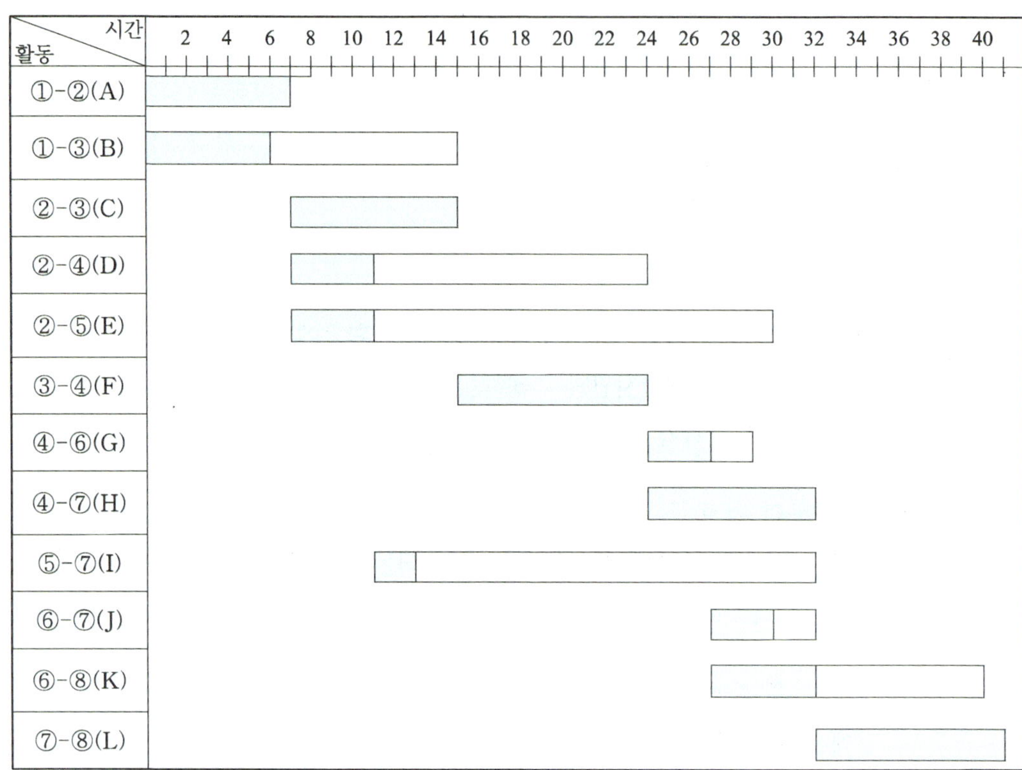

주공정 : ①-②-③-④-⑦-⑧, ▨ : 활동시간, □ : 여유시간

그림 8.9 건축공사의 일정계획표(간트 차트)

■ 제3단계–확률분석

(1) 건축공사를 계획된 시간 내에 완료할 수 있는 확률

조직확대에 따른 증가 인원이 입사하는 날을 기준으로 할 때, 5주는 여유가 있는 것으로 관리자(의사결정자)는 판단하였다고 가정하자. 입사하는 날로부터 2주 전에 공사가 완료되기를 바라는 의사결정자는 PERT/CPM 분석에 의해 나타난 공사 예상완료시간 38주에 3주를 더하여 41주 내에 공사가 완료될 수 있는 확률을 알고 싶다면, 그 확률은 다음과 같이 산출된다.

주경로 A-E-F-G-L에 해당하는 건축공사 완료시간의 표준편차 σ_{cp}와 Z값을 구하면,

$$\sigma_{cp} = \sqrt{\sum \sigma^2}$$
$$= \sqrt{0.44 + 1.00 + 5.44 + 0.44 + 1.00} = \sqrt{8.32} \doteq 2.88$$

$$Z = \frac{X - Te}{\sigma_{cp}} = \frac{41 - 38}{2.88} = 1.04$$

이다. 따라서 건축공사를 41주 이내에 완료할 확률은 $P(Z \leq 1.04)$일 때의 값이 0.3508이므로 확률은 약 85.1%(0.5 + 0.3508 = 0.8508)이다.

즉, 건축공사를 41주 이내에 완료할 가능성은 85% 정도가 된다.

(2) 주어진 확률로 건축공사를 완료하는 데 소요되는 시간

만일 의사결정자가 41주 이내에 공사가 완료될 가능성 85%는 너무 확률이 낮으므로 95% 이상이 되도록 하는 공사 완료시간을 알고자 한다면, 그 완료시간은 다음과 같이 구할 수 있다.

$$Z \leq \frac{X - Te}{\sigma_{cp}}$$

에서 95%에 해당하는 Z값은 1.645(정규분포표로부터 0.45(0.95 − 0.5 = 0.45)에 해당하는 Z값)가 되므로

$$1.645 \leq \frac{X - 38}{2.88}$$

이며, 여기서 X를 구하면,

$$X \geq (2.88 \times 1.645) + 38 = 42.74$$

이다.

즉, 만일 공사 완료 확률이 95% 이상이 되기를 원한다면 적어도 43주는 필요하다는 것을 의미하므로 조직확대에 따른 증가 인원의 입사일로부터 적어도 43주 전에 공사를 시작해야 한다는 것을 말해주는 것이다.

▪ 제4단계–인력(자원)계획 수립

예제에서 주어진 각 활동에 소요되는 총 인원을 기준으로 주당 평균소요인원(표 8.4 참조)을 파악하고, 일정계획을 기초로 수립된 인력계획은 그림 8.10과 같다. 여기서 여유시간이 있는 활동의 시간대를 조정하여 주당 확보 인력을 최소화함으로써 자금조달 및 관리가 용이하도록 할 수 있다.

표 8.4 건축공사의 활동별 소요인력

활동	총 소요인력(단위: 명)	완료시간(주)	평균 소요인력/주
A(①－②)	210	7	30
B(①－③)	120	6	20
E(②－③)	160	8	20
D(②－④)	30	6	5
C(②－⑤)	40	4	10
F(③－④)	180	9	20
H(④－⑥)	30	3	10
G(④－⑦)	120	8	15
I(⑤－⑦)	30	2	15
J(⑥－⑦)	60	3	20
K(⑥－⑧)	100	5	20
L(⑦－⑧)	60	6	10

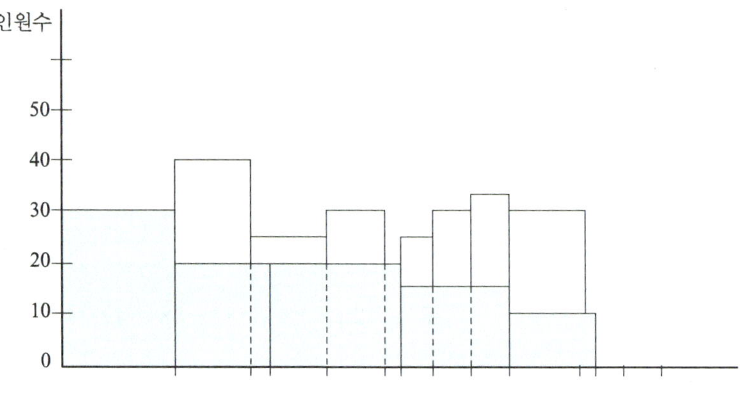

그림 8.10 건축공사의 주별 소요인력

■ 제5단계–평가 및 통제

계획 대비 실행이 차이가 발생하는 경우에 계획을 수정해가면서 목표치에 미달하는 부분(활동)을 중점적으로 통제하여 효과적인 관리가 이루어지도록 해야 한다. 즉, 현재의 진행성과 파악, 목적과 일치 여부 확인, 진행과정 중 최초계획 수립 시와 다르게 변화된 환경요인의 파악 및 분석, 예상되는 문제점 등을 파악하여 계획에 반영하고 수정해야 한다. 예를 들어, 만일 활동 F가 완료되는 예상시간은 20주로 판단하였는데, 현재 10주가 지났음에도 30% 정도의 진척밖에 이루어지지 않았다면 이 활동은 중점관리대상으로 지정하여 문제점 분석 및 조치를 취하여 예상완료시간을 25주로 수정한다거나 아니면 다른 활동의 여유자원을 투입하여 20주 이내에 완료할 수 있도록 할 수 있다.

8.3.3 PERT/CPM 확정적 모형 분석절차

확정적 모형은 확률적 모형과 대부분 분석내용이 일치하거나 유사하지만 차이가 나는 부분을 들어보면 다음과 같다. 첫째, 프로젝트 구성활동을 정상활동과 긴급활동으로 나누어 정상활동에 관계되는 정상시간 및 비용, 그리고 긴급활동에 관계되는 긴급시간 및 비용 개념이 도입된다. 둘째, 정상활동의 시간단축을 통해 긴급활동이 되면서 비용이 증가되는 증분비용 개념이 도입된다. 셋째, 확정된 시간값을 사용하므로 PERT/CPM 분석에서의 확률분석은 요구되지 않는다. 이와 같은 차이점 외에는 분석절차상 상당부분 중첩된다.

확정적 모형의 분석절차는 크게 4단계로 구분된다. 즉, 프로젝트(문제)의 규정, 일정계획 수립, 자원계획 수립, 그리고 평가 및 통제 순이다. 프로젝트의 규정에서 활동시간을 추정값 대신에 확정값을 사용하고, 활동시간 단축을 위해 추가되는 비용인 증분비용 개념만이 확률적 모형과 다를 뿐 나머지는 모두 같다. 일정계획 수립에서도 프로젝트 완료시간을 단축하기 위해 필요한 시간단축과 비용증가에 따른 긴급계획을 수립하는 것 외에는 모두 같다. 자원계획 수립과 평가 및 통제 단계는 확률적 모형과 같으며, 확정적 활동시간을 사용하므로 확률분석은 하지 않는다.

따라서 확률적 모형과 같은 부분은 모두 생략하고 제1단계의 프로젝트 규정에서 정상 및 긴급계획에 따른 비용증가분(증분비용)에 대한 개념과 제2단계의 일정계획에서 시간단축 방법에 대한 것만 다루고 나머지는 모두 생략하기로 한다.

■ 제1단계–프로젝트(문제)의 규정

프로젝트의 목표와 내용을 정확하게 규정하여 프로젝트를 구성하는 활동을 구분하고 활동의 선후관계 결정 후 네트워크를 작성하는 것은 생략한다. 활동시간은 추정값이 아닌 확정값을 사용하는 것만 다르므로 이 부분도 생략한다. 여기서는 시간 및 비용 추정에서 증분비용 산출에 관한 내용만 다루기로 한다.

(1) 시간 및 비용 추정

확정적 모형에서는 활동시간을 확정적인 값으로 사용하는 데 두 가지 시간

개념을 이용한다. 즉, 정상적인 상황에서 소요되는 시간으로 정상시간(nomal duration), 추가지원을 투입하여 활동시간을 최대한 단축하는 데 소요되는 시간으로 긴급시간(crash duration)의 두 가지 시간이다.

비용 역시 두 가지 비용 개념, 즉 정상비용(nomal cost)과 긴급비용(crash cost)이 있다. 정상비용은 정상적인 시간에서 활동을 수행하는 데 소요되는 비용을 말하며, 긴급비용은 시간을 단축한 긴급시간에서 소요되는 활동의 비용을 의미한다.

따라서 이 단계에서는 활동시간은 정상시간과 긴급시간, 비용은 정상비용과 긴급비용에 대한 자료를 수집하여야 한다.

(2) 네트워크 작성

확정적 모형에서 사용하는 시간이 추정시간이 아닌 확정시간이라는 것 외에는 확률적 모형과 동일하므로 생략한다.

(3) 증분비용의 산출

활동시간의 단축과 비용증가의 관계는 그림 8.11에서 보는 바와 같이 비선형관계(볼록관계; 시간 단축에 따라 비용증가폭이 크다가 중간 이후부터 점점 작아짐, 오목관계; 그 반대 상황) 또는 선형관계로 나타난다. 그러나 시간단축과 비용증가 관계에서 선형적 근사치의 사용이 분석의 어려움을 수반하는 비선형적 관계의 정확한 추정값을 사용하는 것보다 시간 및 비용 측면에서 유리하기 때문에 일반적으로 선형적 관계를 많이 이용한다.

시간과 비용에 대한 선형적 관계를 이용하는 경우 시간의 단위당 감소와 단위시간당 비용의 증가는 일정하므로 기울기의 개념이 된다. 이와 같이 단위시

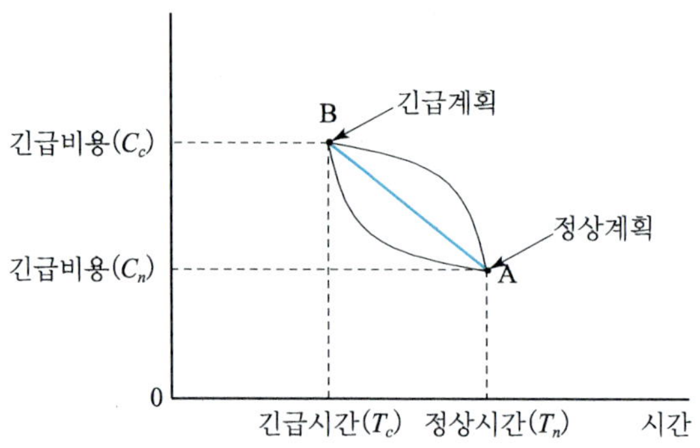

그림 8.11 시간과 비용의 관계

MILITARY OPERATION RESEARCH

간당 증가하는 비용증가분 사이의 일정한 비율을 증분비용(incremental cost)이라고 한다. 즉, 증분비용이란 활동의 단위시간 감소에 따라 증가하는 비용의 증가분을 의미하는 것으로 다음과 같이 구한다.

$$C_i = \frac{\Delta C}{\Delta T} = \frac{C_c - C_n}{T_n - T_c}$$

여기서, C_i: 증분비용, C_n: 정상비용

C_c: 긴급비용, T_n: 정상시간

T_c: 긴급시간

제2단계–일정계획 수립

일정계획 수립은 확률적 모형과 동일하다. 다만, 확정적 모형에서 추가되는 부분은 확률적 모형에서 수립한 일정계획을 정상계획(normal plan)으로 간주하여 프로젝트 완료시간을 단축하는 계획, 즉 긴급계획(crash plan)을 수립하는 것이다. 긴급계획은 정상계획을 기준으로 프로젝트의 완료시간을 한 단위씩 단축하면서 수립하게 된다.

(1) 정상계획

확률적 모형과 동일하므로 생략한다.

(2) 긴급계획

긴급계획을 수립하기 위한 절차는 3단계로 이루어지게 되는데, 요약하면 다음과 같다.

① 단축가능한 주활동 선정: 주활동을 대상으로 증분비용이 가장 작으면서 단축가능한 활동을 선정한다. 주경로의 활동을 대상으로 하는 이유는 앞 절에서도 설명했듯이 주경로의 활동을 단축해야만 프로젝트 전체의 완료시간이 단축될 수 있기 때문이다. 만일 주경로에 포함되지 않은 활동시간을 단축하는 경우 비용만 증가하고 여유시간이 없을 때까지 완료시간은 단축되지 않게 된다. 또한 증분비용이 가장 작은 활동을 선택하는 이유는 프로젝트 완료시간 한 단위 단축 시에 소요되는 비용이 가장 적게 들기 때문이다. 그리고 주경로가 복수인 경우에는 각 주경로에서 한 단위씩 시간을 단축해야 하므로 각각의 주경로에서 한 활동씩 같은 방법으로 선정한다.

② 선정된 주활동 시간 1단위 단축 후 확률적 모형 실행: 선정된 주활동의 활동시간 1단위를 단축하고 확률적 모형을 실행한 결과를 가지고 새로운 네트워크 작성 및 긴급계획을 위한 증분비용과 단축가능 활동에 관한 자료(정보)를 요약한다. 이 경우에 확률분석은 실행하지 않으며, 매 단위시간 단축 시마다 긴급계획에 대한 일정계획(간트 차트)의 수립이 요구되지만 반복되는 과정이므로 생략하기로 한다.

③ 추가시간 단축 여부 확인: 모든 주경로에 시간단축가능한 활동이 없을 때까지 ①, ②를 반복한다.

제3단계(자원계획) 및 제4단계(평가 및 통제)는 확률적 모형과 동일하므로 여기서는 생략한다.

8.3.4 PERT/CPM 확정적 모형 예제

확정적 모형의 분석에 대한 내용의 이해를 돕기 위해 예제를 이용하여 분석절차에 따라 프로젝트를 분석해보기로 한다. 여기서 사용하는 예제는 확률적 모형에서 이용했던 예제 8.1을 기본으로 하고 정상시간과 정상비용 그리고 긴급시간과 긴급비용에 관한 자료만 추가하는 것으로 한다. 즉, KM 건축회사의 건물 신축공사에 따른 활동 및 비용 추정 자료인 표 8.5의 내용을 추가한 확정적 문제가 되는 것이다.

이상의 자료와 예제 8.1의 내용을 가지고 PERT/CPM 분석을 분석절차에 따라 실행하면 다음과 같다.

■ 제1단계-프로젝트(건축공사)의 규정

프로젝트(건축공사)의 구성활동, 활동의 선후관계, 네트워크 및 활동시간은 앞 절의 확률적 모형 분석에서 사용했던 것과 같으므로 그대로 이용한다. 정상시간 및 정상비용 그리고 긴급시간 및 긴급비용에 대한 분석자료가 이미 주어져 있으므로 여기서는 증분비용만 구하면 된다. 즉, 앞 절에서 작성한 네트워크는 그림 8.12와 같고, 주어진 시간 및 비용자료와 증분비용의 공식을 이용하여 산출한 증분비용은 표 8.6과 같다.

표 8.5 건축공사의 활동, 시간 및 비용 추정 자료

활동	내용	시간(주)		비용(백만 원)	
		정상시간	긴급시간	정상비용	긴급비용
A	기초공사	7	5	210	280
B	형틀공사	6	5	120	145
C	정지작업	4	4	40	40
D	목공사	6	4	30	40
E	철근공사	8	5	160	220
F	콘크리트 공사	9	6	180	240
G	실비(냉난방 시설)공사	8	6	120	150
H	미장공사	3	2	30	42
I	잡공사	2	2	30	30
J	샷시공사	3	2	60	80
K	마무리 공사	5	4	100	123
L	도장공사	6	4	60	80

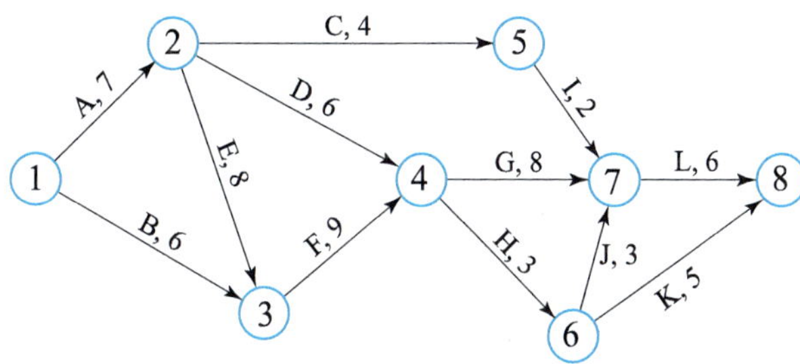

그림 8.12 예제의 네트워크

표 8.6 건축공사 활동의 증분비용

활동	시간(주)		비용(백만 원)		증분비용(백만 원)
	정상	긴급	정상	긴급	
A	7	5	210	280	35
B	6	5	120	145	25
C	4	4	40	40	–
D	6	4	30	40	5
E	8	5	160	220	20
F	9	6	180	240	20
G	8	6	120	150	15
H	3	2	30	42	12
I	2	2	30	30	–
J	3	2	60	80	20
K	5	4	100	123	23
L	6	4	60	80	10

■ 제2단계–일정계획 수립

(1) 정상계획

확률적 모형에서와 동일하므로 생략하고, 그 결과만 네트워크로 그림 8.13과 같이 제시한다.

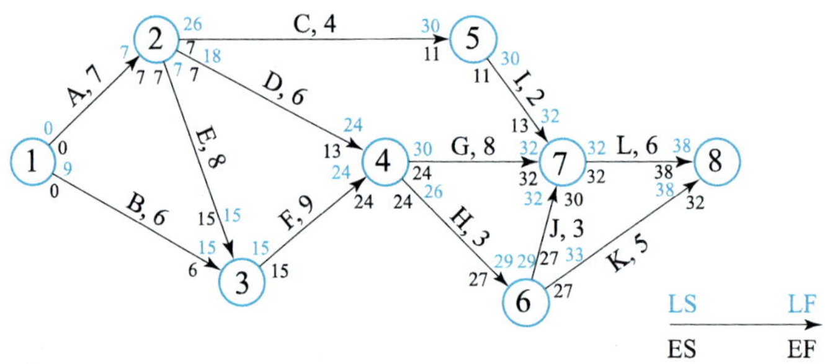

그림 8.13 정상계획의 네트워크

(2) 긴급계획

우선 정상계획으로부터 긴급계획을 위해 필요한 정보(자료)를 요약하면 표 8.7 및 표 8.8과 같다. 이 과정은 반드시 필요한 것은 아니지만 분석과정에서 누락 및 오류를 방지할 수 있고, 진행상태의 확인을 위해 유용하기 때문에 활용하는 것이다.

표 8.7 긴급계획을 위한 예제의 활동정보

활동	시간(주)			증분비용	주경로의 활동 (주활동 여부)
	정상	긴급	단축가능		
A	7	5	2	35	○
B	6	5	1	25	×
C	4	4	0	-	×
D	6	4	2	5	×
E	8	5	3	20	○
F	9	6	3	20	○
G	8	6	2	15	○
H	3	2	1	12	×
I	2	2	0	-	×
J	3	2	1	20	×
K	5	4	1	23	×
L	6	4	2	10	○

표 8.8 정상계획에 관한 정보(자료)

주경로 및 활동시간	① $\xrightarrow[7]{A}$	② $\xrightarrow[8]{E}$	③ $\xrightarrow[9]{F}$	④ $\xrightarrow[8]{G}$	⑦ $\xrightarrow[6]{L}$ ⑧	공사 완료시간: 38주
단축가능시간(주)	2	3	3	2	2	총 공사비용: 11.4억 원
증분비용(백만 원)	35	20	20	15	10	

긴급계획을 수립하는 과정은 세 단계의 절차에 의해 이루어지므로 그 절차를 따르면 다음과 같다.

① 단축활동 선정: 표 8.7 및 표 8.8로부터 주활동이면서 단축가능하고, 증분비용이 가장 작은 활동은 L이다.

② 선정된 활동시간 1단위 단축 후 확률적 모형 실행: 선정된 활동 L의 정상시간이 6주이므로 1주를 빼면 5주가 된다. 정상계획 네트워크에서 활동 L의 시간을 6 대신 5로 대체한 후 확률적 모형을 실행한 결과를 네트워크로 나타내면 그림 8.14와 같은 1차 긴급계획이 된다. 1차 긴급계획에 관한 자료를 요약하면 표 8.9와 같다.

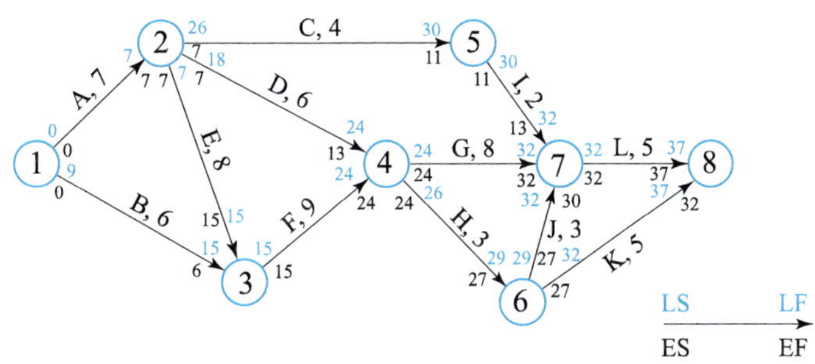

그림 8.14 1차 긴급계획의 네트워크

표 8.9 1차 긴급계획에 관한 자료

주경로 및 활동시간	① $\xrightarrow[7]{A}$	② $\xrightarrow[8]{E}$	③ $\xrightarrow[9]{F}$	④ $\xrightarrow[8]{G}$	⑦ $\xrightarrow[5]{L}$ ⑧	공사 완료시간: 37주
단축가능시간(주)	2	3	3	2	1	총 공사비용: 11.5억 원
증분비용(백만 원)	35	20	20	15	10	

③ 추가 단축 여부 확인: 주경로에서 단축가능한 활동이 존재하므로 ①을 반복한다.

① 단축활동 선정: 활동 L

② 확률적 모형 실행: 활동 L의 시간 1단위 단축(5 → 4)

확률적 모형 실행결과: 그림 8.15

2차 긴급계획에 관한 자료: 표 8.10

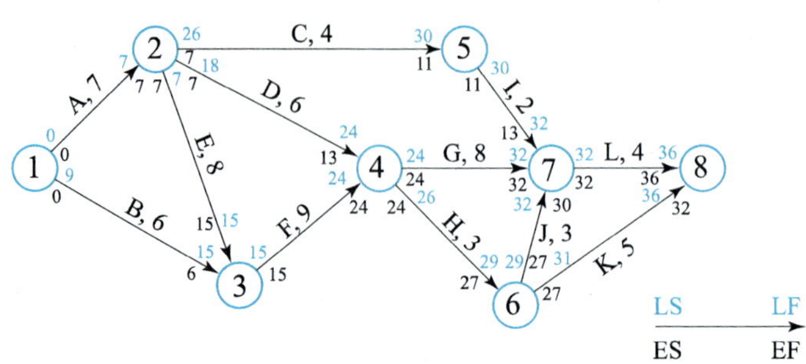

그림 8.15 2차 긴급계획에 관한 자료

표 8.10 2차 긴급계획에 관한 자료

주경로 및 활동시간	① $\xrightarrow[7]{A}$	② $\xrightarrow[8]{E}$	③ $\xrightarrow[9]{F}$	④ $\xrightarrow[8]{G}$	⑦ $\xrightarrow[4]{L}$ ⑧	공사 완료시간: 36주
단축가능시간(주)	2	3	3	2	0	
증분비용(백만 원)	35	20	20	15	∞	총 공사비용: 11.6억 원

③ 추가 단축 여부 확인: 단축가능 활동 존재, ①을 반복

① 단축활동 선정: 활동 G

② 확률적 모형 실행: 활동 G의 시간 1단위 단축(8 → 7)

확률적 모형 실행결과: 그림 8.16

3차 긴급계획에 관한 자료: 표 8.11

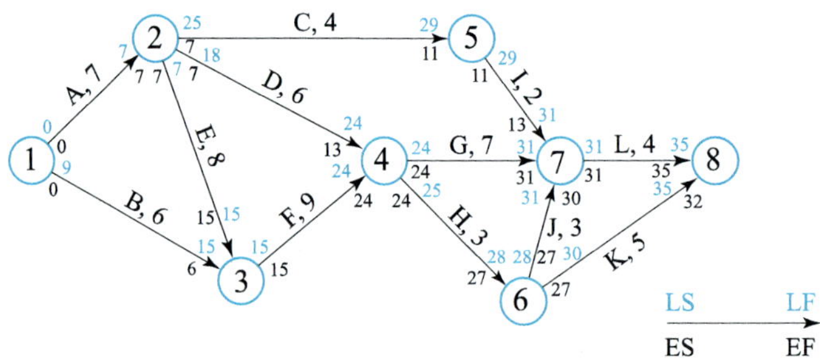

그림 8.16 3차 긴급계획의 네트워크

표 8.11 3차 긴급계획에 관한 자료

주경로 및 활동시간	① A→7	② E→8	③ F→9	④ G→7	⑦ L→4 ⑧	공사 완료시간 : 35주
단축가능시간(주)	2	3	3	1	0	총 공사비용 : 11.75억 원
증분비용(백만 원)	35	20	20	15	∞	

③ 추가 단축 여부 확인: 단축가능 활동 존재, ①을 반복

① 단축활동 선정: 활동 G

② 확률적 모형 실행: 활동 G의 시간 1단위 단축(7 → 6)

확률적 모형 실행결과: 그림 8.17

4차 긴급계획에 관한 자료: 표 8.12

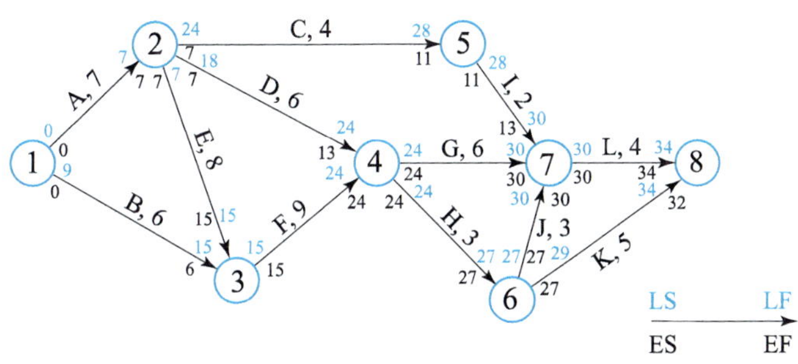

그림 8.17 4차 긴급계획에 관한 자료

표 8.12 4차 긴급계획에 관한 자료

주경로 및 활동시간	① A→7	② E→8	③ F→9	④ G→6	⑦ L→4	⑧	공사 완료시간 : 34주
	① A→7	② E→8	③ F→9	④ H→3	⑥ J→3	⑦ L→4 ⑧	
단축가능시간(주)	2	3	3	0	0		
	2	3	3	1	1	0	총 공사비용 : 11.9억 원
증분비용(백만 원)	35	20	20	∞	∞		
	35	20	20	12	20	∞	

③ 추가 단축 여부 확인: 단축가능 활동 존재, ①을 반복

① 단축활동 선정: 4차 긴급계획에서는 주경로가 2개이다. 이러한 경우에는 각 주경로에서 각각 1개의 단축활동을 선정해야 한다. 왜냐하면 어느 한 주경

로만 시간을 단축하게 되는 경우 다른 주경로의 완료시간은 줄어들지 않기 때문에 전체 완료시간은 그대로 있고 단축된 경로에서 비용만 증가하는 결과가 나타나기 때문이다. 따라서 두 경로에서 각각 증분비용이 최소인 활동을 하나씩 선정해야 하는데, 두 번째 주경로의 단축가능 활동 H와 J는 첫 번째 주경로의 대상 활동 G가 더 이상 단축이 불가능한 상태(증분비용이 ∞)이기 때문에 단축활동 대상에서 제외된다. 그러므로 그 다음 가능한 최소 증분비용을 갖는 것은 활동 E가 된다.

② 확률적 모형 실행: 활동 E의 시간 1단위 단축(8 → 7)
확률적 모형 실행결과: 그림 8.18
4차 긴급계획에 관한 자료: 표 8.13

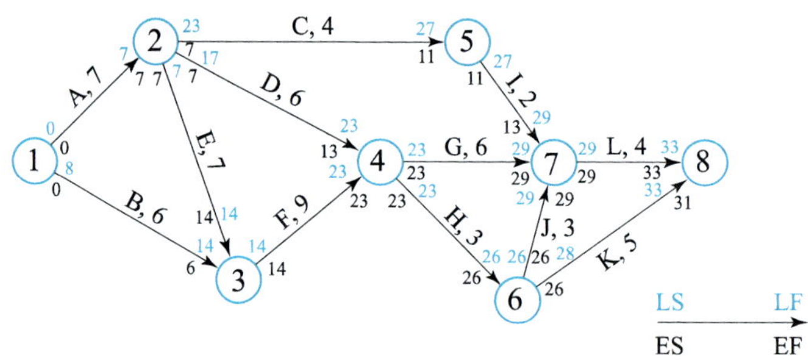

그림 8.18 5차 긴급계획의 네트워크

표 8.13 5차 긴급계획에 관한 자료

주경로 및 활동시간	① $\xrightarrow[7]{A}$ ②	$\xrightarrow[7]{E}$ ③	$\xrightarrow[9]{F}$ ④	$\xrightarrow[6]{G}$ ⑦	$\xrightarrow[4]{L}$ ⑧		공사 완료시간 : 33주
	① $\xrightarrow[7]{A}$ ②	$\xrightarrow[7]{E}$ ③	$\xrightarrow[9]{F}$ ④	$\xrightarrow[3]{H}$ ⑥	$\xrightarrow[3]{J}$ ⑦	$\xrightarrow[4]{L}$ ⑧	
단축가능시간(주)	2	3	3	0	0		
	2	3	3	1	1	0	총 공사비용 : 12.1억 원
증분비용(백만 원)	35	20	20	∞	∞		
	35	20	20	12	20	∞	

③ 추가 단축 여부 확인: 단축가능 활동 존재, ①을 반복

① 단축활동 선정 :

⋮

MILITARY OPERATION RESEARCH

이후에 진행되는 긴급계획은 모두 같은 방법으로 계속 반복되므로 여기서부터 나머지는 생략하고, 최종 긴급계획만을 제시하기로 한다.

최종 긴급계획은 12차 긴급계획이 되며, 그 결과를 네트워크로 나타내면 그림 8.19와 같고, 12차 긴급계획에 관한 자료는 표 8.14에 나타난 바와 같다.

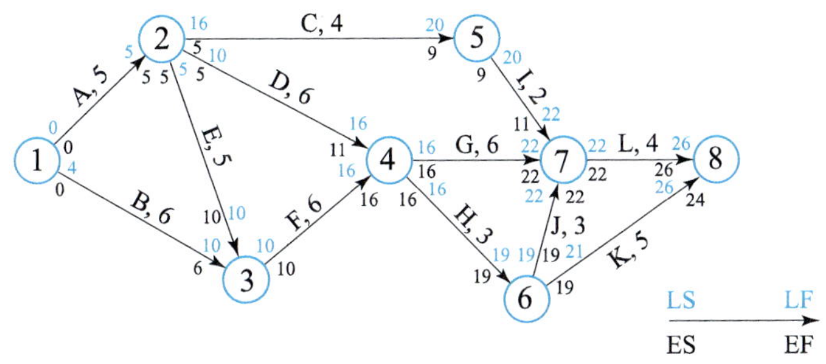

그림 8.19 12차 긴급계획의 네트워크

표 8.14 12차 긴급계획에 관한 자료

구분							
주경로 및 활동시간	① $\underset{5}{\overset{A}{\rightarrow}}$	② $\underset{5}{\overset{E}{\rightarrow}}$	③ $\underset{6}{\overset{F}{\rightarrow}}$	④ $\underset{6}{\overset{G}{\rightarrow}}$	⑦ $\underset{4}{\overset{L}{\rightarrow}}$	⑧	공사 완료시간 : 26주
	① $\underset{5}{\overset{A}{\rightarrow}}$	② $\underset{5}{\overset{E}{\rightarrow}}$	③ $\underset{6}{\overset{F}{\rightarrow}}$	④ $\underset{3}{\overset{H}{\rightarrow}}$	⑥ $\underset{3}{\overset{J}{\rightarrow}}$	⑦ $\underset{4}{\overset{L}{\rightarrow}}$ ⑧	
단축가능시간(주)	0	0	0	0	0		
	0	0	0	1	1	0	총 공사비용 : 13.8억 원
증분비용(백만 원)	∞	∞	∞	∞	∞		
	∞	∞	∞	12	20	∞	

그림 8.19와 표 8.14에서 보는 바와 같이 첫 번째 주경로의 활동 중에 단축가능 활동이 없으므로 두 번째 주경로에 단축가능 활동이 있어도 더 이상 긴급계획을 수립할 수 없다. 따라서 최종 긴급계획이 수립되었고, 의사결정을 돕기 위해 각 단계의 긴급계획을 요약하여 나타내면 표 8.15와 같다. 의사결정자는 이 요약된 긴급계획표를 이용하여 시간과 비용을 함께 고려한 최적계획을 결정하게 된다.

표 8.15 요약된 긴급계획표

공사 완료예정시간(주)		총 공사비용(억 원)	주경로
정상계획	38	11.4	A → E → F → G → L
1차 긴급계획	37	11.5	A → E → F → G → L
1차 긴급계획	36	11.6	A → E → F → G → L
3차 긴급계획	35	11.75	A → E → F → G → L
4차 긴급계획	34	11.9	A → E → F → G → L A → E → F → H → J → L
5차 긴급계획	33	12.1	A → E → F → G → L A → E → F → H → J → L
⋮	⋮	⋮	⋮
12차 긴급계획	26	13.8	A → E → F → G → L A → E → F → H → J → L

8.4 컴퓨터 응용

PERT/CPM의 확정적 모형은 선형계획법으로 모형화하여 해결이 가능하며, 링고를 통해 주경로를 도출할 수 있다. 다음의 네트워크 모형을 고려하자.

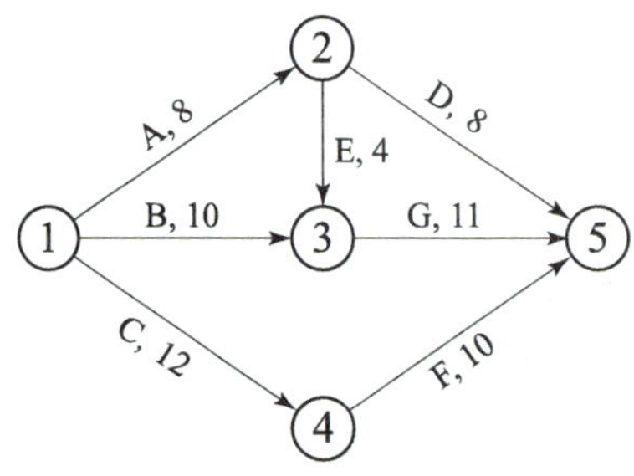

이때 결정변수를 각 마디가 발생할 수 있는 시각으로 정의하면, A활동에 대한 제약식은 다음과 같다.

$$t_2 \geq t_1 + 8$$

즉, 2번 마디가 시작할 수 있는 시각은 1번 마디가 시작될 수 있는 시각에 A활동의 소요시간을 더한 것과 같다. 앞서 우리가 다룬 선행활동의 개념이 고스란히 반영되게 된다(2번 상태에 이르기 위해서는 A활동이 전제된다). 이렇게 각 마디에 대한 제약식을 정의하면 다음과 같다.

$$t_1 \geq 0$$

$$t_3 \geq t_1 + 10$$

$$t_3 \geq t_2 + 4$$

$$t_4 \geq t_1 + 12$$

$$t_5 \geq t_2 + 8$$

$$t_5 \geq t_3 + 11$$

$$t_5 \geq t_4 + 10$$

그리고 목적함수는 모든 활동이 종료되는 순간인 5번 마디가 발생하는 시각이므로

$$\min.\ t_5$$

가 된다. 이 문제를 링고에 적용하면 다음과 같다.

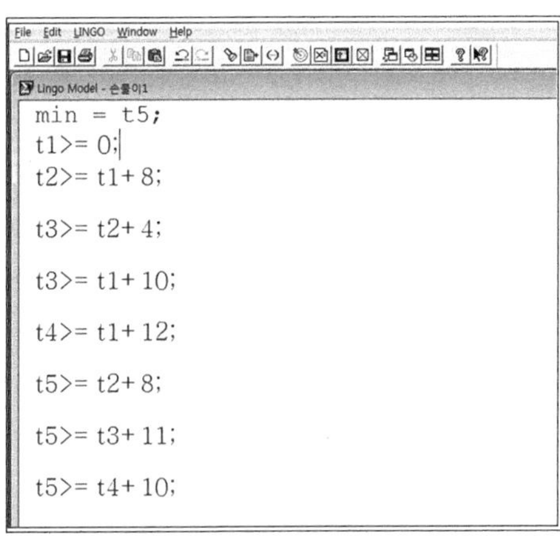

그리고 풀이 결과는 다음과 같다.

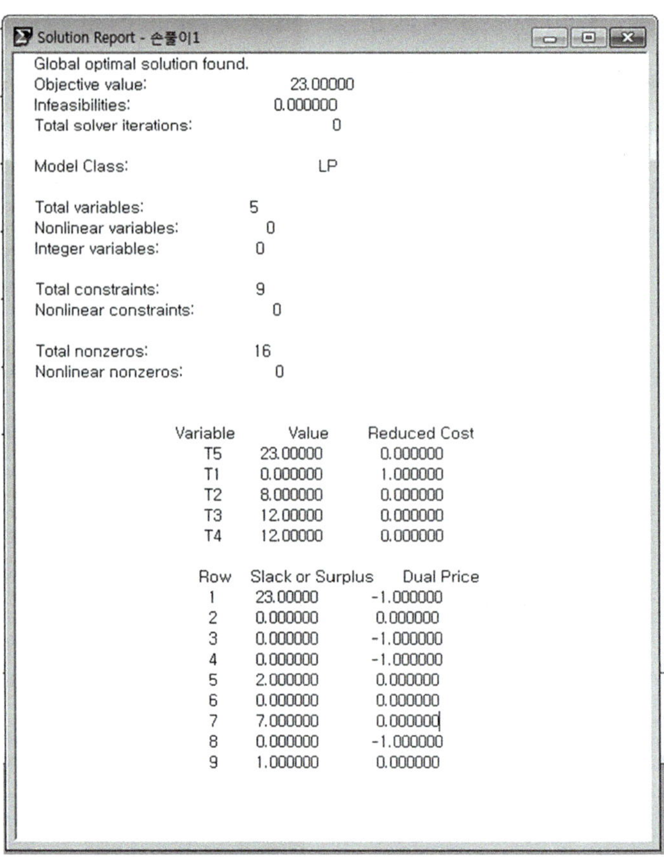

Solution Report - 손풀이1

Global optimal solution found.
Objective value: 23.00000
Infeasibilities: 0.000000
Total solver iterations: 0

Model Class: LP

Total variables: 5
Nonlinear variables: 0
Integer variables: 0

Total constraints: 9
Nonlinear constraints: 0

Total nonzeros: 16
Nonlinear nonzeros: 0

Variable	Value	Reduced Cost
T5	23.00000	0.000000
T1	0.000000	1.000000
T2	8.000000	0.000000
T3	12.00000	0.000000
T4	12.00000	0.000000

Row	Slack or Surplus	Dual Price
1	23.00000	-1.000000
2	0.000000	0.000000
3	0.000000	-1.000000
4	0.000000	-1.000000
5	2.000000	0.000000
6	0.000000	0.000000
7	7.000000	0.000000
8	0.000000	-1.000000
9	1.000000	0.000000

최적목적함수 값은 주공정의 소요기간을 의미하며 23이다. 또한 최적해가 의미하는 것은 각 마디에 도달할 수 있는 최소시간을 의미하며, 주공정에 속한 활동들은 dual price를 통해 알 수 있다. 즉, dual price의 값이 −1인 행에 해당하는 제약식이 부등식을 등식으로 만족하며 주공정에 속하는 활동들이 된다. 이 예제에서는 A-E-G이다.

8.5 요약

이 장에서는 프로젝트를 효과적으로 계획, 평가, 통제하기 위하여 PERT/CPM 기법을 알아보았다. 효율적인 프로젝트 진행을 위해, 먼저 확률적 모형에서 각 활동의 낙관치, 최빈치, 비관치를 활용하여 소요시간을 추정하였으며, 전진법을 통해 각 활동의 가장 빠른 시작시간(ES)과 가장 빠른 완료시간(EF)을, 후진법을 통해 가장 늦은 시작시간(LS)값과 가장 늦은 완료시간(LF)값을 계산하였다. 그 값을 이용하여 여유시간을 도출하였고, 여유시간이 0인 활동들의 경로를 주경로로 선정하였다. 이후, 정규분포표를 활용하여 한 시점에서의 프로젝트 완료확률을 계산하였고, 자원의 효율적 활용을 위해 인력계획을 수립하였다. 마지막으로 확정적 모형에서 정상 및 긴급계획에 따른 비용증가분(증분비용)을 도출하여 일정계획을 수립하는 과정을 학습하였다.

이러한 PERT/CPM 분석절차는 방위사업청, 국방부, 합참 등에서 중요한 국방분야 프로젝트 진행에 활용되고 있으며, 효율적이고 성과 있는 프로젝트에 기여하고 있다.

연습문제

8.1 다음에 주어진 자료를 이용하여 물음에 답하시오.

활동	선행활동	낙관적 시간	최빈시간	비관적 시간
A	–	2	3	4
B	–	1	2	6
C	A	3	5	7
D	B	4	5	6
E	C, D	8	10	15
F	C, D	1	7	19
G	E	2	2	2
H	F	4	5	6

(1) 네트워크를 작성하시오.

(2) 예상완료시간을 구하고 주경로를 구하시오.

(3) 주경로의 분산 및 표준편차를 구하시오.

8.2 다음에 주어진 자료를 이용하여 물음에 답하시오.

활동	시간	활동	시간
①-②	17	③-⑤	15
①-③	20	④-⑥	26
①-④	12	⑤-⑦	13
②-⑤	18	⑥-⑦	7
④-③	14	⑦-⑧	16
③-⑤	8		

(1) 네트워크를 작성하시오.

(2) 완료시간을 구하고 주경로를 구하시오.

(3) 간트 차트를 이용하여 일정계획을 작성하시오.

8.3 다음과 같은 프로젝트의 네트워크 및 추정시간을 기초로 물음에 답하시오.

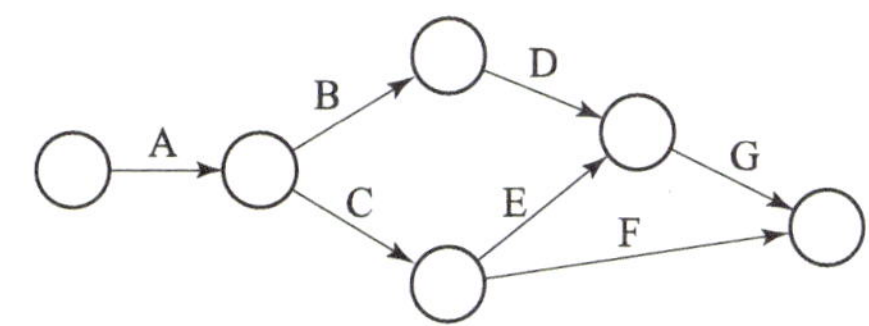

활동	낙관적 시간	최빈시간	비관적 시간
A	1	4	7
B	2	3	10
C	4	4	10
D	3	5	7
E	1	7	7
F	2	9	10
G	2	3	4

(1) 각 활동의 기대시간(ET) 및 분산(σ^2)을 구하시오.

(2) 프로젝트의 예상완료시간을 구하고 주경로를 네트워크에 표기하시오.

(3) 간트 차트로 일정계획을 작성하시오.

(4) 예상완료시간+3의 기간 내에 프로젝트가 완료될 확률을 구하시오.

(5) 95%의 확률로 프로젝트를 완료하려면 얼마의 시간이 필요한지 구하시오.

8.4 KM공장의 교체 공사 작업분석표가 다음과 같을 때 네트워크를 작성하고, 주경로를 표시한 후 일정계획표를 작성하시오.

작업 명칭	작업 내용	소요시간	선행작업
A	자재표 작성	8	-
B	구파이프 활동 정지	8	A
C	보조기구 설치	12	A
D	구파이프 및 밸브 제거	35	B, C
E	밸브 조달	225	A
F	파이프 조달	200	A
G	파이프 부분조립	40	F
H	신파이프 장치	32	D, E, F
I	밸브 부착	8	D, E
J	파이프 용접	8	H, I
K	파이프와 밸브 연결	8	J

(계속)

L	파이프 기복	24	J
M	보조기구 제거	4	K, L
N	압력시험	6	K
P	청소 후 시험가동	4	M, N

8.5 다음 네트워크를 이용하여 프로젝트의 일정계획을 작성하시오.

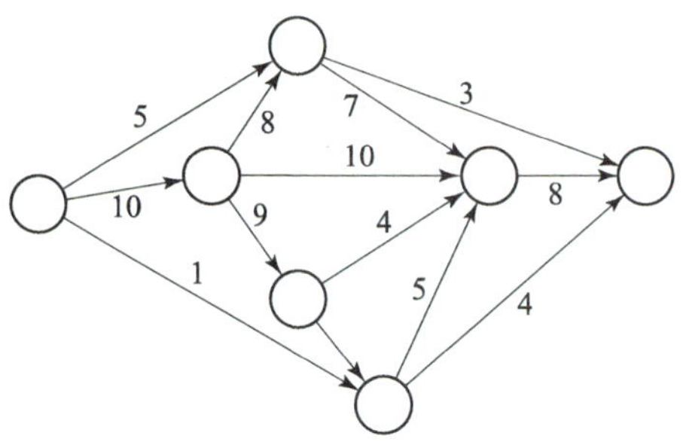

8.6 문제 8.5의 프로젝트를 완료하는 데 소요되는 인력은 다음과 같다. 인력계획을 수립하고, 자원 평준화를 달성하기 위한 인력계획을 수정했을 때 단위시간당 최대 소요인력은 얼마인지 구하시오.

작업(활동)	소요인원	작업(활동)	소요인원
①－②	5	③－⑥	9
①－④	4	④－⑥	1
①－⑤	3	④－⑦	10
②－③	1	⑤－⑥	4
②－⑤	2	⑤－⑦	5
②－⑥	3	⑥－⑦	2
③－④	7		

8.7 다음 프로젝트의 네트워크와 정상계획 및 긴급계획에 대한 시간 및 비용 분석자료를 이용하여 긴급계획을 수립하시오.

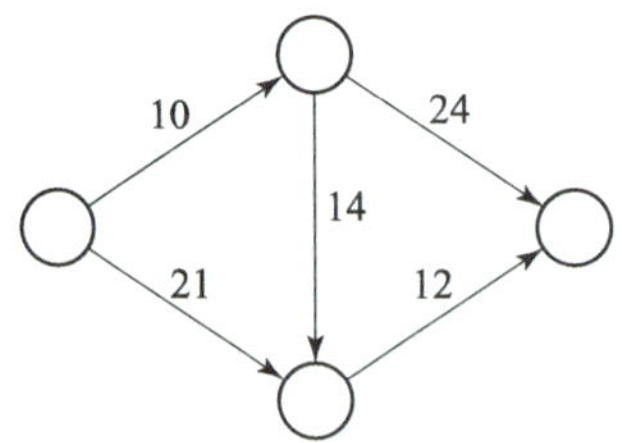

MILITARY OPERATION RESEARCH

활동	정상계획		긴급계획	
	시간	비용	시간	비용
①－②	10	16,000	8	26,000
①－③	21	16,000	16	46,000
②－③	14	33,000	12	41,000
②－④	24	9,600	20	21,600
③－④	12	62,800	8	90,800

8.8 다음 네트워크와 시간 및 비용 분석자료를 이용하여 최대로 단축가능한 긴급계획에 대하여 간트 차트를 사용한 일정계획을 수립하시오.

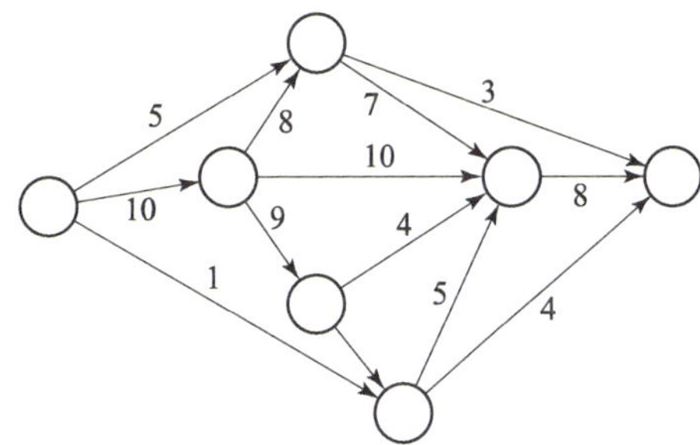

활동	정상계획		긴급계획	
	시간	비용	시간	비용
①→②	5	100	2	200
①→④	2	50	1	80
①→⑤	2	150	1	180
②→③	7	200	5	250
②→⑤	5	20	2	40
②→⑥	4	20	2	40
③→④	3	60	1	80
③→⑥	10	30	6	60
④→⑥	5	10	2	20
④→⑦	9	70	5	90
⑤→⑥	4	100	1	130
⑤→⑦	3	140	1	160
⑥→⑦	3	200	1	240

8.9 다음 네트워크와 시간 및 비용 분석자료를 이용하여 물음에 답하시오.

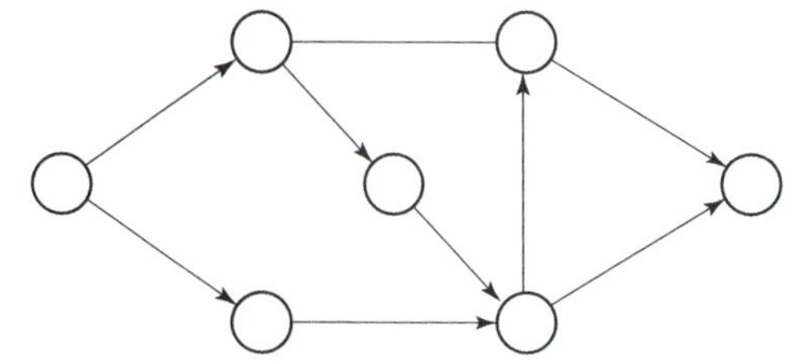

활동	정상시간	긴급시간	정상비용	긴급비용
①→②	5	3	8,000	12,000
①→③	7	6	12,000	17,000
②→④	9	9	9,000	–
②→⑥	12	9	14,000	26,000
③→⑤	13	12	16,000	20,000
④→⑤	6	5	11,000	14,000
⑤→⑥	4	4	10,000	–
⑤→⑦	11	10	15,000	20,000
⑥→⑦	8	7	25,000	29,000

(1) 주경로를 찾으시오.

(2) 긴급계획표를 작성하고 일정계획을 수립하시오.

(3) 컴퓨터 프로그램을 이용하여 해를 구하고 결과를 비교하시오.

8.10 다음 표는 KM 전자의 시스템 개발 프로젝트에 관련된 활동과 비용 및 시간을 분석한 자료이다. 이 자료를 기초로 하여 물음에 답하시오.

활동	활동시간(주)		활동비용(천원)	
	정상	긴급	정상	긴급
①→②	14	10	700	1,100
①→③	12	6	600	900
②→④	16	12	1,600	2,400
②→⑥	13	10	2,600	3,500
③→④	13	10	650	950
④→⑤	15	11	750	950
④→⑥	16	12	1,600	2,600
⑤→⑦	12	6	1,800	2,400
⑥→⑦	12	8	2,400	3,600
⑦→⑧	10	8	1,900	2,500

(1) 이 프로젝트의 네트워크를 작성하시오.

(2) 이 프로젝트의 완료시간과 주경로를 찾고 총 비용을 구하시오.

(3) 단축활동의 시간 및 비용을 이용하여 프로젝트의 긴급계획을 수립하여 완료시간과 총 비용을 구하시오.

(4) 이 프로젝트의 완료기간을 단축시키는 데 소요되는 최소비용을 구하시오.

(5) 만일 프로젝트의 완료기간을 단축하기 위해 준비된 자금이 150만 원이라면 어떤 활동을 단축시켜야 하는지 찾으시오.

8.11 귀관은 ○○대대 소대장이다. 한 달 뒤에 소대 전술훈련평가를 앞두고 소대 훈련수준을 판단해보니 다음과 같은 활동들이 필요하다고 결론을 내렸다. 이를 위해 각각의 선행활동과 소요시간을 염출하였다.

활동	내용	선행활동	소요시간(일)
A	전술훈련 절차 숙지	–	2
B	작전계획 숙지	A	3
C	작계지역 보완	–	7
D	화력유도절차 숙달	B, C	3
E	기동훈련	B, C	5
F	장애물 설치 훈련	E	4
G	종합전술훈련	D, F	7

일정관리를 위해 네트워크 흐름도를 도식하고, 주경로 및 완료시간을 도출하시오.

8.12 다음은 대대 진지공사를 위해 필요한 활동들을 정리한 것이다. 각 활동들의 낙관적 시간, 최빈시간, 비관적 시간(지원장비 가능여부, 병력 가용성, 간부 경험을 고려하여 판단함)이 다음과 같이 주어져 있다.

활동	선행활동	낙관적 시간(일)	최빈시간(일)	비관적 시간(일)	기대시간	분산
A	–	5	6	7		
B	–	2	5	8		
C	B	4	6	8		
D	A	6	9	12		
E	C, D	6	7	8		

(1) 각 활동의 기대시간 및 분산을 도출하여 위 표에 기입하시오.

(2) 네트워크 흐름도를 도식하고, 프로젝트 주경로의 기대 소요시간을 구하시오.

(3) 프로젝트가 24일 안에 종료될 확률은 얼마인지 기술하시오.

8.13 컴퓨터 프로그래밍 능력이 있는 소대장에게, 대대장은 장병 사기수준을 판단하기 위한 프로그램을 개발하라는 지시를 하였다. 소대장으로서 프로그램을 완료하기까지 가용한 시간은 30일이고, 대대로부터 프로그램 경력이 있는 병력을 1명 지원받았다. 프로젝트를 성공적으로 수행하기 위한 활동을 다음과 같이 판단하였다.

활동	내용	담당	선행활동	소요시간(일)
A	자료 수집, 계획 수립	소대장	–	3
B	프로그램 숙달	지원병력	–	6
C	시나리오 작성	소대장	A	5
D	인터뷰, 데이터 종합	소대장	C	9
E	기초 프로그램 작성	지원병력	B, C	10
F	데이터 분석 및 가공	소대장	D	5
G	시연 계획 작성	소대장	D	10
H	DB 구축 및 시스템 통합	지원병력(소대장)	E, F	7
I	시연 준비, 시연 및 보완	공통	G, H	8

(1) 위 상황을 네트워크 모형으로 표시하고, 주경로과 완료시간을 도출하시오.

(2) (1)의 네트워크 모형을 선형계획법으로 모형화하시오.

(3) (2)의 선형계획법을 링고 프로그램을 활용하여 프로젝트 완료시간을 도출하여 주어진 가용시간 이내에 프로젝트를 완료할 수 있는지를 판단하고, 필요한 대책을 수립하고 민감도분석을 통해 최종 결론을 도출하시오.

8.14 전투지휘훈련단 사업관리자는 분기별로 각 워게임 시뮬레이션 모델 개선을 추진한다. 모델 개선은 사용자들의 요구를 반영하여 프로그램의 기능 및 성능, 내부 모의논리 등을 개선하는 것으로 여러 가지 절차에 의해 개선이 진행되며 매번 진행되어야 하는 절차는 다음과 같다.

활동	내용	선행활동	소요시간(일)
A	모델 개선 계획 수립	–	2
B	개선요구서 접수	A	7
C	요구사항 분석서 작성	B	7
D	모델 개선 실무토의	B	4
E	모델 개선	C, D	10
F	개선 결과 검토/보고	E	7

(1) 일정관리를 위해 네트워크 흐름도를 도식하고, 주경로 및 완료시간을 도출하시오.

(2) (1)의 네트워크 모형을 선형계획법으로 작성하시오.

(3) 모델 개선을 진행하던 중 매번 소요기간이 계획대로 되지 않는다는 점을 식별하여 이후 모델 개선에는 좀 더 정확한 계획 수립을 하고자 활동별 기대시간을 다시 분석하고자 한다. 기존의 모델 개선을 통해 각각의 활동은 다음과 같은 시간이 소요됨을 확인하였다.

활동	낙관적 시간(일)	최빈시간 (일)	비관적 시간(일)	기대시간	분산
A	2	3	4		
B	6	7	8		
C	6	8	10		
D	4	6	8		
E	9	9	15		
F	4	6	8		

각 활동의 기대시간 및 분산을 도출하여 위 표에 기입하시오.

(4) 모델 개선을 추진하면서 몇몇 부서에서 모델 개선 계획 수립(A)이 되어야만 개선요구서를 접수(B)받다 보니 시간 부족에 따른 제한사항이 있음에 대해 의견을 제시하였다. 따라서 모델 개선 계획 수립(A)과 별개로 개선요구서 접수(B)를 시작하고 모델 개선 실무토의는 개선요구서 접수(B)와 별개로 형상 개선 계획 수립(A) 이후에 실시하는 것으로 형상 개선 절차 수정을 추진 중이다. 개선된 절차는 다음과 같다.

활동	내용	선행활동 (개선 전)	선행활동 (개선 후)
A	모델 개선 계획 수립	–	–
B	개선요구서 접수	A	–
C	요구사항 분석서 작성	B	B
D	모델 개선 실무토의	B	A
E	형상 개선	C, D	C, D
F	개선 결과 검토 / 보고	E	E

이럴 경우의 네트워크 흐름도를 도식하고, (3)에서 구한 기대시간을 이용하여 개선된 절차의 프로젝트 주경로의 기대 소요시간을 구하시오.

(5) 모델 개선 업무는 최초 시작부터 5주(35일) 이내에 완료하여야 한다. 프로젝트가 5주(35일) 안에 종료될 확률은 얼마인지 기술하시오.

8.15 귀관은 중대장으로서 대대장님으로부터 연대체육대회 우승을 위한 준비 임무를 부여 받았다. 연대체육대회까지는 한달(30)이 남았으며 대대장님께서는 최소 5일 전까지 모든 준비를 완료할 것을 지시하셨다. 체육대회 종목은 축구, 농구, 족구이며 각각의 종목별 훈련을 위한 활동 및 소요시간 등은 다음과 같다.

활동	내용	교관/조교(명)	선행활동	소요시간(일)
A	기초 체력 단련	2/6	–	7
B	축구 기본기 훈련	3/6	A	4
C	농구 기본기 훈련	2/4	A	3
D	족구 기본기 훈련	2/4	A	5
E	축구 팀워크 훈련 및 연습경기	1/4	B	6
F	농구 팀워크 훈련 및 연습경기	1/2	C	5
G	족구 팀워크 훈련 및 연습경기	1/2	D	7
H	체육대회 1차 종합연습	3/8	E, F, G	5
I	최종연습 및 사열준비	3/8	H	7

(1) 위 상황을 네트워크 모형으로 표시하고, 주경로를 도출하시오.

(2) (1)의 네트워크 모형을 선형계획법으로 모형화하시오.

(3) 위의 선형계획법을 링고 프로그램을 활용하여 프로젝트 완료시간을 도출하여 주어진 가용시간 이내에 프로젝트를 완료할 수 있는지를 판단하고, 필요한 대책을 수립하고 민감도분석을 통해 최종 결론을 도출하시오.

* 각 활동별 교관/조교는 현재 하나의 활동만 담당하고 있으며 체육 교관 및 조교라 모든 활동에 대한 교관/조교임무 수행이 가능하다. 활동이 없는 시간에 타 활동에 대한 지원이 가능하며 이럴 경우 교관 1명당 1일, 조교 1명당 0.5일의 활동시간을 단축시킬 수 있다고 가정한다.

8.16 여단은 육군에서 새롭게 시작하는 여단급 KCTC 훈련의 최초 시범부대로 선정되었다. 귀관은 여단 교육훈련 참모로서 KCTC 훈련준비 계획을 수립 중에 있다. 훈련은 크게 전투기술(병기본)훈련과 전술훈련이 있으며 대대장을 비롯한 지

휘관(자)들의 능력향상을 위한 간부교육으로 나뉜다. 기존 훈련 관련 자료를 수집해본 결과 각 활동별 소요기간은 다음과 같았다.

활동	내용	선행활동	소요기간(일)
A	훈련 준비 계획 수립	–	5
B	기초 체력 단련	A	8
C	간부 교육(부대지휘절차)	A	10
D	병기본/전투기술 숙달	B	5
E	전술(공격/방어) 숙달	D	9
F	부대이동/행군능력 숙달	B	10
G	지휘소연습/워게임	B, C	9
H	KCTC 최종예행연습	E, F, G	3

(1) 일정관리를 위해 네트워크 흐름도를 도식하고, 주경로 및 완료시간을 도출하시오.

(2) 여단장님께서 훈련준비는 최대 한달(30일)을 넘기지는 않도록 하되 현재 계획에서 간부교육(C)은 3일 늘려 추가과제를 부여하고 부대이동/행군능력 숙달(F)도 3일 늘려 단거리 급속행군을 추가하라고 지시하셨다. 현재 일정을 고려할 때 두 가지 지침의 가능 여부와 판단근거를 쓰시오.

9장 의사결정이론

9.1 기본 개념
9.2 위험하의 의사결정
9.3 의사결정 나무 분석
9.4 완전정보의 기대가치
9.5 표본정보의 기대가치와 효율
9.6 불확실성하의 의사결정
9.7 요약
〈부록〉 베이즈 이론

9.1 기본 개념

2000년대 초, 우리 군은 AH-1S/F의 노후화와 주한미군 헬기 철수로 인한 전력 공백을 채우고자 공격력 향상을 가져다 줄 대형 공격헬기 도입사업(AH-X 사업)을 진행했다. 각종 탐색전 끝에 AH-X 사업의 후보 기종 중 AH-1Z 바이퍼가 가장 유력했고 그 이후 실기가 공개되기도 하였다. 그러나 사업 막판에 상황이 급변했다. 개발 중이던 최신예 공격헬기인 AH-64E 아파치 가디언의 개발 완료 및 양산이 시작됨에 따라 미국, 사우디아라비아, 대만 등에서 600여 대 이상 도입을 추진하게 된 것이다. 이에 따라 AH-1Z보다 훨씬 성능이 좋은 AH-64E형의 대당 가격이 폭락했고 국군이 편성한 예산으로 도입이 가능할 수준이 되어 AH-1Z는 선정되지 못하게 된다.

위에서 언급된 차세대 공격헬기 선정사업에서 우리는 몇 가지 의사결정의 특징을 찾을 수 있다. 공격헬기의 선정 과정에서 발생한 다양한 상황들이 변수로 작용할 수 있다는 것이다. 경쟁 관계에 있는 다른 기종들도 대안으로 고려될 수 있었으며, 새롭게 개발이 완료된 기종 역시 의사결정에 큰 영향을 줄 수 있는 변수로 작용하였다. 우리 군의 전력업무 담당자는 이런 사업에 대한 의사결정을 내릴 때 다양한 요소들을 검토할 것이다. 가격도 중요한 요소이지만, 기존 장비들의 노후화나 새로운 대체장비의 전력화 사업 기간에 따른 군사적 위협 역시 투자결정에 핵심적인 고려요소일 것이다. 그러나 우리는 완전한 정보를 가지고 있지 않으며, 특히 군사적인 위협과 같은 변수는 불확실성이 더욱 크다. 이러한 불확실성을 가진 의사결정 상황에서 우리는 어떤 수단과 방법들을 통해 의사결정의 불확실성을 줄이고 국민이 신뢰하는 튼튼한 국방을 만들기 위한 최선의 선택을 할 수 있을까?

이번 장에서는 사업적 투자문제는 물론 다양한 종류의 투자상황(확실, 위험, 불확실) 하에서 우리 군이 직면하는 다양한 의사결정문제에 대해 다뤄보고 최선의 선택에 가까워지기 위한 해법을 찾아보고자 한다. 특히, 의사결정 나무(decision tree) 분석을 통한 최적의사결정 경로를 모색하고 효용성에 대해 논의한다.

조직이나 개인의 활동은 의사결정을 통해서 이루어진다. 이러한 의사결정의 형태는 어떤 것은 극히 일상적이어서 결정하는 당사자도 알지 못하고 넘어가는 경우도 있으며, 또한 어떤 것은 개인이나 장래의 조직 및 조직 성원의 운명을 좌우할 만큼 중요한 것도 있다. 그러나 의사결정에 따른 결과는 의사결정이 이루어진 후에 나타나게 되고 또한 의사결정 결과에 직접적으로 큰 영향을 미칠 미래의 관련 상황의 전개에 대하여 확실하게 알지 못한 채 의사결정이 이루어진다. 이처럼 미래의 상황 전개를 확실하게 예측하지 못하는 경우의 의사결정을 잘하기 위한 체계적인 접근을 모색하는 것은 매우 중요하다.

의사결정(decision making)이란 특정 문제를 해결하기 위한 여러 가지의 대안(alternative) 가운데서 특정 상황에 비추어 가장 바람직한 대안을 선택하는 논리적 과정이라고 할 수 있다.

의사결정을 잘했느냐 혹은 잘못했느냐는 의사결정의 결과를 놓고 판단하기는 곤란하다. 의사결정의 결과는 언제나 결정이 이루어진 후에 나타나기 때문에 의사결정 과정이 어떠했는가를 두고 판단하는 것이 타당하다고 할 수 있다. 그러므로 잘한 의사결정이란 이용가능한 모든 자료와 대안을 고려하여 과학적이고 체계적인 접근법에 의한 논리에 근거를 두고 행한 의사결정을 말하며, 반대로 가용한 모든 자료와 대안을 고려하지 않고 직감이나 즉흥적인 판단으로 행한 의사결정을 잘못한 의사결정이라고 할 수 있다.

잘한 의사결정이라 하여 반드시 좋은 결과를 가져온다고는 할 수 없으며 잘못한 의사결정이라 하더라도 운이 좋아 좋은 결과를 가져올 수도 있다. 하지만 잘한 의사결정이 때로는 나쁜 결과를 가져온다 하더라도 장기적으로는 의사결정 이론에 입각한 체계적인 방법을 이용하는 것이 좋은 결과를 얻을 수 있는 최선의 길이다.

의사결정을 위해 우리가 사용하는 과학적인 기법의 유형은 통상 의사결정 환경의 성격에 기초를 둔다. 기본적으로 세 가지 상이한 의사결정 환경의 성격, 즉 확실성, 위험, 그리고 불확실성이 있다. 이와 같은 세 가지 구분은 미래의 발생 상황에 대한 우리가 알고 있는 정보와 지식의 정도에 근거를 두고 있으며 정보와 지식의 증가로 불확실성을 감소시킬 수 있다. 이러한 세 가지 의사결정 환경의 성격에 따라 의사결정 유형을 분류할 때 확실성하의 의사결정(decision making under certainty), 위험하의 의사결정(decision making under risk), 그리고 불확실성하의 의사결정(decision making under uncertainty)으로 구분한다.

확실성하의 의사결정은 의사결정에 필요한 정보, 즉 대안 선택에 따른 결과를 알고 있을 경우의 의사결정을 말하며, 이러한 환경에서의 의사결정은 비교적 용이하다. 우리는 문제의 상황에 따라 앞의 여러 장에서 토의한 확정적 모형의 과학적 기법을 활용한다. 위험하의 의사결정은 미래의 관련 상황들에 대한 발생 확률을 알고 있는 경우이며, 미래 상황 발생 확률을 모르는 경우의 의사결정을 불확실성하의 의사결정이라 한다.

의사결정문제에 체계적으로 접근하기 위해서는 다음과 같은 6단계의 일반적 과정을 거치는 것이 바람직하다.

■ **제1단계:** 문제의 정립

의사결정과 관련한 본질적인 문제가 무엇인지 명확히 기술하는 것부터 시작한다. 문제인식으로부터 의사결정을 왜 하는가의 목적과 의사결정을 통하여 달성하고사 하는 목표가 무엇인가를 명확히 하여야 한다. 의사결정의 목적과 목표가 명확히 정의되어야만 다음 단계 대안의 설정이 가능해진다. 또한 이 단계에서는 관련 정보를 수집하고 가용자원과 제한사항을 파악한다.

■ **제2단계:** 대안의 설정

대안(alternative)은 목표달성의 수단으로써 의사결정자가 취할 수 있는 전략 또는 행위를 말한다. 대안의 설정은 의사결정 과정의 여러 단계 중에서 의사결정의 질을 결정하는 가장 중요한 단계이다. 설정된 대안이 다른 가능하고 최상의 결과를 낼 수 있는 대안을 포함할 수 없다면 합리적인 의사결정을 위해 과학적인 기법을 동원하고 분석의 노력을 통해 올바른 선택을 했다 하더라도 그 결과는 최적이 될 수 없기 때문이다. 대안의 설정은 가능한 모든 대안을 고려하고, 가용한 모든 정보와 지식을 동원하여 독창적인 대안을 마련해야만 한다.

■ **제3단계:** 미래 상황의 예측 및 발생확률 추정

미래의 상황(state of future)은 의사결정과 직접적으로 관련하여 영향을 미치는 현실적으로 일어날 수 있는 상태를 말한다. 예를 들어 신제품을 개발하여 시장에 내놓았을 때의 반응이 나쁘다, 보통이다, 좋다 등의 상태, 또는 여름 해수욕장에서 커피와 아이스크림 장사를 하는데 날씨가 맑다, 흐리다, 비가 온다 등의 상태와 같은 것으로써 의사결정자가 통제 불가능한 부문이다. 이러한 의사결정과 연관된 미래의 상황을 예측하고, 가능하면 각 상황의 발생확률을 추정해야 한다. 또한 이 단계에서는 다음 단계의 과정에서 필요한 의사결정의 기준도 마련해야 한다.

■ **제4단계:** 성과의 예측

성과(outcome)는 의사결정자가 취할 대안과 미래 상황의 결합으로 이루어지는 결과이다. 각 대안과 미래 상황 전개에 따른 성과를 예측하여 한눈에 알아볼 수 있도록 표 9.1과 같이 의사결정표(decision table) 또는 성과표(payoff table)

표 9.1 성과표

상황(state of nature) / 대안(alternative)	S_1	S_2	$\cdots$	S_n
A_1	O_{11}	O_{12}	$\cdots$	O_{1m}
A_2	O_{21}	O_{22}	$\cdots$	O_{2n}
$\vdots$	$\vdots$	$\vdots$	$\vdots$	$\vdots$
A_m	O_{m1}	O_{m2}	$\cdots$	O_{mn}

로 나타낸다. 성과표 작성의 일반적인 방법은 왼쪽에 대안(A)을, 위쪽에 미래 상황(S)을 기입하고 각 대안과 상황이 교차하는 위치에 성과(O)를 기입한다.

- **제5단계:** 의사결정 모형의 선정

  주어진 의사결정 환경과 의사결정 기준에 적합한 대안의 선택과정에서 이용될 의사결정 모형을 선정한다.

- **제6단계:** 최적 대안 선택

  의사결정의 마지막 단계로 선정된 의사결정 모형을 적용하여 최적의 대안을 선택한다.

지금까지 우리는 의사결정 이론의 기본 개념으로 의사결정의 의의, 환경에 따른 의사결정 유형분류, 그리고 의사결정 과정을 살펴보았다. 이 장에서는 의사결정 유형에 따라 위험하의 의사결정, 위험하의 순차적 다단계 의사결정에 유용한 의사결정 나무 분석 과정, 불확실성하의 의사결정, 그리고 불확실성하의 의사결정과 연관된 베이스 이론에 대해서 주제별로 개념, 방법론, 컴퓨터 응용을 중심으로 살펴보기로 한다.

9.2 위험하의 의사결정

9.2.1 개념

위험하의 의사결정(decision making under risk)은 미래의 관련 상황들에 대한 발생확률을 알고 있는 경우이다. 위험하의 의사결정을 위해서는 먼저 실행 가능한 대안을 설정한 다음에 미래의 관련 상황(events or state of nature)의 발생확률을 결정한다. 다음에는 주어진 미래 상황과 각 대안에 대하여 이익(payoff)이나 손실(loss)의 어느 쪽이든 성과를 결정하여 성과표를 작성한다. 최적 대안 선택 기준은 최대 금전적 기댓값(maximum expected monetary value)이나 최소 기대손실(minimum expected loss)을 주로 사용한다.

위험하의 의사결정은 확률(probability) 개념을 포함한다. 확률에 대한 통상적인 정의는 상당한 수의 실험적 시도에서 한 사건(event)이 일어나는 빈도이다. 이와 같은 정의를 객관적 확률(objective probability)이라 한다. 확률은 항상 실험을 기초로 하는 것은 아니다. 예를 들어 기상전문가가 내일 비가 올 확률이 20%라고 예보한다든지, 내일 있을 축구시합 결승전에서 어떤 팀이 이길 확률이 70%라고 주장하는 것과 같은 확률은 실질적인 실험을 기초로 하지 않는다. 이처럼 특정 정보, 지식, 과거 경험, 또는 일어날 가능성을 가진 사건을 둘러싼 환경에 관한 개인적인 느낌 등을 기초로 한 확률을 주관적 확률(subjective probability)이라 한다.

확률의 이론은 그 자체로서 한 학문 분야이다. 여기서는 위험조건하의 의사결정과 연관된 여러 속성을 간단히 설명하기로 한다.

(1) 미래의 가능한 한 상황을 S_i라 할 때 상황 발생확률은 음(−)일 수 없고 1을 초과할 수 없다.

$$0 \le P(S_i) \le 1$$

(2) 모든 가능한 미래 상황의 발생확률의 합은 1이어야 한다.

$$\sum_{i=1}^{n} P(S_i) = 1$$

9.2.2 금전적 기댓값 기준

금전적 기댓값(EMV, expected monetary value)은 성과표에서 각 대안별로 상황에 따른 각 성과에 그에 상응하는 상황 발생확률을 곱하여 합한 값이다. A_i를 i번째 대안, S_j를 j번째 미래 상황, $X_{ij}(A_i,\ S_j)$를 i번째 대안을 선택하고 j번째 미래 상황이 발생하는 경우의 성과, $P(S_j)$를 j번째 상황이 발생할 확률이라 할 때, i번째 대안 선택 시 금전적 기댓값 $\text{EMV}(A_i)$는 다음과 같다.

$$\text{EMV}(A_i) = \sum_{j=1}^{n} X_{ij}(A_i,\ S_j) \cdot P(S_j)$$

대안별 금전적 기댓값 중에서 성과가 이익인 경우는 가장 큰 금전적 기댓값, 성과가 비용인 경우는 가장 작은 금전적 기댓값을 가진 대안을 최적 대안으로 선택한다.

예제 9.1

K사는 신제품을 생산 판매하기 위하여 현재의 생산설비를 대규모로 확장할 것인가, 소규모로 확장할 것인가, 또는 유휴시설을 이용할 것인가의 세 가지 대안을 놓고 의사결정에 들어갔다. 이를 위해 정보를 수집하고 검토한 결과 다음과 같은 성과표를 작성하였다.

성과표

대안 \ 미래 상황 / 발생확률	높은 수요(S_1)	보통 수요(S_2)	낮은 수요(S_3)
	0.35	0.5	0.15
대규모 확장(A_1)	40,000	10,000	−35,000
소규모 확장(A_2)	18,000	16,000	−9,000
유휴시설 이용(A_3)	0	0	0

$$\mathrm{EMV}(A_1) = 40{,}000 \times 0.35 + 10{,}000 \times 0.5 + (-35{,}000) \times 0.15 = 13{,}750$$

$$\mathrm{EMV}(A_2) = 18{,}000 \times 0.35 + 16{,}000 \times 0.5 + (-9{,}000) \times 0.15 = 12{,}950$$

$$\mathrm{EMV}(A_3) = 0 \times 0.35 + 0 \times 0.5 + 0 \times 0.15 = 0$$

위의 성과표는 이익(payoff)을 기준으로 예측한 값이기 때문에 EMV가 가장 큰 대안인 대규모 확장(A_1)을 선택한다.

예제 9.2

사무실을 임대하여 소규모의 무역 중개업을 시작한 K씨는 금년 겨울의 난방 문제를 해결하기 위하여 전기난로와 석유난로 중 어느 것을 구입·설치할 것인가 하는 의사결정을 해야 하는 처지에 있다. 난방비는 고정비용과 운영비용으로 구성되어 있어 날씨의 추위 정도에 따라 사용 정도가 달라지고, 따라서 총 비용도 달라진다. 어느 쪽을 택하든 겨울에 실내의 적당한 온도를 유지해야 하므로 예상 추위 정도에 따른 비용을 분석하여 다음과 같은 비용표를 작성하였다.

비용표

대안 \ 발생확률 \ 미래 상황	평년 이하 추위(S_1)	평년 수준 추위(S_2)	평년 이상 강추위(S_3)
	0.2	0.5	0.3
전기난로(A_1)	50	100	160
석유난로(A_2)	60	80	130

$$\mathrm{EMV}(A_1) = 50 \times 0.2 + 100 \times 0.5 + 160 \times 0.3 = 108$$

$$\mathrm{EMV}(A_2) = 60 \times 0.2 + 80 \times 0.5 + 130 \times 0.3 = 91$$

위의 비용표는 비용(cost)을 기준으로 예측한 값이기 때문에 EMV가 가장 작은 대안인 석유난로(A_2)를 구입하여 운영하는 것을 선택한다.

9.2.3 기대기회손실 기준

앞의 금전적 기댓값 기준의 예제 9.1에서는 성과표를 기초로 하여 금전적 기댓값이 가장 큰 대안을 최적 대안으로 선택하였다. 기대기회손실(EOL, expected opportunity loss) 기준을 적용할 때도 위와 같은 접근을 사용할 수 있다. 기회손실은 각 미래 상황에 대하여 계산된다. 먼저 각 미래 상황별로 가장 큰 성과 값을 찾아낸다. 만약 어떤 주어진 미래 상황이 발생하고 특정 대안을 선택하여 가장 좋은 성과 값을 실현했다고 하면 이때의 기회손실은 '0'이 될 것이다. 예제 9.1의 K사의 신제품 생산 판매를 위한 생산설비 확장문제의 예제를 고려해보자. 이 예제에서 높은 수요의 미래 상황이 발생하고 대규모 확장의 대안을 선택했을 때 가장 좋은 성과 값은 40,000이고 기회손실은 0이다. 만약 높은 수요의 미래 상황이 발생하고 소규모 확장의 대안을 선택했다고 하면 기회손실은 40,000과 18,000의 차인 22,000이 된다.

위와 같은 방법으로 K사 신제품 생산문제에 대한 기회손실표를 표 9.2와 같이 작성할 수 있다.

$$\mathrm{EOL}(A_1) = 0 \times 0.35 + 6{,}000 \times 0.5 + 35{,}000 \times 0.15 = 8{,}250$$

$$\mathrm{EOL}(A_2) = 22{,}000 \times 0.35 + 0 \times 0.5 + 9{,}000 \times 0.15 = 9{,}050$$

$$\mathrm{EOL}(A_3) = 40{,}000 \times 0.35 + 16{,}000 \times 0.5 + 0 \times 0.15 = 22{,}000$$

표 9.2 기회손실표

대안 \ 미래 상황 / 발생확률	높은 수요(S_1)	보통 수요(S_2)	낮은 수요(S_3)
	0.35	0.5	0.15
대규모 확장(A_1)	0	6,000	35,000
소규모 확장(A_2)	22,000	0	9,000
유휴시설 이용(A_3)	40,000	16,000	0

여기서는 기대기회손실을 최소화하는 것이 선택기준이므로 최적 대안은 금전적 기댓값 기준 때와 마찬가지로 기대기회손실이 최소인 대안 대규모 확장(A_1)을 선택한다. 사실상 우리가 금전적 기댓값 기준을 사용하든, 기대기회손실 기준을 사용하든 항상 최적 대안은 동일하다.

9.3 의사결정 나무 분석

9.3.1 개념

앞 절에서 논의한 위험하의 의사결정은 단지 하나의 의사결정 단계 또는 기간을 포함하고 있다. 예로 앞에서 다룬 K사의 신제품 생산 계획에서와 같이 결정 대안의 미래에 이어지는 결과에 대하여는 어떠한 고려도 하지 않고 금전적 기댓값을 기준으로 분석하였다. 그러나 많은 실제 문제에 있어서는 한 주어진 기간이나 단계에서 내린 의사결정은 미래의 결과에 계속해서 영향을 미칠 수 있다. 따라서 이런 경우의 최적 대안의 결정은 전체적인 계획 기간에 걸쳐서 일련의 의사결정 전체 과정의 분석을 필요로 한다. 이 절에서 논의하고자 하는 의사결정 나무 분석(decision tree analysis)은 위험하의 다단계 의사결정에 유용한 분석기법이다.

일반적으로 나무는 하나의 가지로부터 여러 가지로 갈라지고, 또 그 갈라진 가지로부터 다른 가지로 갈라지거나 그대로 뻗어 나간다. 의사결정 나무 분석이라는 명칭을 사용하는 것은 위와 같은 일반적인 나무 형태와 유사하게 다단계 의사결정 과정을 도시화하여 분석하는 방법을 취하기 때문이다.

의사결정 나무 분석은 여러 가지 이유로 순차적인 의사결정문제 해결에 유용한 도구이다. 첫째로, 순차적 의사결정의 복잡한 과정을 쉽게 이해할 수 있도록 도시적으로 표현한다. 둘째로, 의사결정 나무는 계산의 작업이 나무 도표 바로 위에서 이루어질 수 있기 때문에 금전적 기댓값을 쉽게 계산할 수 있다. 셋째로, 의사결정 나무 분석은 여러 의사결정의 집단 의사결정 과정을 다룰 수 있다.

9.3.2 분석 방법

의사결정 나무 분석은 다음의 요소를 이용해서 순차적 의사결정 과정을 도표로의 표현 방식으로 제공한다.

① 의사결정점: 의사결정점은 통상 사각형(ㅁ)으로 표시하며 어떤 의사결정이 내려져야 하는 특정 시간 또는 단계이다. 의사결정점에서 대안의 가지가 갈라진다.

② 미래 상황점: 미래 상황점은 통상 원(○)으로 표시하며 발생할 수 있는 미래 상황들이 여기서 가지로 갈라진다.

③ 발생확률: 미래 상황의 발생 확률에 대해서 알고 있거나 가장 잘 추정된 확률을 발생 상황의 가지 위에 나타낸다.

④ 조건적 성과: 각 발생 상황에 대해서 알고 있거나 가장 잘 추정된 조건적 성과를 이익이나 손실 등으로 각 상황가지의 맨 끝에 나타낸다.

전형적인 의사결정 나무를 그림 9.1에 나타냈다. 의사결정 나무는 통상 왼쪽부터 하나 또는 그 이상의 의사결정점으로 시작하여 오른쪽으로 가면서 모든 가능

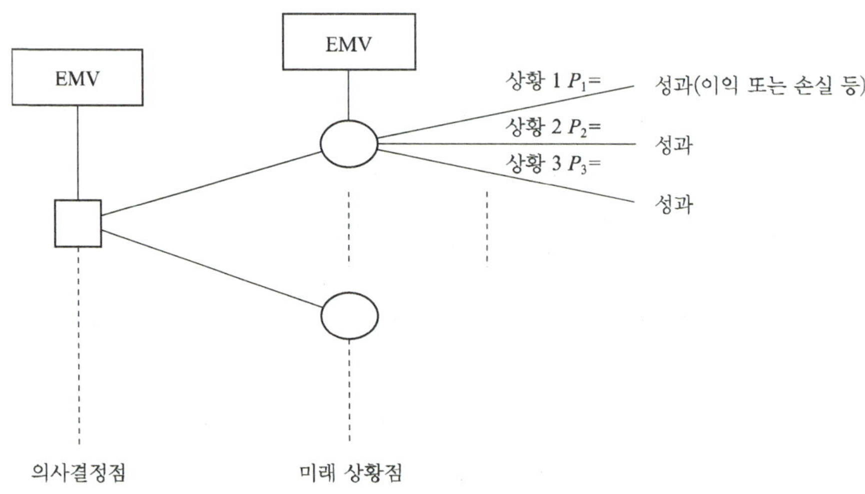

그림 9.1 전형적 의사결정 나무

한 대안과 미래 상황의 가지들이 갈라져 나간다. 각 의사결정 가지는 금전적 기댓값을 기준으로 계산 평가된다.

예제 9.3

K사 경영진은 사업 확장을 위해서 신제품을 생산 판매할 것인가 혹은 실패할 경우를 고려해서 신제품 생산계획을 포기할 것인가 하는 의사결정문제에 봉착해있다. 신제품을 시장에 내놓았을 때 발생할 수 있는 미래 상황은 대량판매와 소량판매의 두 가지로 예측되고, 대량판매의 경우 발생확률은 0.3이고 발생이익은 400,000이며, 소량판매의 경우 발생확률은 0.7이고 발생이익은 −200,000으로 예측하게 되었다. 이를 위험하의 의사결정 모형으로 분석한 결과 20,000의 손실이 발생하는 것으로 분석되어 신제품 생산계획을 포기해야만 하는 결론을 얻었다. 그러나 경영진은 좋은 기회를 상실하는 것이 싫어서 20,000의 정보획득 비용을 지불하더라도 2개의 도시를 대상으로 시장조사를 먼저 해보는 문제를 고려하게 되었다.

과거의 경험을 통해 예측해보면, 시장조사를 하게 될 때 발생할 수 있는 미래 상황은 시장조사가 성공을 예언하는 경우, 결론을 얻지 못하는 경우, 그리고 실패를 예언하는 경우의 세 가지로 판단되며, 각각의 발생확률은 0.2, 0.5, 0.3으로 예측하고 있다. 시장조사가 성공을 예언할 경우 신제품을 시장에 내놓았을 때의 대량판매 상황이 발생할 확률은 0.63이고 소량판매 상황이 발생할 확률은 0.37이다. 시장조사에서 결론을 얻지 못하는 경우 신제품을 시장에 내놓았을 때의 대량판매 상황이 발생할 확률은 0.25, 소량판매 상황이 발생할 확률은 0.75이다. 또한 시장조사가 실패를 예언할 경우 신제품을 시장에 내놓았을 때의 대량판매 상황이 발생할 확률은 0.18이고, 소량판매 상황이 발생할 확률은 0.82로 예측된다. 이를 의사결정 나무 도표로 나타내면 그림 9.2와 같다.

의사결정 나무 분석 과정은 의사결정 나무 도표를 작성해나가는 과정과는 반대로 오른쪽 끝의 성과를 나타내는 점에서 왼쪽으로 이행하면서 미래 상황점과 의사결정점에서의 금전적 기댓값을 계산한다. 미래 상황점에서는 상황 발생확률을 이용하여 금전적 기댓값을 계산하고, 의사결정점에서는 각 대안에 대한 금전적 기댓값을 비교하여 제일 큰 값의 대안을 제외하고는 "‖"로 나무가지를 친다. 또한 비용이 발생한 부분에서는 비용만큼 금전적 기댓값에서 빼면 된다. 이러한 분석과정과 결과를 그림 9.3을 통해 확인할 수 있다.

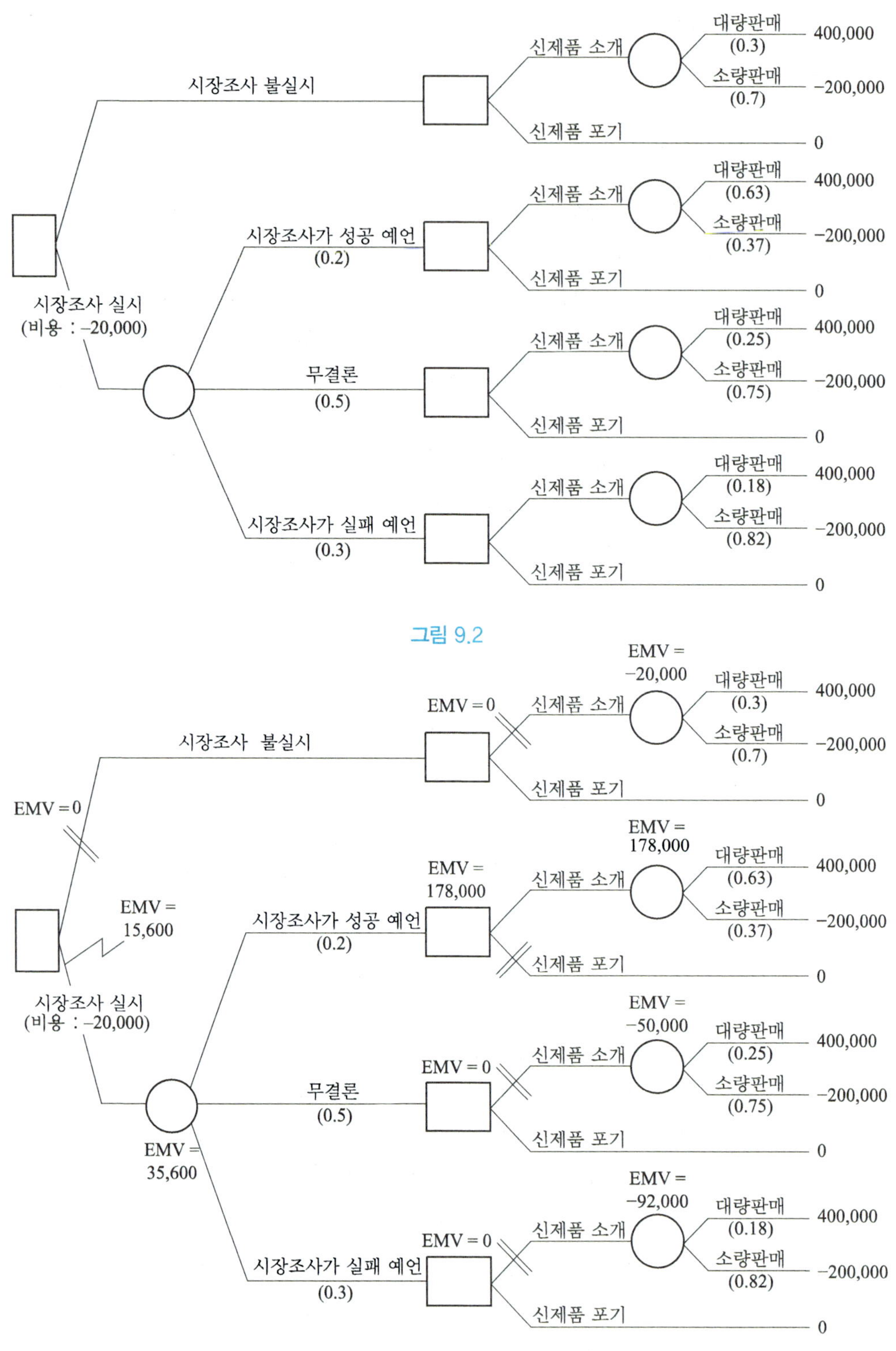
시장조사 불실시
신제품 소개
대량판매
(0.3)
400,000
소량판매
(0.7)
−200,000
신제품 포기
0
시장조사 실시
(비용 : −20,000)
시장조사가 성공 예언
(0.2)
신제품 소개
대량판매
(0.63)
400,000
소량판매
(0.37)
−200,000
신제품 포기
0
무결론
(0.5)
신제품 소개
대량판매
(0.25)
400,000
소량판매
(0.75)
−200,000
신제품 포기
0
시장조사가 실패 예언
(0.3)
신제품 소개
대량판매
(0.18)
400,000
소량판매
(0.82)
−200,000
신제품 포기
0

그림 9.2

EMV = 0
시장조사 불실시
EMV = 0
신제품 소개
EMV = −20,000
대량판매
(0.3)
400,000
소량판매
(0.7)
−200,000
신제품 포기
0
EMV = 15,600
시장조사 실시
(비용 : −20,000)
EMV = 35,600
시장조사가 성공 예언
(0.2)
EMV = 178,000
신제품 소개
EMV = 178,000
대량판매
(0.63)
400,000
소량판매
(0.37)
−200,000
신제품 포기
0
무결론
(0.5)
EMV = 0
신제품 소개
EMV = −50,000
대량판매
(0.25)
400,000
소량판매
(0.75)
−200,000
신제품 포기
0
시장조사가 실패 예언
(0.3)
EMV = 0
신제품 소개
EMV = −92,000
대량판매
(0.18)
400,000
소량판매
(0.82)
−200,000
신제품 포기
0

그림 9.3

위의 의사결정 나무 분석 결과는 일단 시장조사를 실시하고 시장조사 결과가 실패를 예언하거나 결론을 얻을 수 없으면 신제품 생산 판매 계획을 포기하고, 시장조사 결과가 성공을 예언하면 신제품을 생산 판매하는 대안을 선택하는 것이다. 이때의 금전적 기댓값은 15,600이다.

9.4 완전정보의 기대가치

위험하의 의사결정에서는 미래에 발생할 상황의 확률분포가 각 대안의 기대가치에 큰 영향을 미치게 된다. 위험하의 의사결정은 미래 상황의 확률분포가 존재할 때의 의사결정을 일컫는데, 그렇다면 우리가 확률적 분포를 가지는 미래 상황에 대해 완전한 정보를 가질 수 있다면 그때의 의사결정은 어떻게 달라지겠는가? 우리가 신(God)처럼 완전한 정보를 가질 수 있다면 우리의 의사결정은 가히 완벽해질 수 있다. 즉, 최대의 성과를 가져오는 최고의 의사결정이 가능해진다는 의미이다. 그러나 현실에서 완전정보란 존재하기 어려우므로 미래 상황에 대한 사전확률정보를 바탕으로 기대 성과 값(EV)이 높은 의사결정을 택하는 것이 최선의 선택일 것이다. 만약 완전한 정보까지는 아니지만 그래도 표본에 의해 좀 더 나은 정보를 얻을 수 있다면 우리의 의사결정은 어떻게 달라질 수 있는지 예제를 통해서 알아보자.

예제 9.4

국방산업의 규모와 수요상황에 따른 예상이익이 다음 표와 같으며 미래의 수요상황 발생확률은 각각 $P(S_1) = 0.2$, $P(S_2) = 0.35$, $P(S_3) = 0.45$라고 하자.

대안 \ 미래 상황	S_1(수요 낮음)	S_2(수요 보통)	S_3(수요 높음)
d_1(소규모)	400	400	400
d_2(중규모)	100	600	600
d_3(대규모)	−300	300	900

위에서 언급한 것처럼, 표본정보가 고려되지 않은 단순확률정보를 사전확률

(prior probability)이라고 한다. 이 예제에서는 미래 상황 S_1, S_2, S_3는 각각 0.2, 0.35, 0.45의 확률로 발생할 것을 의미하며, 이 확률값이 바로 사전확률 값이 된다. 사전확률에 의한 의사결정은 다음과 같이 각 대안의 기대 성과 값이 가장 높은 대안선정이 최종의사결정이 된다.

	S_1	S_2	S_3	
발생확률	0.2	0.35	0.45	
대안				EV 기준
d_1	400	400	400	400
d_2	100	600	600	500
d_3	−300	300	900	450
			max	500
			최적 대안	d_2

미래 상황에 대한 발생확률값을 대안별로 성과에 곱하면

$$d_1 = 400 \times 0.2 + 400 \times 0.35 + 400 \times 0.45 = 400$$

$$d_2 = 100 \times 0.2 + 600 \times 0.35 + 600 \times 0.45 = 500$$

$$d_3 = -300 \times 0.2 + 300 \times 0.35 + 900 \times 0.45 = 450$$

이 되므로, 기댓값(EV) 기준으로 가장 큰 값을 갖는 대안 2가 선택된다. 즉, 사전확률에 의한 의사결정은 방산업 규모를 중간 정도로 했을 때 가장 큰 기대수익을 예상하게 된다.

그렇다면 동일한 상황에 대해 완전정보(perfect information)가 있다고 가정해보자. 여러분은 어떤 대안을 선택하는 의사결정에 이르겠는가? 여기서 주의할 점은 사전확률은 이미 주어진 통계값이므로 바뀔 수 없음에 주목하자. 즉, 미래의 수요 상황인 세 가지 S_1(수요 낮음), S_2(수요 보통), S_3(수요 높음) 중 하나로 결정될 것이고, 이 확률값은 변함이 없다는 것이다. 다른 예로 비가 올 확률이 60%이고 맑을 확률이 40%라고 했을 때, 미래 상황은 비가 오거나 맑거나 둘 중 하나로 결정되는 것이지 비가 올 확률이 100%가 되거나 그 반대의 상황이 발생한다는 의미는 아니다. '완전정보를 갖게 된다면'이라는 가정하에 기대 성과를 최대로 만들기 위해 대안 선택이 달라지는 것을 확인해보자.

	S_1	S_2	S_3
발생확률	0.2	0.35	0.45
대안			
d_1	400	400	400
d_2	100	600	600
d_3	−300	300	900
최대 성과	400	600	900

만약 완전정보에 의해 S_1이 발생할 것을 예측한다면 S_1 상황하에서 최대 성과를 가져오는 대안은 d_1이 된다. 마찬가지로, $S_2(S_3)$가 발생할 것을 완전정보를 통해 알 수 있다면, 각 상황에서 최대 성과 값을 기대할 수 있는 $d_2(d_3)$의 대안을 선택하게 될 것이다. 이 경우는 어떤 상황이 발생할지를 완전정보에 의해 알 수 있지만, 여전히 각 상황별 발생확률은 존재하므로 완전정보를 통해 기대할 수 있는 기대 성과 값은 다음과 같이 계산된다.

$$\text{EV(완전정보)} = 400 \times 0.2 + 600 \times 0.35 + 900 \times 0.45 = 695$$

그렇다면 사전정보에 의한 의사결정에 비해 완전정보를 가진 경우에 행하는 의사결정의 가치는 얼마나 더 클 것인가를 계산해보자. 우리는 완전한 정보에 의한 의사결정의 기대가치와 사전정보에 의한 의사결정 기대가치 값의 차이를 완전정보의 기대가치(EVPI, expected value of perfect information)라 한다. 따라서 EVPI는 다음과 같이 계산된다.

$$\text{EVPI} = \text{EV(완전정보)} - \text{EV(사전정보)} = 695 - 500 = 195$$

이는 완전정보를 통한 의사결정이 사전확률에 의한 의사결정보다 195만큼의 추가가치를 더 기대할 수 있음을 의미하는 동시에 우리가 완전정보를 얻기 위해 195 이상의 금액을 지불하지 말아야 하는 한계금액으로써의 의미를 갖는다. 그러나 위에서 언급한 것처럼 완전한 정보를 기대하기란 어려우므로 우리는 표본을 통해 좀 더 완전정보에 가까운 정보를 얻기 위해 노력할 수는 있을 것이다. 즉, 완전정보에 가까운 정보(표본정보)를 얻기 위해 지불할 수 있는 금액의 상한액이 195인 셈이다. 또한 완전정보가 가용하면 항상 최적 대안이 가능하므로 기회손실은 0이다. 이에 따라 EVPI는 사전정보하의 기대기회손실과 같다.

9.5 표본정보의 기대가치와 효율

완전정보처럼 유익한 정보를 얻기 위해 기업들은 일반적으로 표본정보(sample information)를 얻고자 원재료에 대한 표본조사, 각종 제품실험, 예비 시장조사 등을 수행한다. 이러한 표본정보를 얻게 되면 기존에 알고 있던 사전확률과 조건확률의 결합(베이즈 정리)을 통해 새롭게 사후확률을 얻을 수 있는데, 사후확률을 알면 사전확률에 의한 의사결정보다 더 좋은 의사결정이 가능해진다. 예제 9.5를 통해서 알아보자.

예제 9.5

방산업의 규모와 수요상황에 따른 예상이익, 상황별 발생확률이 아래 표와 같은 상황이다.

미래 상황 / 대안	S_1(수요 낮음) $P(S_1)=0.2$	S_2(수요 보통) $P(S_2)=0.3$	S_3(수요 높음) $P(S_3)=0.5$
d_1(소규모)	400	400	500
d_2(중규모)	100	600	600
d_3(대규모)	−300	300	1000

방위사업청에서는 외부용역을 통해 시장조사자료에 대한 표본정보를 확보하였으며, 시장표본조사결과 미래 상황별 세 가지 수요지표(I_1: 낮음, I_2: 보통, I_3: 높음)에 대하여 다음과 같은 조건확률을 얻었다.

조건확률 / 미래 상황	$P(I_k / S_j)$		
	I_1	I_2	I_3
S_1(수요 낮음)	0.5	0.3	0.2
S_2(수요 보통)	0.4	0.4	0.2
S_3(수요 높음)	0.1	0.4	0.5

표본정보의 가치를 구하기 위해서는 베이즈 정리(이 장의 마지막에 나오는 부록 참고)에 의해 사전확률과 조건확률의 곱으로 나타나는 결합확률과 이를 통해 최종적으로 사후확률을 얻는 과정을 이해해야 한다. 사전확률은 $P(S_i)$이고 조건확률은 $P(I_k / S_i)$이므로 사전확률 × 조건확률$= P(S_i) \times P(I_k / S_i) =$ 결합확률

$P(I_k \cap S_i)$가 되며, 결합확률을 $P(I_k)$로 나누면 이는 곧 사후확률인 $P(S_i \mid I_k) = \dfrac{P(I_k \cap S_i)}{P(I_k)}$가 됨을 알 수 있다.

시장조사: I_1

	사전확률 $P(S_i)$	조건확률 $P(I_1 \mid S_i)$	결합확률 $P(I_1 \cap S_i)$	사후확률 $P(S_i \mid I_1)$
S_1	0.2	0.5	0.1	0.3704
S_2	0.3	0.4	0.12	0.4444
S_3	0.5	0.1	0.05	0.1852
확률(I_1)			$P(I_1)=0.27$	

시장조사: I_2

	사전확률 $P(S_i)$	조건확률 $P(I_2 \mid S_i)$	결합확률 $P(I_2 \cap S_i)$	사후확률 $P(S_i \mid I_2)$
S_1	0.2	0.3	0.06	0.1579
S_2	0.3	0.4	0.12	0.3158
S_3	0.5	0.4	0.2	0.5263
확률(I_2)			$P(I_2)=0.38$	

시장조사: I_3

	사전확률 $P(S_i)$	조건확률 $P(I_3 \mid S_i)$	결합확률 $P(I_3 \cap S_i)$	사후확률 $P(S_i \mid I_3)$
S_1	0.2	0.2	0.04	0.1143
S_2	0.3	0.2	0.06	0.1714
S_3	0.5	0.5	0.25	0.7143
확률(I_3)			$P(I_3)=0.35$	

위의 표를 바탕으로 다음과 같은 확률정보를 얻게 됨을 알 수 있다.

만일 시장조사가 I_1(낮음)일 때,

실제 수요도 낮을(S_1) 경우 $P(S_1 \mid I_1) = \dfrac{P(I_1 \cap S_1)}{P(I_1)} = 0.3704$

실제 수요는 보통(S_2)일 경우 $P(S_2 \mid I_1) = \dfrac{P(I_1 \cap S_2)}{P(I_1)} = 0.4444$

실제 수요는 높을(S_3) 경우 $P(S_3 \mid I_1) = \dfrac{P(I_1 \cap S_3)}{P(I_1)} = 0.1852$

만일 시장조사가 I_2(보통)일 때,

실제 수요는 낮을(S_1) 경우 $P(S_1 \mid I_2) = \dfrac{P(I_2 \cap S_1)}{P(I_2)} = 0.1579$

실제 수요도 보통(S_2)일 경우 $P(S_2 \mid I_2) = \dfrac{P(I_2 \cap S_2)}{P(I_2)} = 0.3158$

실제 수요는 높을(S_3) 경우 $P(S_3 \mid I_2) = \dfrac{P(I_2 \cap S_3)}{P(I_2)} = 0.5263$

만일 시장조사가 I_3(높음)일 때,

실제 수요는 낮을(S_1) 경우 $P(S_1 \mid I_3) = \dfrac{P(I_3 \cap S_1)}{P(I_3)} = 0.1143$

실제 수요는 보통(S_2)일 경우 $P(S_2 \mid I_3) = \dfrac{P(I_3 \cap S_2)}{P(I_3)} = 0.1714$

실제 수요도 높을(S_3) 경우 $P(S_3 \mid I_3) = \dfrac{P(I_3 \cap S_3)}{P(I_3)} = 0.7143$

가 된다. 이들을 의사결정 나무에 표시하면 그림 9.4와 같다.

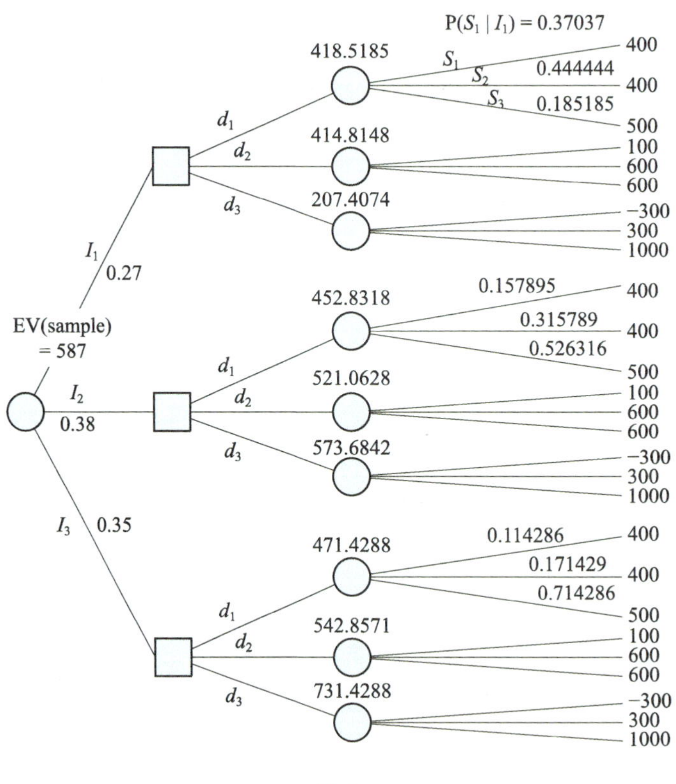

그림 9.4

기대가치(EV) 기준에 따라 시장수요조사결과가 I_1(낮음)일 때는 대안 1(d_1), 시장수요조사결과가 I_2(보통)와 I_3(높음)일 때는 대안 3(d_3)을 선정하게 된다. 따라서 표본정보가 있을 때 의사결정의 기대가치(EV)는 EV(sample)= $418.519 \times 0.27 + 573.684 \times 0.38 + 731.429 \times 0.35 = 587$이 되며, 의사결정 전략은 시장표본조사결과가 I_1(낮음)일 때는 d_1(소규모)을, I_2(보통)와 I_3(높음)일 때는 d_3(대규모)를 선택하면 된다.

이때 EV(사전정보)는 530이므로 시장조사를 통해 얻는 표본정보의 가치는 587−530 = 57이 된다. 이것을 표본정보의 기대가치(EVSI, expected value of sample information)라고 한다. 또한 EVSI를 EVPI로 나눈 값을 표본정보의 효율 E라고 표시한다. 이 경우 표본정보의 효율 E = EVSI/EVPI = 57 ÷ 230 = 0.248, 즉 24.8%이다.

9.6 불확실성하의 의사결정

9.6.1 개념

위험하의 의사결정은 미래 상황의 발생확률을 알고 있거나 그러한 정보가 가용한 것으로 가정하고 있다. 그러나 많은 현실적인 문제에서는 미래 상황의 발생확률을 모르며 정보도 존재하지 않는다. 이와 같은 상황에서의 의사결정을 불확실성하의 의사결정이라 한다. 불확실성하의 의사결정은 위험하의 의사결정과 마찬가지로 가능한 미래 상황에 대한 각 대안의 조건적 성과에 관한 구체적인 정보를 가지고 있으나 잠재적인 미래 상황들의 발생확률을 모르고 있는 경우이다. 따라서 이러한 경우의 의사결정은 의사결정에 사용될 명확한 의사결정 기준이 없으므로 매우 어렵다. 그럼에도 불구하고 불확실성하의 의사결정을 위한 다양한 기준이 제시되었다.

불확실성하의 의사결정 기준은 의사결정자가 불확실성을 어떻게 받아들이느냐에 따라 적용기준이 달라진다. 의사결정자의 불확실성에 대한 태도에 따른 의사결정 기준으로는 불충분이유 기준, 낙관적 기준, 비관적 기준, 낙관정도 기준, 그리고 최대후회 최소화 기준이 있다. 이러한 기준들의 적용 방법을 다음의 예제를 통해 이해하기로 하자.

예제 9.6

K씨는 여유자금을 무엇에 투자할 것인가 하는 문제로 오랫동안 연구하고 분석한 결과 재산 증식을 최대화하기 위한 수단으로 주식 투자, 채권 투자, 부동산 투자, 그리고 은행신탁예금의 네 가지 대안을 정립하였으며, 대안 선택에 영향을 미치는 미래 발생 상황은 경기 침체, 경기 안정, 경기 호황의 3개 상황으로 예측하였고, 그들의 발생확률에 대해서는 추정할 수 없는 것으로 판단하였다. 또한 K씨는 각 대안 선택과 미래 상황 발생에 따른 성과표를 다음과 같이 작성하였다.

성과표

대안 \ 미래 상황	경기 침체(S_1)	경기 안정(S_2)	경기 호황(S_3)
주식 투자(A_1)	−150	240	500
채권 투자(A_2)	50	220	350
부동산 투자(A_3)	100	180	250
은행신탁예금(A_4)	200	200	200

9.6.2 의사결정 기준

(1) 불충분이유 기준

불충분이유 기준(criterion of insufficient reason)은 라플라스에 의해 제안된 것으로 라플라스 기준(Laplace criterion)이라고도 한다.

라플라스의 제안에 의하면 가능한 미래 상황에 관한 완전한 불확실성이 존재하기 때문에 각 미래 상황에 대하여 동등한 발생확률을 할당하는 것이다. 예제 9.6에서는 3개의 가능한 미래 상황이 존재한다. 따라서 각 미래 상황에 대한 발생확률을 1/3로 할당한다. 할당된 미래 상황 발생확률을 이용하여 각 대안에 대한 금전적 기댓값을 다음과 같이 계산할 수 있다.

$$\mathrm{EMV}(A_1) = 1/3(-150) + 1/3(240) + 1/3(500) = 196.67$$
$$\mathrm{EMV}(A_2) = 1/3\quad(50) + 1/3(220) + 1/3(350) = 206.67$$
$$\mathrm{EMV}(A_3) = 1/3\quad(100) + 1/3(180) + 1/3(250) = 176.67$$
$$\mathrm{EMV}(A_4) = 1/3\quad(200) + 1/3(200) + 1/3(200) = 200.00$$

따라서 불충분이유 기준에 의한 최적 대안은 A_2, 즉 채권 투자이다.

(2) 낙관적 기준

낙관적 기준(criterion of optimism)은 의사결정자가 미래에 대하여 전적으로 낙관적인 것으로 가정한다. 따라서 이 기준에 의하면 의사결정자는 각 대안별 최고의 조건적 성과 값 가운데 최댓값을 가지는 대안을 선택한다. 낙관적 기준은 성과가 이익인 경우 각 대안의 최댓값의 최대화 원리를 추구하므로 맥시맥스 기준(maximax criterion)이라고도 하며, 성과가 비용인 경우 최솟값의 최소화 원리를 추구하므로 미니민 기준(minimin criterion)이라고도 한다. 예제 9.6에서 대안별 최대 이익은 다음과 같다.

대안	최대 성과(maximum payoff)
A_1	500
A_2	350
A_3	250
A_4	200

따라서 낙관적 기준에 의한 최적 대안은 A_1, 즉 주식 투자이다.

(3) 비관적 기준

비관적 기준(criterion of pessimism)은 낙관적 기준의 반대 개념으로 의사결정자는 미래에 대하여 아주 조심스럽거나 비관적인 태도를 보이고 있다. 이 기준에서는 의사결정 대안들은 최소의 조건적 성과를 바탕으로 비교된다. 대안별 최저 성과 가운데 최댓값을 가지는 대안이 최적 대안으로 선택된다. 비관적 기준은 왈드 기준(Wald criterion)으로 알려져 있으며, 성과가 이익이면 최솟값의 최대화 원리를 추구하므로 맥시민 기준(maximin criterion)이라고도 하고 성과가 비용인 경우 최댓값의 최소화 원리를 추구하므로 미니맥스 기준(minimax criterion)이라고도 한다. 예제 9.6에서 각 대안의 최소 조건적 성과는 다음과 같다.

대안	최소 성과(minimum payoff)
A_1	−150
A_2	50
A_3	100
A_4	200

따라서 비관적 기준에 의한 최적 대안은 A_4, 즉 은행신탁예금이다.

(4) 낙관정도 기준

낙관정도 기준(degree of optimism criterion)은 후르비츠(Leonid Hurwicz)에 의해 제안된 것으로 후르비츠 기준이라고도 하며, 이는 낙관적 기준과 비관적 기준의 절충안이다. 의사결정자는 전적으로 낙관주의자이거나 전적으로 비관주의자가 아니며 낙관과 비관의 극단 사이의 그 어디에 속한다.

후르비츠는 의사결정자의 낙관정도를 나타내는 낙관계수(coefficient of optimism)를 제시했다. 낙관계수 α는 0과 1 사이의 값을 가진다. 만약 α가 1이면 의사결정자는 완전한 낙관주의자이다. 반면에 α가 0이면 비관계수는 $1-\alpha$, 즉 1이므로 완전한 비관주의자이다.

낙관정도 기준에 의하면 각 대안에 대하여 최고의 조건적 성과 값에 α를 곱한 값과 최저의 조건적 성과 값에 $1-\alpha$를 곱한 값의 합계를 구하고 그중에서 최고의 값을 갖는 대안이 최적 대안이 된다. 만약 α가 1이면 낙관정도 기준의 결과는 낙관적 기준의 결과와 같으며, 반대로 α가 0이면 낙관정도 기준의 결과는 비관적 기준의 결과와 정확히 같게 된다. 예제 9.6에서 α가 0.6이라고 가정하면 분석은 다음과 같다.

$$A_1: 500\times 0.6+(-150)\times 0.4=240$$

$$A_2: 350\times 0.6+50\times 0.4=230$$

$$A_3: 250\times 0.6+100\times 0.4=190$$

$$A_4: 200\times 0.6+200\times 0.4=200$$

따라서 $\alpha=0.6$ 인 경우 낙관정도 기준에 의한 최적 대안은 A_1, 즉 주식 투자이다.

낙관정도 기준은 의사결정자의 낙관정도에 따라 최적 대안이 달라지므로 낙관계수의 측정이 중요하며, 낙관계수를 얼마로 할 것인가는 매우 어려운 문제이다. 이러한 낙관계수 결정의 어려움을 보완하는 방법으로 도해적인 방법을 이용할 수 있다. 예제 9.6을 도해적인 방법을 이용하여 풀어보기로 하자. 그림 9.5에서 왼쪽에 나타낸 숫자는 낙관계수가 0인 경우의 성과를, 오른쪽에 나타낸 숫자는 낙관계수가 1인 경우의 성과를 나타낸다. 대안 A_1은 낙관계수가 0인 최악의 경우의 성

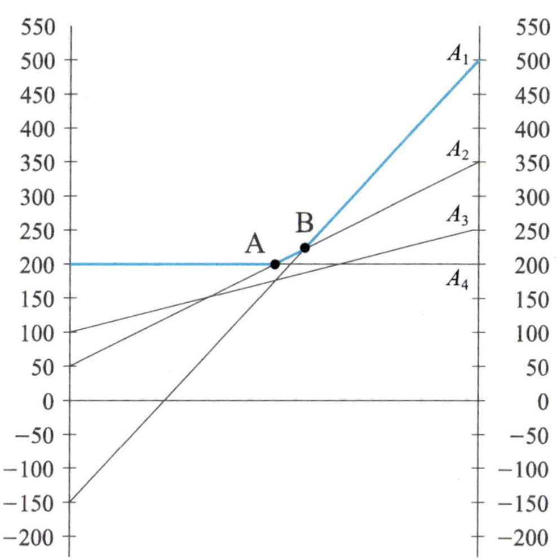

그림 9.5 낙관정도 기준의 도해적 방법

과가 −150, 낙관계수가 1인 최고의 경우의 성과가 500이므로 왼쪽의 −150인 점과 오른쪽의 500인 점을 연결한 선으로 표시되며, 마찬가지로 A_2는 왼쪽의 50인 점과 오른쪽의 350인 점, A_3는 왼쪽의 100인 점과 오른쪽의 250인 점, 그리고 A_4는 왼쪽의 200인 점과 오른쪽의 200인 점을 연결한 선으로 나타낸다. 이를 수학적 식으로 나타내면 A_1선의 수식은 $y = 650\alpha - 150$, A_2선의 수식은 $y = 300\alpha + 50$, A_3선의 수식은 $y = 150\alpha + 100$, A_4선의 수식은 $y = 200$이다.

그림 9.5에서 색선은 각 대안을 나타내는 선의 제일 위에 있는 부분을 연결한 선이다. 점 A는 A_4선과 A_2선이 교차하는 점으로 A_4 수식과 A_2 수식을 이용하여 풀면 $\alpha = 0.5$ 인 점이고, 점 B는 A_2선과 A_1선이 교차하는 점으로 A_2 수식과 A_1 수식을 이용하여 풀면 $\alpha = 0.57$ 인 점이다. 따라서 낙관정도가 0.5 이하일 경우는 A_4가 최적 대안이고, 낙관정도가 0.5 이상 0.57 이하일 경우는 A_2가 최적 대안이며, 낙관정도가 0.57 이상일 경우는 A_1이 최적 대안이 됨을 알 수 있다.

도해적 방법을 이용하면 낙관정도를 정확히 결정할 필요 없이 낙관정도의 범위로써 최적 대안을 찾을 수 있는 이점이 있다. 그러나 도해적 방법도 각 대안의 최소 성과 값과 최대 성과 값만을 반영하고 있다는 한계점이 있다.

(5) 최대후회 최소화 기준

최대후회 최소화 기준(criterion of minimax regret)은 원래 사베지(L. J.

Savage)에 의해 제안된 것으로 사베지 기준(Savege's criterion)이라고도 하며 최대 기회손실의 최소화를 추구한다. 이 기준은 성과표를 근거로 기회손실표를 만들어 대안별 최대 기회손실을 구하고, 이들 최대 기회손실 중에서 최솟값을 갖는 대안을 최적 대안으로 선택하는 방법이다.

기회손실(opportunity loss)은 여러 가능한 미래 상황 중에서 어떤 한 미래 상황이 발생하였다고 가정할 때 가장 큰 성과 값과 주어진 대안의 성과 값과는 차이를 나타낸다. 이러한 개념하에서 기회손실표 작성은 앞의 위험하의 의사결정의 기대기회손실과 완전정보의 기댓값 부분에서 상세하게 설명한 바 있다.

예제 9.6의 성과표를 기회손실표로 작성하면 표 9.3과 같다.

표 9.3 기회손실표

대안 \ 미래 상황	S_1	S_2	S_3
A_1	350	0	0
A_2	150	20	150
A_3	100	60	250
A_4	0	40	300

각 대안에 대한 최대후회, 즉 최대 기회손실은 다음과 같다.

대안	최대 기회손실
A_1	350
A_2	150
A_3	250
A_4	300

따라서 최대후회 최소화 기준에 의한 최적 대안은 A_2, 즉 채권 투자이다.

예제 9.7

여러분은 현재 육군 분석평가단에서 7군단 도하훈련장 매입사업 분석임무를 부여받았다. 상황을 읽고 문제를 해결하시오.

상황: 현재 7군단 지역에 대규모 기계화 부대 도하훈련 시 가용한 지역은 여주 일대 남한강 지역이 유일하지만 집결지, 진출입로 등 사유지 사용이 불가피하여

소유주 미협조 시 훈련이 제한되고 매년 훈련 때마다 사유지 사용협조에 인력, 시간이 과다하게 소요되어 훈련여건이 더욱 제한되고 있다. 또한 민원발생이 증가하고 있어 민원해소를 위한 도하훈련장이 필요한 상황이다. 이를 위해 육군은 예산(중기계획)을 반영하여 훈련장 지역(사유지)을 매입 후 도하훈련장을 구축하려 계획 중이다. 분평단에서는 공시지가 변동에 따른 훈련장 건설규모별 예상이익(육군보유 훈련장 사용 시 사유지에 대한 보상, 민원해소 등 비용절감을 통한 이익)을 다음과 같이 도출하였다(단위: 백만 원).

미래 상황 / 대안	S_1(공시지가 하락)	S_2(공시지가 유지)	S_3(공시지가 상승)
d_1(소규모 사업)	600	500	400
d_2(중규모 사업)	300	600	700
d_3(대규모 사업)	−300	300	1000

① 다음 기준들에 의한 최적 대안을 각각 결정하시오.
(Maximin, Maximax, Minimax 후회, 라플라스, 후르비츠($\alpha = 0.6$))

② $P(S_1) = 0.2$, $P(S_2) = 0.35$, $P(S_3) = 0.45$라고 할 때, EV 기준과 EOL 기준에 의한 최적 대안을 구하시오. 또한 완전정보의 기대가치(EVPI)는 얼마인지 구하시오.

①

성과표

대안	S_1	S_2	S_3	maximax	maximin	라플라스	후르비츠	최대후회
d_1	600	500	400	600	**400**	500	520	600
d_2	300	600	700	700	300	**533.333**	**540**	**300**
d_3	−300	300	1000	**1000**	−300	333.3333	480	900
			max	1000	400	533.3333	540	300
			선정	d_3	d_1	d_2	d_2	d_2

②

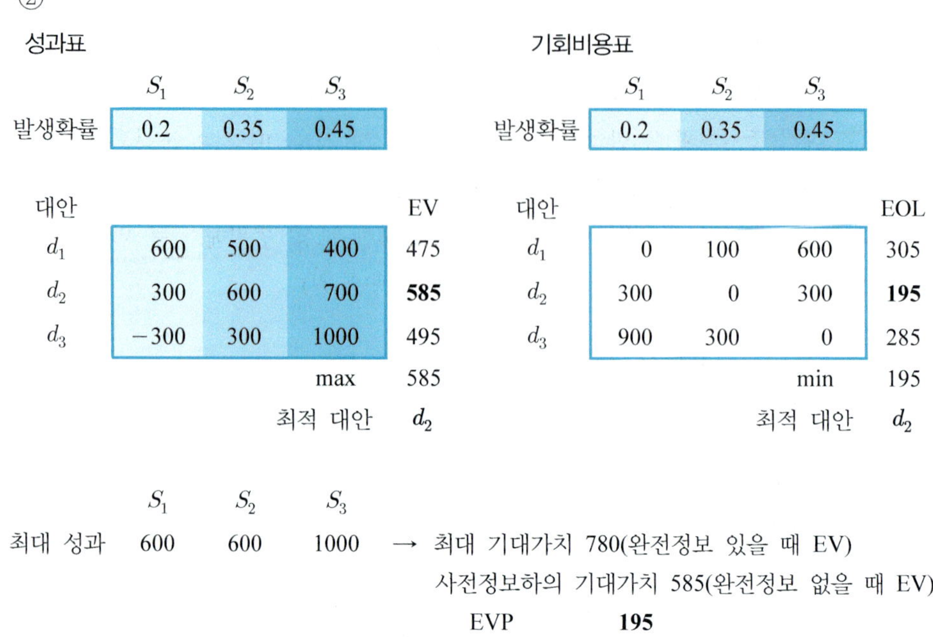

성과표

	S_1	S_2	S_3	
발생확률	0.2	0.35	0.45	
대안				EV
d_1	600	500	400	475
d_2	300	600	700	**585**
d_3	−300	300	1000	495
			max	585
			최적 대안	d_2

기회비용표

	S_1	S_2	S_3	
발생확률	0.2	0.35	0.45	
대안				EOL
d_1	0	100	600	305
d_2	300	0	300	**195**
d_3	900	300	0	285
			min	195
			최적 대안	d_2

	S_1	S_2	S_3
최대 성과	600	600	1000

→ 최대 기대가치 780(완전정보 있을 때 EV)

사전정보하의 기대가치 585(완전정보 없을 때 EV)

EVP **195**

9.7 요약

의사결정이론은 개인이나 조직이 목표를 달성하기 위한 수단으로, 또는 문제해결을 위한 방법으로의 가용한 대안을 마련하고, 설정된 대안들 가운데서 특정 상황에 비추어 가장 바람직한 대안을 선택하는 논리적 과정이다. 의사결정은 의사결정에 따른 결과가 의사결정이 이루어진 후에 나타나고 의사결정 결과에 직접적으로 크게 영향을 미치는 관련된 미래 상황의 전개를 확실히 예측하지 못한 채 의사결정을 해야 하며, 때로는 어떤 결정은 조직의 장래 운명을 좌우할 만큼 중요한 것도 있으므로 의사결정을 잘하기 위한 체계적인 접근을 모색하는 것은 매우 중요하다.

의사결정의 결과가 미래 상황 전개에 따라 달라지기 때문에 체계적인 접근을 통한 잘한 의사결정이라 하여 반드시 좋은 결과를 가져온다고 할 수 없으며, 즉흥적인 판단이나 직감을 통한 잘못한 의사결정이라 하더라도 운이 좋아 좋은 결과를 가져올 수도 있다. 잘한 의사결정이 때로는 나쁜 결과를 가져온다 하더라도 장기적으로는 의사결정이론에 입각한 체계적인 방법을 이용하는 것이 좋은 결과를 얻을 수 있는 최선의 길이다.

의사결정의 유형은 전형적으로 의사결정 환경의 성격을 기초로 하여 확실성하의 의사결정, 위험하의 의사결정, 그리고 불확실성하의 의사결정으로 분류할 수 있다. 의사결정에 필요한 정보를 알고 있는 경우인 확실성하의 의사결정은 확정적 모형의 과학적 기법을 활용할 수 있다.

이 장에서는 미래 상황의 발생확률 정도를 알고 있거나 추정할 수 있는 경우의 위험하의 의사결정, 위험하의 순차적 다단계 의사결정에 유용한 의사결정 나무 분석, 미래 상황의 발생확률을 모르거나 추정할 수 없는 경우의 불확실성하의 의사결정, 그리고 불확실성하의 의사결정과 연관된 베이스 이론에 대하여 개념 및 의사결정 기준, 예시, 컴퓨터 응용을 중심으로 살펴보았다.

부록

베이즈 이론

불확정하의 의사결정과 관련이 있는 다른 중요한 주제는 베이즈 이론(Bayes' theorem) 또는 베이즈 의사결정 규칙(Bayes' decision rule)이다. 베이즈(Bayes)는 18세기 영국의 탁월한 수학자였다. 베이즈 의사결정 규칙은 실험이나 추가적인 정보를 기초로 하여 사건(events)이나 미래 상황에 대한 사전확률(prior probability)을 개선하는 매우 유용한 통계적 도구이다. 베이즈 이론의 기본은 사건 발생확률의 정확성이 새로운 정보를 획득함으로써 개선될 수 있다는 것이다. 현재 가용한 확률을 사전확률이라 하며, 개선된 확률을 사후확률(posterior probability)이라 한다.

베이즈 이론에 기초한 확률 개선을 위한 공식은 다음과 같다.

$$P(A_i \mid B) = \frac{P(A_i)P(B \mid A_i)}{\sum_{i=1}^{n} P(A_i)P(B \mid A_i)}$$

여기서, A_i: 일련의 상호 배타적 사건

B: 실험 대상의 결과

$P(A_i)$: 사건 i의 사전확률

$P(B \mid A_i)$: A_i 발생하의 B 결과 발생 조건부확률

$P(A_i \mid B)$는 개선된 확률 또는 사후확률 또는 베이지언 확률(Bayesian probability)이라 한다. 만약 $P(B \mid A_i)$를 알고 있다면 위의 공식을 이용하여 $P(A_i \mid B)$를 구할 수 있다.

예제 9.8

H자동차회사는 S모델 완성차 생산에 필수적인 엔진변속기를 A, B, C 3개 하청 회사로부터 공급받고 있다. H자동차회사가 공급받고 있는 전체 엔진변속기의

50%를 A회사가, 30%를 B회사가, 나머지 20%를 C회사가 공급하고 있다. H자동차회사는 최근 국내의 D, K 등 타 자동차회사의 새 모델 출시 등으로 인하여 H회사가 차지하고 있는 제1위의 시장점유율의 고수에 위협을 받고 있는 실정이다. 따라서 H회사 생산관리자들은 품질관리에 최대한 신경을 쓰고 있으며, 또한 엔진변속기는 차 전체 기능 중 가장 중요한 부분으로 결함이 있을 시에는 출고 즉시 고객으로부터의 불평과 동시에 무상으로 보상하는 결과를 초래한다. 최근에 엔진변속기의 결함으로 인한 출고 후의 문제점이 종종 발생함에 따라 H회사 생산부장은 엔진변속기 결함 발생 시 어느 하청회사로부터 공급받은 것인지에 대한 정보를 분석하여 필요시 공급 배분을 조정하는 등의 품질개선을 위한 조치를 취하려고 한다. 품질관리부서가 검수한 기록을 평가한 결과에 따르면 다음과 같은 하청회사별 엔진변속기 결함비율을 얻었다.

하청회사	결함(백분율)
A	2%
B	1%
C	3%

H회사 생산부장은 이를 근거로 하여 엔진변속기 결함으로 인하여 문제점 발생 시 결함 엔진변속기 하청회사별 발생비율에 대한 추가정보를 얻고자 한다.

이 문제의 사전확률과 조건부확률은 다음과 같다.

$$P(\mathrm{A}) = 0.50, \qquad P(\mathrm{D} \mid \mathrm{A}) = 0.02$$
$$P(\mathrm{B}) = 0.30, \qquad P(\mathrm{D} \mid \mathrm{B}) = 0.01$$
$$P(\mathrm{C}) = 0.20, \qquad P(\mathrm{D} \mid \mathrm{C}) = 0.03$$

여기서 $P(\mathrm{A})$, $P(\mathrm{B})$ 그리고 $P(\mathrm{C})$는 각 하청회사로부터 엔진변속기를 공급받는 사전확률을 나타내며, $P(\mathrm{D}/\mathrm{A})$, $P(\mathrm{D}/\mathrm{B})$ 그리고 $P(\mathrm{D}/\mathrm{C})$는 결함(defective) 엔진변속기가 각 하청회사로부터 나올 조건부확률을 가리킨다.

위의 하청회사별 사전확률과 조건부확률을 이용하여 생산부장은 결함 엔진변속기가 A, B, C 각 하청회사로부터 발생할 사후확률을 결정하려고 한다. 베이즈 이론을 이용하여 다음과 같이 계산할 수 있다.

$$P(\mathrm{A} \mid \mathrm{D}) = \frac{P(\mathrm{A})P(\mathrm{D} \mid \mathrm{A})}{P(\mathrm{A})P(\mathrm{D} \mid \mathrm{A}) + P(\mathrm{B})P(\mathrm{D} \mid \mathrm{B}) + P(\mathrm{C})P(\mathrm{D} \mid \mathrm{C})}$$

$$= \frac{(0.50)(0.02)}{(0.50)(0.02) + (0.30)(0.01) + (0.20)(0.03)} = \frac{0.01}{0.019} = 0.526$$

$$P(\mathrm{B} \mid \mathrm{D}) = \frac{P(\mathrm{B})P(\mathrm{D} \mid \mathrm{B})}{P(\mathrm{A})P(\mathrm{D} \mid \mathrm{A}) + P(\mathrm{B})P(\mathrm{D} \mid \mathrm{B})P(\mathrm{C})P(\mathrm{D} \mid \mathrm{C})}$$

$$= \frac{(0.30)(0.01)}{(0.50)(0.02) + (0.30)(0.01) + (0.20)(0.03)} = \frac{0.003}{0.019} = 0.158$$

$$P(\mathrm{C} \mid \mathrm{D}) = \frac{P(\mathrm{C})P(\mathrm{D} \mid \mathrm{C})}{P(\mathrm{A})P(\mathrm{D} \mid \mathrm{A}) + P(\mathrm{B})P(\mathrm{D} \mid \mathrm{B})P(\mathrm{C})P(\mathrm{D} \mid \mathrm{C})}$$

$$= \frac{(0.20)(0.03)}{(0.50)(0.02) + (0.30)(0.01) + (0.20)(0.03)} = \frac{0.006}{0.019} = 0.316$$

위의 분석 결과를 놓고 C하청회사의 경우를 보자. 생산부장은 이전에는 단지 C 하청회사로부터 20%의 엔진변속기를 공급받고 있으며 C하청회사에서 공급하는 변속기는 3%의 결함이 있다는 것을 알고 있다. 엔진변속기의 결함 여부를 검수하고 사후확률을 분석한 지금 생산부장은 엔진변속기 결함으로 인한 완성차 문제점 발생은 31.6%가 C하청회사가 원인을 제공함을 알게 되었다. 이는 검수 혹은 표본 추출검사의 추가정보를 통하여 생산부장은 엔진결함에 대한 개선된 사후확률 정보를 얻게 되었다. 이렇게 개선된 새로운 정보는 품질 개선을 위한 생산부장의 의사결정에 큰 도움이 될 것이다.

예제 9.9

육·해·공군사관학교 통합에 대하여 군별로 동일한 수의 장교를 선발하여 각 군의 여론을 조사한 결과, 통합안을 찬성하는 비율이 육군 75%, 해군 21%, 공군 45%로 나타났다. 다음 질문에 답하시오.

① 베이즈 정리를 식으로 표현하고 그 의미를 설명하시오.

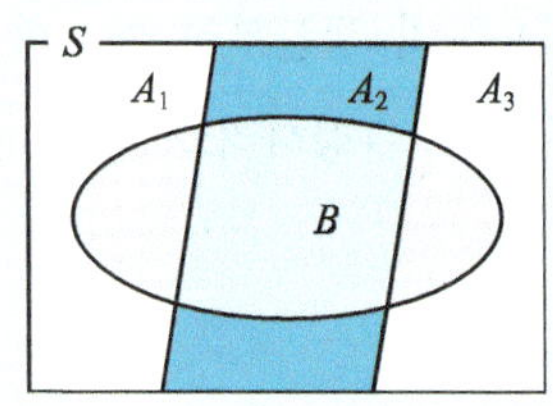

- A_1, A_2, A_3: 육군, 해군, 공군 장교가 뽑히는 사건,
  B : 통합안을 찬성하는 사건
- $P(A_1) = P(A_2) = P(A_3) = \frac{1}{3}$
  $P(B \mid A_1) = 0.75$
  $P(B \mid A_2) = 0.21$
  $P(B \mid A_3) = 0.45$

② 육·해·공군 중에서 1개 군을 무작위로 뽑은 후 뽑힌 군에서 장교 1명을 뽑는다고 가정하자. 이때 뽑힌 장교가 통합안을 찬성하는 장교일 확률을 구하시오.

$$P(B)=P(A_1)P(B|A_1)+P(A_2)P(B|A_2)+P(A_3)P(B|A_3)$$
$$=\frac{1}{3}(0.75)+\frac{1}{3}(0.21)+\frac{1}{3}(0.45)=0.47$$

③ 전체 군에서 랜덤으로 뽑힌 1명의 장교가 통합안을 찬성한다고 할 때, 이 장교가 해군일 확률을 구하시오.

$$P(A_2|B)=\frac{P(A_2B)}{P(B)}=\frac{P(A_2)P(B|A_2)}{\sum_{i=1}^{3}P(A_i)P(B|A_i)}$$
$$=\frac{(1/3)(0.21)}{0.47}=0.15$$

MILITARY OPERATION RESEARCH

연습문제

9.1 의사결정(decision making)을 정의하시오.

9.2 잘한 의사결정과 잘못한 의사결정을 비교하여 설명하시오.

9.3 의사결정에 사용되는 과학적인 기법은 통상의사결정 환경에 기초를 두고 그 유형을 분류하고 있다. 그 유형의 세 가지 분류를 기술하고 이들 각각에 대해 그 분류의 기본이 되는 특성을 중심으로 비교 설명하시오.

9.4 의사결정의 일반적인 과정을 단계 순으로 서술하고, 특히 대안설정에 유의해야 할 사항을 기술하시오.

9.5 한 신문 자판기의 A일보에 대한 일일 판매량과 이에 대한 판매확률이 다음 표와 같다. A일보의 일일 기대 판매량은 몇 부인지 구하시오.

일일 판매량	판매확률
10부	0.10
11부	0.15
12부	0.20
13부	0.25
14부	0.30

9.6 H회사의 경영진은 현재 생산 판매하고 있는 모델의 판매량이 점차 감소 추세를 보임에 따라 신모델 개발 여부를 검토하고 있다. 신모델을 개발하여 성공하게 되면 5,000만 원의 순이익을 보장받을 수 있는 것으로 판단되며, 성공할 확률은 35%로 추정하고 있다. 실패의 경우에는 개발 비용을 포함하여 1,800만 원의 순

손실이 발생할 것으로 판단된다. 이러한 상황에서 신모델 개발 착수 여부에 대한 의사결정을 하고자 한다. 위와 같은 의사결정문제를 대안, 미래 상황, 조건적 성과 값, 미래 상황 발생확률 등의 견지에서 의사결정 성과표를 작성하시오.

성과표

미래 상황 / 발생확률 / 대안	A	B	C
	0.35	0.45	0.20
대안 1	40	40	40
대안 2	30	60	60
대안 3	20	50	80

9.7 아래의 의사결정표는 조건적 성과 값이 비용기준으로 작성된 비용표이다. 각 대안에 대한 금전적 기댓값을 구하여 최적 대안을 선택하시오.

비용표

미래 상황 / 발생확률 / 대안	S_1	S_2
	0.4	0.6
A	200	200
B	160	220
C	220	180

9.8 이익을 나타내고 있는 아래의 성과표를 기회손실표로 바꾸시오.

성과표

미래 상황 / 발생확률 / 대안	S_1	S_2	S_3
	0.2	0.5	0.3
A	850	500	600
B	750	600	400

9.9 아래 성과표는 새로 구입하여 사용할 대안적인 기계에 따른 제품의 예상수요와 그에 따른 조건적 성과 값을 나타낸 의사결정표이다.

성과표

미래 상황 / 발생확률 / 대안	예상수요 小	예상수요 中	예상수요 大
	0.3	0.5	0.2
기계 A 구입	50	110	120
기계 B 구입	20	80	130
기계 C 구입	−20	20	80

(1) 각 대안에 대한 금전적 기댓값을 구하시오.

(2) 금전적 기댓값 기준에 의한 최적 대안을 선택하시오.

(3) 위의 성과표를 기회손실표로 바꾸시오.

(4) 각 대안에 대한 기대기회손실을 구하시오.

(5) 기대기회손실 최소화 기준에 의한 최적 대안을 구하시오.

(6) (2)의 최적 대안과 (5)의 최적 대안을 비교하고 둘의 성립관계를 설명하시오.

(7) 완전정보의 기댓값을 구하고 그 값이 갖는 의미를 설명하시오.

9.10 슈퍼마켓을 운영하는 K씨는 농장으로부터 신선한 야채를 직접 구입하여 판매하고 있다. A야채의 경우 묶음 단위로 취급하고 있는데 묶음당 5만 원에 구입하여 8만 원에 팔고, A야채를 구입하여 1주일 내에 팔지 못하면 야채의 신선도 손상으로 구입가격의 반값에 다른 가게로 넘긴다. 주간 A야채의 수요에 대한 확률분포는 다음과 같다.

주간 수요량	확률
3묶음	0.2
4묶음	0.3
5묶음	0.4
6묶음	0.1

(1) 의사결정을 위한 조건적 성과표를 작성하시오.

(2) 몇 묶음이 최적 구입량인가?

9.11 아래의 자동차 신모델 개발 선택에 대한 성과표를 의사결정 나무로 바꾸어 작성하고 최적 모델을 선택하시오.

성과표

대안 \ 미래 상황 / 발생확률	유가 하락	유가 유지	유가 상승
	0.2	0.5	0.3
A 모델	400	400	400
B 모델	100	300	300
C 모델	−300	200	600

9.12 아래의 의사결정 나무를 동등한 의사결정 성과표로 작성하시오.

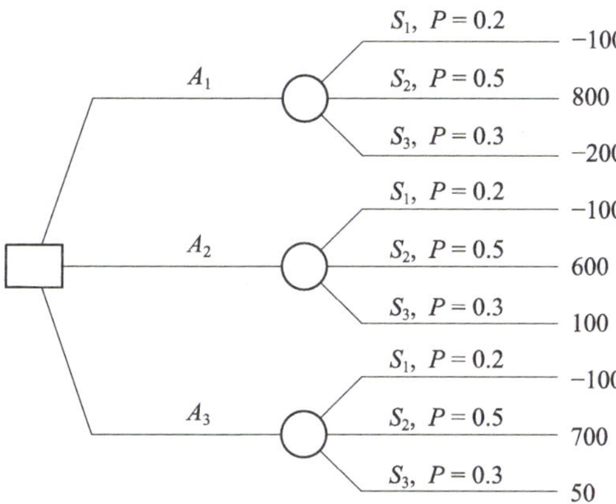

9.13 J가죽제품상사는 금년 겨울을 대비하여 무스탕 제품을 다량 구입 판매하고자 한다. J상사가 만약 500벌의 무스탕을 구입하여 판매에 나설 때 올 겨울 날씨가 매우 추우면 2,500만 원의 이익을 가져오고, 날씨가 춥지 않으면 500만 원의 손해를 보고, 날씨가 평년 기온을 유지하면 100만 원의 이익을 가져올 것으로 예측하고 있다. 반면에 1,000벌의 무스탕을 구입하여 판매에 나서면 날씨가 매우 추우면 5,500만 원의 이익, 춥지 않으면 350만 원의 손해, 그리고 평년 기온을 유지하면 200만 원의 이익을 가져올 것으로 추측한다. 또 아주 많이 2,000벌의 무스탕을 구입하여 특별 판촉 활동을 통한 판매에 나설 경우, 판촉비용을 고려하고 날씨가 매우 추우면 1억3,000만 원의 이익을, 춥지 않을 경우 2,500만 원의 손해, 그리고 평년 기온을 유지할 경우 500만 원의 손해를 볼 것으로 예측하고 있다. 과거의 통계자료와 기상청의 장기일기예보를 종합하여 분석해볼 때 날씨가 매우 추울 확률은 22%이고, 춥지 않을 확률은 25%, 평년 기온을 유지할 확률은 53%로 예측된다.

(1) 위의 의사결정문제를 의사결정 나무 분석을 통해 최적 대안을 선택하고자 한다. 먼저 의사결정 나무를 작성하시오.

(2) 위에서 작성된 의사결정 나무 분석을 통해 최적 대안을 선택하시오.

9.14 아래 의사결정 나무가 주어져 있다. 이를 활용하여 최적 대안을 선택하시오.

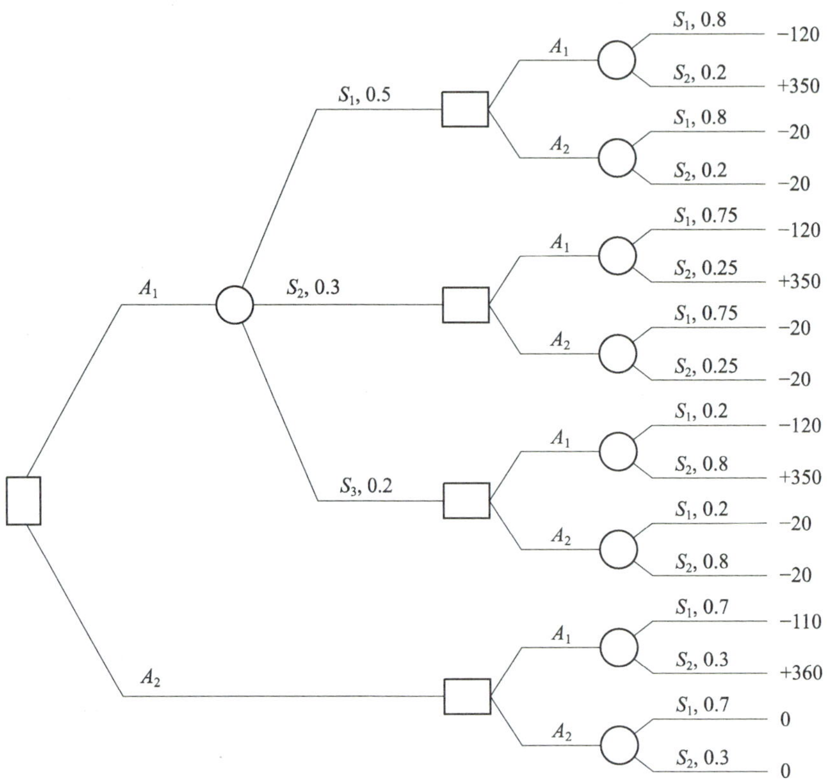

9.15 J가죽제품상사는 무스탕 제품의 구매시점을 고민하고 있다. 만약 겨울이 되기 전에 구입하면 특별할인을 받게 되며, 대금지불은 겨울 시작 때 지불해도 되는 어음으로 구매함으로써 이자비용은 문제가 되지 않는다. 문제는 구입량을 얼마로 할 것인가 하는 의사결정문제에 봉착해있다. 만약 J상사가 겨울 전에 구입하면 1벌당 50만 원에 구입할 수 있지만 겨울에 구입하면 1벌당 65만 원을 지불해야 한다. J상사의 소매 판매 가격은 1벌당 90만 원이 될 것이며, 겨울에 팔다 남게 되면 겨울이 지난 후에 1벌당 35만 원에 팔아 넘길 수 있다. J상사의 무스탕 수요 분포에 대한 예측은 다음과 같다.

수요량	확률
100	0.2
150	0.4
200	0.3
250	0.1

(1) 겨울이 되면 수요량을 정확히 알 수 있다고 한다. 겨울 전, 혹은 겨울에 구입을 결정할 때 각각의 구입량을 얼마로 할 것인가에 대한 의사결정 나무를 작성하시오.

(2) 위의 의사결정 나무 분석을 이용하여 최적 대안을 선택하시오.

9.16 A씨는 가지고 있는 여유자금을 투자하려 한다. 주식, 채권, 저축의 세 가지 투자안을 고려하고 있다. 여러 가지 관련 자료를 분석한 결과 각 투자안과 경제 상황에 따른 조건적 성과표를 아래와 같이 작성하였다. 그러나 경제상황의 고성장, 유지, 저성장에 대한 전망 예측은 너무나 변수가 많아 예상 확률 추정도 전혀 불가능한 상태이다.

성과표

미래 상황 / 대안	고성장	유지	저성장
주식 투자	200	130	−80
채권 투자	160	120	20
저축	100	100	100

(1) A씨는 어떤 환경하의 의사결정을 해야 하는가?

(2) 불충분이유 기준에 의한 최적 대안은 무엇인가?

(3) 낙관적 기준에 의한 최적 대안은 무엇인가?

(4) 비관적 기준에 의한 최적 대안은 무엇인가?

(5) 낙관정도 기준에 의한 최적 대안은 무엇인가? (단, $\alpha = 0.7$로 가정)

(6) 최대후회 최소화 기준에 의한 최적 대안은 무엇인가?

(7) 위의 5가지 기준에 의한 최적 대안을 비교 분석해보고, 이 상황에서 최적 대안을 선택하고 그 이유를 설명하시오.

9.17 아래와 같은 불확실성하의 의사결정 상황이 주어져 있다.

성과표

대안 \ 미래 상황	S_1	S_2
A_1	30	8
A_2	20	24
A_3	4	30

(1) 낙관정도 기준(Hurwicz)에 의한 최적 대안을 선택하시오(단, $\alpha = 0.7$로 가정).

(2) A_1대안과 A_2대안 사이에 결과가 같아지는 낙관정도 α를 계산하시오.

9.18 H회사는 금년에 200명의 신입사원을 채용할 것을 공고하였다. H회사 인력관리 위원회는 신입사원 채용에 있어 남성과 여성을 동수로 선발하기로 하였다. 총 500명의 지원자 중에 150명이 여성이었다.

(1) 만약 당신이 남성 지원자라면 채용될 확률은 얼마인가?

(2) 만약 당신이 여성 지원자라면 채용될 확률은 얼마인가?

9.19 K회사 수검부는 바쁜 일정으로 인해서 여러 달 전에 들어온 물품 G에 대한 검수를 이제 막 끝냈다. 검수 결과 너무 많은 불량품이 발견되어 불합격으로 판정되었다. 그러나 여러 회사로부터 물품 G를 구입하고 있는 K회사 수검부는 이번에 검수한 물품 G가 어느 회사로부터 들어왔는지를 알 수 없는 지경에 처해 있었다. 과거 기록에 의하면 모든 G물품의 10%는 불합격 판정이 나는 것을 알고 있다. 공급자 XYZ회사는 전 G물품의 30%를 K회사에 공급하고 있다. 그러나 과거 기록으로 보면 불합격 물품의 40%는 XYZ회사가 아닌 다른 회사들로부터 공급받았다.

(1) 문제 물품 G가 XYZ회사로부터 공급되었을 사전확률은 얼마인가?

(2) 문제 물품 G가 XYZ회사로부터 공급되었을 사후확률은 얼마인가?

9.20 방산업의 규모와 수요의 상황에 따른 예상이익이 다음 표와 같다.

MILITARY OPERATION RESEARCH

대안 \ 미래 상황	S_1(수요 낮음)	S_2(수요 보통)	S_3(수요 높음)
d_1(소규모)	400	400	400
d_2(중규모)	100	600	600
d_3(대규모)	−300	300	900

(1) $P(S_1)=0.2$, $P(S_2)=0.35$, $P(S_3)=0.45$라고 할 때, 완전정보의 기대가치(EVPI)는 얼마인가?

(2) 의사결정 나무를 그리고 최적 결정을 구하시오.

9.21 현재 군에 납품되는 군용차량 엔진부속품들에 대하여 전수검사를 실시하고 있다. 과거의 자료에 의하면 다음의 불량률이 알려져 있다.

불량률(%)	확률(%)
0	15
1	25
2	40
3	20

전수검사의 비용은 엔진부품 500개들이 한 박스에 25만 원이다. 만약 전수검사를 하지 않는다면 불량품이 발생하였을 때 재작업을 수행해야 한다. 그 비용은 각 불량품 당 2만5천 원이다.

(1) 다음의 성과표를 완성하시오.

(단위: 원)

검사 여부 \ 불량률	0%	1%	2%	3%
전수검사 실시	250,000	250,000	250,000	250,000
전수검사 미실시				

(2) 전수검사 실시와 전수검사 미실시 중 어떤 의사결정을 선호하는가? (EV 기준)

9.22 남수단에 파병된 한빛부대는 현지에서 새로운 건설계획을 수립하고 있다. 그로 인한 경제적 이익(성과표)은 다음과 같다.

대안 \ 미래 상황	S_1(수요 낮음) $P(S_1)=0.2$	S_2(수요 보통) $P(S_2)=0.3$	S_3(수요 높음) $P(S_3)=0.5$
d_1(소규모)	400	500	600
d_2(중규모)	100	500	500
d_3(대규모)	−400	250	850

시장조사를 해본 결과 수요의 세 가지 지표(I_1: 낮음, I_2: 보통, I_3: 높음)에 대하여 다음과 같은 조건부확률을 얻었다.

미래 상황 \ 조건확률	$P(I_k \mid S_j)$		
	I_1	I_2	I_3
S_1(수요 낮음)	0.4	0.3	0.3
S_2(수요 보통)	0.5	0.4	0.1
S_3(수요 높음)	0.1	0.4	0.5

(1) 표본정보의 가치(EVSI)는 얼마인가?

(2) 완전정보의 가치(EVPI)는 얼마인가?

(3) 표본정보의 효율은 얼마인가?

(4) 한빛부대의 최적 전략은 무엇인가? (의사결정 나무를 이용하여 구할 것)

9.23 귀관은 국군 복지단의 장병복지담당장교로 근무 중이다. 장병들의 복지 향상을 위해 충청이남 지역에 복합 레저단지를 조성하고자 한다. 후보지는 김천, 전주, 청주이다. 향후 예상되는 고객수요 수준은 '낮음', '보통', '높음' 등 세 가지로 구분할 수 있고 각각의 확률(사전확률)은 아래 표에서 보는 바와 같이 0.2, 0.2, 0.6이다. 고객수요 수준에 따른 대안별 수익(억 원/5년)은 아래 표와 같이 파악되었고, 얻어진 수익은 장병복지를 위해 사용할 계획이다.

대안 \ 상황	고객수요 낮음(S_1) $P(S_1)=0.2$	고객수요 보통(S_2) $P(S_2)=0.2$	고객수요 높음(S_3) $P(S_3)=0.6$
김천	300	400	500
전주	200	600	700
청주	−100	300	900

한편 민간 전문기관 조사결과, 고객수요 수준을 '호경기(G)'와 '불경기(R)' 두 가지로 구분하여 예측하고 있다. 과거에 이 보고서의 예측 결과와 실제로 발생한 고객수요 수준을 분석한 결과를 조건부확률(표본정보)로 나타내면 아래 표와 같다.

구분	$P(G\|S_j)$	$P(R\|S_j)$	비고
고객수요 낮음(S_1)	0.2	0.8	낮은 수요였는데 호경기, 불경기로 보고된 경우의 확률
고객수요 보통(S_2)	0.5	0.5	보통 수요였는데 호경기, 불경기로 보고된 경우의 확률
고객수요 높음(S_3)	0.8	0.2	높은 수요였는데 호경기, 불경기로 보고된 경우의 확률

(1) 곧 발간될 민간 전문기관의 향후 고객수요 수준 예측결과에 따라 실제로 어떤 고객수요가 발생하게 될지에 대한 각각의 확률(사후확률 $P(S_1 \mid G)$, $P(S_2 \mid G)$, $P(S_3 \mid G)$, $P(S_1 \mid R)$, $P(S_2 \mid R)$, $P(S_3 \mid R)$)을 구하시오(소수점 아래 넷째 자리까지 작성).

(2) 민간 전문기관 조사결과 '호경기(G)' 또는 '불경기(R)'일 각각의 경우에 대하여 어떠한 대안을 선택하는 것이 좋은지 의사결정 나무를 이용하여 제시하고, 표본정보의 기대가치를 산출하시오(확률은 소수점 아래 넷째 자리까지, 기대가치는 정수로 표기, 의사결정 나무는 표본정보에 의한 의사결정만 작성).

9.24 차세대 전투기 사업에서 선정된 F-35기종에 대한 각 군의 여론을 조사한 결과, 육군 65%, 해군 31%, 공군 35%의 장교들이 찬성하고 있는 것으로 나타났다.

(1) 육군, 해군, 공군 중에서 1개 군을 랜덤으로 정한 후 해당 군에서 장교 한 명을 뽑는다고 하자. 이때, 선정된 장교가 새로운 전투기 F-35기종을 찬성하는

장교일 확률을 구하시오.

(2) 전체 군에서 랜덤으로 뽑힌 한 명의 장교가 새로운 전투기종 F-35를 찬성한다고 할 때, 이 장교가 공군일 확률을 구하시오.

9.25 귀관은 육군의 전력업무 담당자로 근무하면서 국내 개발한 공격헬기를 얼마나 생산하여 전력화시키는 것이 적절한지 판단하고자 한다. 향후 예상되는 군사적 위협 수준을 '낮은 위협', '보통 위협', '높은 위협' 등 세 가지 레벨로 구분할 수 있고 각각의 확률은 아래 표에서 보는 바와 같이 0.2, 0.3, 0.5이다. 또한 공격헬기 전력화 수준은 '소규모', '중규모', '대규모'의 세 가지 대안으로 구분할 수 있다. 군사적 위협 수준에 따른 각 대안별 효과비용지표는 아래 표와 같이 파악되었다.

상황 / 대안	낮은 위협(S_1) $P(S_1)=0.2$	보통 위협(S_2) $P(S_2)=0.3$	높은 위협(S_3) $P(S_3)=0.5$
소규모	400	400	500
중규모	100	600	600
대규모	−300	300	1000

한편 국방부에서는 '군사안보 동향'이라는 보고서를 정기적으로 생산하고 있는데 이 문서에서는 향후 군사위협을 '안정(G)'과 '위험(R)' 두 가지로 구분하여 예측하고 있다. 과거에 이 보고서의 예측 결과와 실제로 발생한 군사적 위협 수준을 분석한 결과를 조건부확률로 나타내면 아래 표와 같다.

구분	$P(G\|S_j)$	$P(R\|S_j)$	비고
낮은 위협(S_1)	0.3	0.7	낮은 위협이었는데 안정, 위험으로 보고된 경우의 확률
보통 위협(S_2)	0.4	0.6	보통 위협이었는데 안정, 위험으로 보고된 경우의 확률
높은 위협(S_3)	0.7	0.3	높은 위협이었는데 안정, 위험으로 보고된 경우의 확률

(1) 곧 생산될 국방부 보고서의 향후 군사 위협 예측 결과에 따라 실제로 어떤 군사 위협 상황이 벌어지게 될지에 대한 각각의 확률(조건부확률 $P(S_1|G)$, $P(S_2|G)$, $P(S_3|G)$, $P(S_1|R)$, $P(S_2|R)$, $P(S_3|R)$)을 구하시오.

(2) 국방부 보고서가 '안정(G)' 또는 '위험(R)'일 각각의 경우에 대하여 어떠한 대안을 선택하는 것이 좋은지 의사결정 나무를 이용하여 제시하시오. 또한 표본정보의 가치(EVSI), 완전정보의 가치(EVPI), 표본정보의 효율(E)값을 계산하시오.

9.26 귀관은 현재 육군 분석평가단에서 7군단 도하훈련장 매입사업 분석임무를 부여받았다. 아래의 상황을 읽고 문제를 해결하시오.

상황: 현재 7군단 지역에 대규모 기계화 부대 도하훈련이 가용한 지역은 여주 일대 남한강 지역이 유일하지만 집결지, 진출입로 등 사유지 사용이 불가피하여 소유주 미협조 시 훈련이 제한되고 매년 훈련 때마다 사유지 사용협조에 인력, 시간이 과다하게 소요되어 훈련여건이 더욱 제한되고 있다. 또한 민원발생이 증가하고 있어 민원해소를 위한 도하훈련장이 필요한 상황이다. 이를 위해 육군은 예산(중기계획)을 반영하여 훈련장 지역(사유지)을 매입 후 도하훈련장을 구축하려 계획 중이다. 분평단에서는 공시지가 변동에 따른 훈련장 건설규모별 예상이익(육군보유 훈련장 사용 시 사유지에 대한 보상, 민원해소 등 비용절감을 통한 이익)을 다음과 같이 도출하였다.

(단위: 백만 원)

대안 \ 상황	S_1(공시지가 하락)	S_2(공시지가 유지)	S_3(공시지가 상승)
d_1(소규모 사업)	600	500	400
d_2(중규모 사업)	300	600	700
d_3(대규모 사업)	−300	300	1000

(1) 다음 기준들에 의한 최적 대안을 각각 결정하시오.
[Maximax, Maximin, 최대후회 최소화, 라플라스, 후르비츠($\alpha = 0.6$)]

(2) $P(S_1) = 0.2$, $P(S_2) = 0.35$, $P(S_3) = 0.45$라고 할 때, EV 기준과 EOL 기준에 의한 최적 대안을 구하시오.

(3) 완전정보의 기대가치(EVPI)는 얼마인가?

9.27 (문제 9.26 상황 계속) 분석평가단에서는 훈련장 매입과 관련된 인근지역 표본자료분석을 통해 공시지가에 대한 토지 및 건물의 세 가지 매매가격지표(I_1: 낮음,

I_2: 보통, I_3: 높음)에 대하여 다음과 같은 조건확률을 얻었다.

구분	$P(I_k \mid S_j)$		
	I_1	I_2	I_3
S_1	0.5	0.3	0.2
S_2	0.4	0.4	0.2
S_3	0.1	0.4	0.5

(1) 표본정보의 가치(EVSI)는 얼마인가?

(2) 완전정보의 가치(EVPI)는 얼마인가?

(3) 표본정보의 효율(E)은 얼마인가?

(4) 육군 분석평가단의 최적 전략은 무엇인가? (의사결정 나무를 이용하여 구할 것)

9.28 현재 특수부대에 지급되고 있는 저격용소총 K14의 부품(주야간조준경)에 대하여 전수검사를 실시하고 있으며, 정비창의 최근 자료에 의하면 다음의 불량률이 알려져 있다.

불량률(%)	확률(%)
0	15
1	25
2	40
3	20

전수검사의 비용은 부품 100개들이 한 박스에 25만 원이다. 만약 전수검사를 하지 않는다면 불량품은 결국 재작업을 초래하며, 그 비용은 각 불량품당 10만 원이다.

(1) 다음의 성과표를 완성하시오.

(단위: 원)

검사 여부 \ 불량률	0%	1%	2%	3%
전수검사 실시	250,000	250,000	250,000	250,000
전수검사 미실시				

(2) 전수검사 실시 VS. 전수검사 미실시 중 어떤 의사결정을 선호하는가? (EV 기준)

9.29 국군복지단에서는 밀리토피아 호텔 2호점을 건설하려고 한다. 현재 가용한 지역은 강원, 경기, 제주 지역이다. 호텔의 수익은 민간 경기의 호조세와 직접적으로 연동되기 때문에 경기에 따라 예상 수익이 변하게 된다. 경기의 호조세는 불황, 보통, 호황 세 가지가 존재하며, 각각에 따른 대안별 연간 예상 수익이 아래와 같다.

대안 \ 상황	호황(S_1)	보통(S_2)	불황(S_3)
강원 (d_1)	2억 원	1억 원	−1억 원
경기 (d_2)	1억5천만 원	1억 원	5천만 원
제주 (d_3)	3억 원	2억 원	−2억 원

(1) 위 문제에서 호황일 확률이 30%, 불황일 확률이 20%라고 할 때, EMV(기댓값), EOL(기대기회손실) 기준에 의한 최적 대안을 구하시오.

(2) 위 (1) 문제에서 EMV 기준으로 완전정보의 기대가치(EVPI)를 구하시오.

(3) 국군복지단에서는 연구용역을 통해 시장 환경을 조사하고자 한다. 연구용역의 결과는 낙관적/비관적 두 가지 중 하나로 나온다. 실제 상황별 연구용역 결과 확률은 아래 표와 같다.

연구용역결과 \ 상황	호황(S_1)	보통(S_2)	불황(S_3)
낙관적($P \mid S_i$)	0.8	0.5	0.1
비관적($N \mid S_i$)	0.2	0.5	0.9

사전확률이 (1) 문제와 같을 때, 연구용역 보고서가 낙관적으로 나올 확률과 비관적으로 나올 확률을 각각 구하시오. 또한 사후확률을 구하시오. (소수점 셋째자리에서 반올림하시오.)

(4) (2), (3) 문제의 결과를 이용하여 연구용역 보고서에 얼마의 비용을 쓸 수 있는지 의사결정 나무를 그려 구하시오. 또한 표본정보의 효율값을 계산하시오.

10장 마코브 분석

10.1 기본 개념

> 미국의 대표 IT 솔루션 회사 IBM은 2009~2010년 미국 뉴욕주 세무국을 위해 '세금 징수 예측분석 시스템'을 개발했다. IBM은 자신들의 체스 프로그램 '딥 블루'와 제퍼디 게임을 하는 인공지능 '왓슨'의 기능을 합쳤다.
>
> 이 시스템은 전화, 방문, 영장, 징수 등 세무국의 업무와 납부, 이의 신청, 파산 선언 등 납세자의 반응을 종합적으로 분석한 뒤 최적화된 세금 징수 솔루션을 제시한다. IBM은 '마코브 프로세스'라는 수학 이론을 사용했다. 미래의 상태가 현재에 의해 결정되며 과거는 변수로 작용하지 않는다는 확률이론이다.
>
> 즉 납세자의 현재 상태를 토대로 추후 행동을 예측하는 것이다. 납세의무가 있는 전체 국민을 대상으로 세무국이 얻을 기대이익까지 계산해냈다. 뉴욕주는 이 시스템을 사용한 이후 직원 채용을 하거나 추가 지출 없이 세입을 기존보다 8% 늘렸다. 세무국 직원이 현장을 돌아다니면서 소요하는 시간도 9.3% 단축하는 효과를 거뒀다.

위 기사는 조선일보의 2015년 4월에 발표된 과학기술 기사이다. 수학적인 이론이 우리 일상생활에 얼마나 가까이 와있는지 보여주는 예이다.

다른 예로 야구에서 타자에게 던진 공이 방금 것은 스트라이크였는데 다음 공 역시 스트라이크를 던질 확률은 얼마나 될까?, 오늘은 맑았는데 내일은 비가 올 확률은 어떻게 될까?, 이번 선거에는 A당이 우세했는데 다음 선거에는 B당이 우세할 확률은 어떻게 될까?, 지금까지의 데이터로 어떤 상태 간의 전이확률에 대한 분포를 알 수 있다면 미래를 예측할 수 있을까? 등을 들 수 있다.

미래 상황이 어떻게 될지에 대해 확실하게 아는 것은 사실상 불가하다. 그런 불확실성이 커질수록 조직의 활동을 효율적으로 운영할 수 없게 된다. 그렇다면 어떻게 불확실한 미래 상황을 예측할 수 있을까? 이 장에서는 시간의 경과와 더불어 확률적으로 변화하는 과정에 대한 확률모형, 즉 확률과정을 다룬다. 마코브 체인은 러시아의 수학자 안드레이 마코브(Andrey Andreyevich Markov, 1856~1922)에 의해 1906년에 발표된 개념이다. 마코브 체인은 과정이 미래에 어떻게 변화될 것인가와 관련된 확률이 그 과정의 현재 상태에만 의존하고 과거의 상태에는 독립인 특성이 있다. 실제로 많은 과정이 이러한 특성을 가지므로 마코브 체인은 아주 중요한 확률모형이다. 마코브 특성, 마코브 과정, 마코브 체인 등의 개념들은 현실 세계에서의 현상을 설명하고 미래의 불확실한 상황을 예측할 수 있는 강력한 도구가 되어 왔다.

마코브 체인은 일반 사회뿐만 아니라 군에서도 많이 사용된다. 전투 장비의 관리, 보급품 및 시설물의 교체주기 예측, 워게임 및 각종 시뮬레이션의 알고리즘 등 다양한 분야에 적용되어 오고 있으며, 예측 및 분석업무를 더욱 정확하고 효과적으로 할 수 있도록 돕고 있다.

마코브 분석(Markov analysis)은 현재 관심이 있는 어떤 중요변수에 관하여 현재의 변화를 분석함으로써 장·단기 미래의 추세를 예측하는 데 사용되는 경영과학 기법이다. 좋은 예로 여러 상품에 대한 현재의 고객 선호의 변화를 분석함으로써 각 상품에 대한 미래의 시장점유율을 예측하는 데 사용될 수 있다.

마코브 분석은 연속적인 의사결정에 의해 통제되는 동적 시스템의 변화 과정을 묘사하고 설명하는 추정 통계학적 분석이다. 본 기법은 상표변경, 신용관리, 재무분석 등의 분야의 분석기법으로써 널리 사용됐다. 예를 들어 마케팅 의사결정문제인 고객의 상표전환분석은 상품에 대한 고객의 한 특정 상표에 대한 계속 구매와 타 상표로의 전환 패턴을 분석함으로써 고객의 행위를 예측하고 조사하는 연구분야이다.

마코브 분석은 원래 마코브에 의해 소개되었다. 이후 많은 학자의 노력으로 확실한 경영과학 기법으로 발전하게 되었다. 현실 세계의 전형적인 마코브 분석 문제들로는 마케팅 영역에서 시장점유율 분석과 고객의 상표전환분석, 재무영역에서 신용관리분석과 대차계정분석, 관리영역에서 고용 생산성 분석, 인사관리분석, 병원 행정관리 및 장비관리분석, 그리고 기타 영역에서 컴퓨터 장비 유지분석과 장비수리 분석 등을 들 수 있다.

결론적으로 마코브 분석의 목적은 의사결정자에게 문제 상황에 관한 확률적인 정보를 제공하는 데 있다고 할 수 있다.

10.2 마코브 분석 개요

이 절에서는 마코브 분석을 이해하기 위한 용어의 정의 및 특성에 관해 설명하고자 한다.

먼저 확률적 과정이란 시스템의 상태가 시간의 흐름에 따라 확률적으로 변해가는 과정을 의미하며, 마코브 과정은 확률과정 중에서 시스템의 상태가 바로 직전의 상태에만 영향을 받는 경우, 즉 이전의 과거 상태와는 무관한 확률과정을 말하며, 마코브 분석은 시스템의 현재 행태를 분석하여 미래의 행태를 예측하는 것을 말한다.

표 10.1 용어 정의에 관한 설명

용어	예제에 의한 설명
확률적 과정	장비의 상태에 대해 등급 부여 시 시간이 흐름에 따라 등급이 확률적으로 변함
마코브 과정	통신사를 바꿀 시 직전의 통신사 선택 의사결정만 기억하여 현재 통신사 선택
마코브 분석	고객이 통신사를 마코브 과정으로 바꿀 시 2년 뒤 시장점유율은 어떻게 되는가?

또한, 상태란 특정 시점에서 시스템을 정의할 수 있는 정보의 표현을 말하며, 상태공간은 시스템이 취할 수 있는 모든 상태의 집합, 마지막으로 상태전이확률은 특정 기간을 거쳐 어떤 상태에서 다른 상태로 바뀌는 확률을 말한다. 예를 들어 날씨라는 시스템의 경우 상태는 비옴, 맑음, 흐림 등이 될 수 있으며, 상태 공간은 날씨를 표현하는 모든 상태의 집합을 일컬으며, 마지막으로 상태전이확률은 어제 상태가 비옴에서 오늘 상태가 맑음으로 변할 확률을 말한다. 만일 어제의 상태를 s_i, 오늘 상태를 s_j라고 한다면 상태전이확률 $P(s_j|s_i)$는 $P(s_2 = \text{맑음}|s_1 = \text{비옴})$으로 표현할 수 있다.

마코브 분석은 몇 가지 상황을 가정하는데, 첫 번째는 시스템은 유한한 수의 상태를 가지며 특정 기간에 반드시 어느 한 상태에는 속해야 한다는 것, 두 번째는 상태전이확률은 시간이 지나더라도 일정하다는 것[$P(X_{t+1} = s_j|X_t = s_i) = P(X_t = s_j|X_{t-1} = s_i)$], 세 번째는 어느 특정 기간의 시스템의 상태는 바로 직전의 시스템의 상태와 전이확률에만 의존한다는 것[$P(X_t\,|\,X_{t-1}, X_{t-2}, \ldots, X_0) = P(X_t\,|\,X_{t-1})$], 마지막으로 상태변화는 길이가 일정한 각 기간에 한 번만 발생한다고 가정한다는 점이다(다시 말해, 시스템의 상태변화는 연속적으로 발생할 수 있으나, 시스템 상태변화의 관측 주기는 매주·매달 등으로 일정하다는 것이다).

시스템의 행태는 크게 단기적 행태와 장기적 행태로 구분해볼 수 있는데, 단기적 행태는 단기간 후 시스템이 어느 특정 상태에 머무를 확률을 의미하고, 장기적 행태는 수많은 기간이 지난 뒤 시스템이 어느 특정 상태에 머무를 확률을 말한다. 단기적 행태를 파악하기 위해서는 시스템의 초기 상태와 상태전이확률을 알면 추정할 수 있고, 장기적 행태(혹은 안정상태라고도 부름)를 예측하기 위해서는 시스템의 초기 상태와는 무관하게 상태전이확률만 알면 추정할 수 있다. 일반적으로 안정상태에서 시스템이 상태 i에 머무를 확률을 π_i로 표기한다.

10.3 마코브 분석 예시

예제 10.1

신명컴퓨터 회사는 A상표 컴퓨터를 주력 제품으로 생산 판매하고 있다. 현재 어떤 지역에서 B회사의 B상표 컴퓨터, C회사의 C상표 컴퓨터와 신명컴퓨터 회사의 A상표 컴퓨터 간에 광고, 서비스, 포장, 디자인 또는 기타 비가격경쟁을 통하여 시장점유율 제고를 위한 치열한 판매경쟁을 벌이고 있다. 신명컴퓨터 회사의 마케팅 관리자는 이들 컴퓨터 고객들의 상표전환에 대한 행위의 패턴을 사전에 분석함으로써 앞으로의 기간에서 A상표가 차지하는 시장 몫의 변화를 예측하려고 한다. 이들 세 상표의 상표전환에 대한 고객의 과거 행위적인 특성을 기초로 하여 한 상표에서 다른 상표로 전환하는 전이확률을 계산할 수 있다. 표 10.2는 1월 1일부터 2월 1일까지 지난 한 달간의 관찰 동안 한 상표로부터 다른 상표로 전환한 고객의 상표전환 구매내용을 나타낸다.

표 10.2 고객 상표 전환(1.1～2.1)

에서 \ 으로	A상표	B상표	C상표	합계
A상표	380	50	70	500
B상표	30	420	50	500
C상표	50	20	530	600
합계	460	490	650	1600

10.3.1 전이확률 행렬

이제 마케팅 관리자는 표 10.2에 나타난 고객의 상표전환의 모든 유입과 유출 현황을 더 간단한 형식의 전이확률(transition probability)로 계산하고 전이확률 행렬(transition probability matrix)을 이용하여 더 편리한 형식으로 나타냈다. 표 10.3은

표 10.3 전이확률 행렬

에서 \ 으로	A상표	B상표	C상표
A상표	$\frac{380}{500}=0.760$	$\frac{50}{500}=0.100$	$\frac{70}{500}=0.140$
B상표	$\frac{30}{500}=0.060$	$\frac{420}{500}=0.840$	$\frac{50}{500}=0.100$
C상표	$\frac{50}{600}=0.083$	$\frac{20}{600}=0.033$	$\frac{530}{600}=0.884$

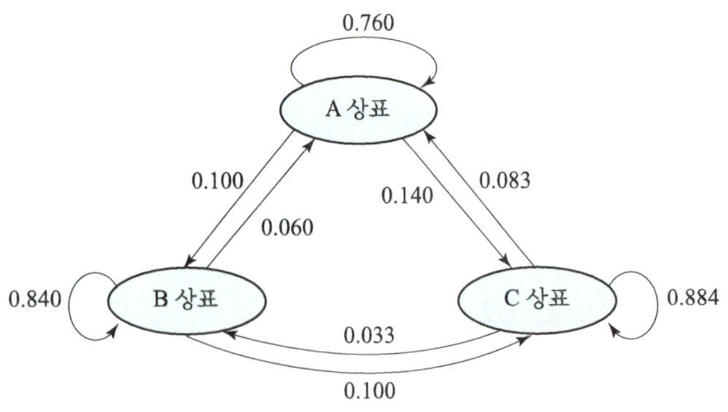

그림 10.1 전이확률 행렬

각 전이확률을 소수점 아래 셋째 자리까지 계산한 전이확률 행렬을 나타낸다. 여기서 행은 동일 상표의 계속 고수와 타 상표로의 유출을 나타내지만 열은 동일 상표의 계속 고수와 타 상표로의 유입을 나타낸다.

위의 전이확률 행렬을 그림으로 나타내면 그림 10.1과 같다.

10.3.2 미래 기간에 대한 예측

예제 10.1에서 마케팅 관리자는 표 10.2에 나타난 자료를 이용함으로써 여러 가지 유용한 분석이 가능하다. 즉, 위의 자료를 이용하여 궁극적 상표별 고객의 유입 또는 유출을 분석할 수 있으며, 상표별 미래의 상대적인 점유율 변화에 대한 예측을 가능하게 하고 미래의 안정상태 도달의 가능성을 시사할 수 있다.

지금까지의 토의를 통해서 A, B, C 상표별 시장점유율이 1월 1일 현재 각각 31%, 31%, 38%에서 2월 1일 현재는 각각 29%, 31%, 41%로 바뀌었음을 알 수 있다. 마케팅 관리자는 미래의 어떤 시기에 있어서 상표별 시장점유율이 어떻게 될 것인가를 예측할 수 있으면 마케팅 전략수립 및 실천에 크게 도움이 될 것이다. 한 달 뒤인 3월 1일에 있어서 상표별 시장점유율 계산은 간단히 2월 1일 현재 상표별 시장점유율과 전이확률 행렬을 곱하면 된다.

$$\begin{matrix}\text{2월 1일 현재} \\ \text{시장점유율}\end{matrix} \times \text{전이확률 행렬} = \begin{matrix}\text{3월 1일 현재} \\ \text{시장점유율}\end{matrix}$$

$$(0.288,\ 0.306,\ 0.406) \times \begin{matrix} \text{(A상표)} \\ \text{(B상표)} \\ \text{(C상표)} \end{matrix} \overset{\begin{matrix}\text{(A상표)} & \text{(B상표)} & \text{(C상표)}\end{matrix}}{\begin{pmatrix} 0.760 & 0.100 & 0.140 \\ 0.060 & 0.840 & 0.100 \\ 0.083 & 0.033 & 0.884 \end{pmatrix}} = (0.271,\ 0.299,\ 0.430)$$

A상표의 시장점유율 계산(행1×열1):

A상표 시장점유율×A상표를 고수할 확률

$$0.288 \times 0.760 = 0.219$$

B상표 시장점유율×B상표로부터 A상표로 전환할 확률

$$0.306 \times 0.060 = 0.018$$

C상표 시장점유율×C상표로부터 A상표로 전환할 확률

$$0.406 \times 0.083 = 0.034$$

3월 1일 현재 A상표의 시장점유율은 $0.219 + 0.018 + 0.034 = 0.271$이다.

B상표와 C상표에 대해서도 위와 같은 방법으로 각각의 3월 1일 현재 시장점유율을 계산할 수 있다.

B상표의 시장점유율 계산(행1×열2):

A상표 시장점유율×A상표로부터 B상표로 전환할 확률

$$0.288 \times 0.100 = 0.029$$

B상표 시장점유율×B상표를 고수할 확률

$$0.306 \times 0.840 = 0.257$$

C상표 시장점유율×C상표로부터 B상표로 전환할 확률

$$0.406 \times 0.033 = 0.013$$

3월 1일 현재 B상표의 시장점유율은 $0.029 + 0.257 + 0.013 = 0.299$이다.

C상표 시장점유율 계산(행1×열3):

A상표 시장점유율×A상표로부터 C상표로 전환할 확률

$$0.288 \times 0.140 = 0.040$$

B상표 시장점유율×B상표로부터 C상표로 전환할 확률

$$0.306 \times 0.100 = 0.031$$

C상표 시장점유율×C상표를 고수할 확률

$$0.406 \times 0.884 = 0.359$$

3월 1일 현재 C상표의 시장 점유율은 $0.041 + 0.031 + 0.362 = 0.430$이다.

만약 지금부터 5개월 후, 즉 7월 1일 현재의 상표별 시장점유율을 예측하려고 한다면 아래와 같은 식을 사용함으로써 개략적인 예측값을 이용할 수 있다.

2월 1일 현재 시장점유율	×	(전이확률 행렬)^5	=	7월 1일 현재 가능한 시장점유율

10.3.3 안정상태 계산

지금까지 토의한 내용을 볼 때 상표별 시장점유율이 미래 어떤 시점에서 균형상태에 도달할 것이라는 가정이 가능하다. 마코브 분석의 중요한 특성 중의 하나가 장기적으로 안정상태에 도달한다는 점이다. 이러한 미래 어떤 시점에서 균형상태에 이른 시스템을 안정상태(steady state) 또는 균형상태(equilibrium)에 있다고 한다. 안정상태에 도달하게 되면 각각 다른 상태로의 유입이나 유출 또는 원래의 상태 고수 등의 전환은 고정될 것이다.

안정상태에서의 확률을 알아보기 위해 아래의 상황을 가정하자.

국군ㅇㅇ병원 외상치료센터의 특수병동에 입원 중인 환자는 상태에 따라 일반병동으로 이동하거나 퇴원하는데, 퇴원하는 경우는 완치 또는 사망하는 경우이다. 또한 퇴원한 환자 중 일부는 새로운 환자로 다시 입원하기도 하는데 치료대상인 환자의 수가 일정하고, 1일 전이확률이 아래 표와 같다고 가정하자.

표 10.4 1일 상태전이확률

에서 \ 으로	특수병동	일반병동	퇴원/사망	합계
특수병동	0.8	0.1	0.1	1.0
일반병동	0.2	0.6	0.2	1.0
퇴원/사망	0.01	0.01	0.98	1.0
합계	1.01	0.71	1.28	

오랜 시간이 지난 후, 즉 안정상태에서 각 상태에 머무를 확률에 대해 알아보기로 하자.

안정상태 기간에서의 특수병동에 머무를 확률은 특수병동에서 특수병동으로의 전이확률 0.8에 바로 전 기간에서의 특수병동에 머무를 확률을 곱한 값, 일반 병동에서 특수병동으로의 전이확률 0.2와 바로 전 기간에서 일반병동에 머무를 확률을 곱한 값, 마지막으로 퇴원/사망 상태에서 특수병동으로의 전이확률 0.01에 퇴원/사망 상태에 머무를 확률을 곱한 값을 모두 더함으로써 구할 수 있다. 각 상태를 π_1, π_2, π_3라고 놓으면 아래와 같이 관계식을 나타낼 수 있다.

$$\pi_1 = (0.8)\pi_{1\text{의 직전기간}} + (0.2)\pi_{2\text{의 직전기간}} + (0.01)\pi_{3\text{의 직전기간}}$$

위와 같은 방법으로 일반병동과 퇴원/사망 안정상태확률을 구하는 관계식도 아래와 같이 나타낼 수 있다.

$$\pi_2 = (0.1)\pi_{1\text{의 직전기간}} + (0.6)\pi_{2\text{의 직전기간}} + (0.01)\pi_{3\text{의 직전기간}}$$
$$\pi_3 = (0.1)\pi_{1\text{의 직전기간}} + (0.2)\pi_{2\text{의 직전기간}} + (0.98)\pi_{3\text{의 직전기간}}$$

대부분의 마코브 분석 문제 상황에서 초기 기간에서는 통상 유입과 유출량이 매우 크지만, 안정상태에 접근할수록 그 양이 매우 적어진다. 이를 다른 방법으로 표현하면 안정상태 기간과 안정상태 직전 기간 사이의 시장점유율 변화는 너무 작으므로 수학적으로 동등한 것으로 취급할 수 있다. 즉, '안정상태'의 확률 = '안정상태 직전기간'의 확률로 나타낼 수 있다. 따라서 위의 세 식은 다음과 같이 표현될 수 있다.

$$\pi_1 = (0.8)\pi_1 + (0.2)\pi_2 + (0.01)\pi_3$$
$$\pi_2 = (0.1)\pi_1 + (0.6)\pi_2 + (0.01)\pi_3$$
$$\pi_3 = (0.1)\pi_1 + (0.2)\pi_2 + (0.98)\pi_3$$
$$\pi_1 + \pi_2 + \pi_3 = 1.0$$

네 번째 식은 각 상태가 차지하는 확률의 합이 1.0이 됨을 나타내기 위하여 사용된다. 위의 관계식은 4개의 식과 3개의 미지수를 가짐으로써 이를 연립하여 풀면 쉽게 그 해를 구할 수 있다. 따라서 안정상태에서 각각의 확률은 0.087, 0.043, 0.87이다.

결론적으로 안정상태의 확률을 구하기 위한 안정상태방정식은 π와 P를 안정상태확률 행벡터와 상태전이행렬(상태전이확률을 모든 상태에 대해 모은 것)이라고 각각 놓으면 아래와 같이 표현할 수 있다.

$$\pi = \pi P, \quad \sum_{i \in \text{발생가능한 상태}} \pi_i = 1$$

10.4 요약

마코브 분석은 관심의 대상이 되는 중요 변수에 대하여 현재의 변화를 분석함으로써 미래의 추세를 예측하는 것으로, 연속적인 의사결정에 의해 통제되는 동적 시스템의 변화 과정을 묘사하고 설명하는 추정 통계학적 분석기법이다. 마코브 분석의 기본 목적은 의사결정자에게 문제 상황에 관한 확률적인 정보를 제공하는 데 있다. 이 장에서는 마코브 분석의 기본 개념을 이해하고 예시를 통하여 분석과정을 설명하였다.

연습문제

10.1 마코브 분석이란 무엇이며, 어떠한 상황에서 적용할 수 있는 기법인가?

10.2 마코브 분석의 목적과 기본 가정을 기술하시오.

10.3 안정상태란 어떻게 구한 값이며, 그것이 갖는 의미는 무엇인가?

10.4 한국의 자동차 시장에서 H, D, K 3사 제품의 지난 분기 동안 고객의 상표 교체 현황을 조사한 결과 아래 표와 같이 나타났다.

에서 \ 으로	H	D	K	계
H	48,000	800	1,200	50,000
D	2,200	26,000	1,800	30,000
K	400	600	19,000	20,000
계	50,600	27,400	4,900	100,000

(1) 현재의 H, D, K사의 시장점유율은 각각 얼마인가?
(2) 전이확률 행렬을 구하시오.
(3) 다음 분기 말의 회사별 시장점유율을 예측하시오.
(4) 지금부터 6개월 후의 회사별 시장점유율을 예측하시오.
(5) 안정상태에서의 회사별 시장점유율을 예측하시오.
(6) H, D, K 회사별 순환 기간을 구하시오.

10.5 현재 A회사 제품의 시장 몫은 50%, B회사 시장 몫은 20%, C회사 제품의 시장 몫은 30%이며, 지난 한 기간 시장조사 및 분석결과 아래와 같은 전이확률 행렬

표를 구하였다.

에서 \ 으로	A	B	C
A	0.3	0.3	0.4
B	0.6	0.2	0.2
C	0.6	0.0	0.4

(1) 다음 기간 말의 A, B, C 3사의 시장 몫을 예측하시오.

(2) 2기간 후의 A, B, C의 시장 상태를 예측하시오.

(3) 안정상태에 도달하려면 얼마의 기간이 소요되겠는가?

(4) 안정상태에 도달했을 때의 A, B, C 3사의 시장 몫을 구하시오.

10.6 전이확률 행렬이 아래 표와 같을 때

에서 \ 으로	A	B
A	0.5	0.5
B	0.6	0.4

(1) 초기 백분율이 A는 0.5, B는 0.5일 때 안정상태에서의 백분율과 순환기간을 구하시오.

(2) 초기 백분율이 A는 0.6, B는 0.4일 때 안정상태에서의 백분율과 순환기간을 구하시오.

(3) 위의 결과를 비교해보고 안정상태에서의 백분율은 초기 백분율과 변환확률과는 어떤 관계가 있는지 설명하시오.

10.7 아래에 주어진 전이확률 행렬을 이용하여 안정상태의 A, B의 백분율과 순환기간을 구하시오.

에서 \ 으로	A	B	C
A	0.8	0.1	0.1
B	0.2	0.5	0.3
C	0.2	0.1	0.7

10.8 기상 관측자가 어떤 특정 지역의 날씨 변화를 분석한 결과 다음과 같은 전이확률을 구하였다.

	내일의 일기			
	에서 \ 으로	맑음	흐림	비
오늘의 일기	맑음	0.7	0.2	0.1
	흐림	0.2	0.4	0.4
	비	0.1	0.3	0.6

(1) 만약 오늘의 일기가 비이면 일기가 맑음이 될 때까지의 기대 일수는 얼마인가?
(2) 만약 오늘의 일기가 맑음이면 지금부터 10일 후에 비가 올 확률은 얼마인가?
(3) 안정상태에 도달했을 때 비가 올 확률은 얼마인가?

10.9 갑과 을은 테니스 경기를 하고 있는데 첫 세트 경기에서 6 : 6의 결과가 나와 타이 브레이크(tie breaker)로 승부를 결정하게 되었다. 갑이 각 포인트에서 이길 확률은 0.6이고 을이 각 포인트에서 이길 확률은 0.4이다. 이와 같은 상황을 마코브 분석을 통해서 그 결과를 예측하고자 한다. 전이확률 행렬표를 작성하시오.

10.10 프로축구 D팀은 금주의 경기에서 이기면 다음 주 경기에서 이길 확률은 0.6이고, 금주의 경기를 지면 다음 주 경기에서 질 확률은 0.3이다.
(1) 마코브 분석을 위한 전이확률 행렬을 구하시오.
(2) 안정상태에서의 확률을 결정하시오.

10.11 ○○대대는 4개소의 소초(A, B, C, D)를 보유하고 있다. 각 소초 사이에 이동로가 존재하며, 대대의 일일 단위 소초 경계 계획은 다음의 규칙을 따른다.

- 최초, 임의의 소초에서 시작한다.
- 매일 아침, 정육면체인 주사위를 던져 1 ~ 3이 나오면, 다음의 소초로 이동하여 경계작전을 실시한다.
  : A → B, B → C, C → D, D → A
- 매일 아침, 정육면체인 주사위를 던져 4 혹은 5가 나오면, 다음의 소초로 이동하여 경계작전을 실시한다.
  : A → C, B → D, C → A, D → B

• 매일 아침, 정육면체인 주사위를 던져 6이 나오면, 다음의 소초로 이동하여 경계작전을 실시한다.
: A → D, B → A, C → B, D → C

(1) 상태를 정의하시오.

(2) 1단계 – 전이행렬을 구하시오.

(3) 3일 후, 최초 시작한 소초에 돌아올 확률은 얼마인가?

10.12 육사 전산실에서는 최근 컴퓨터 고장신고를 접수하고, 한 시간 단위로 컴퓨터의 작동과 고장을 조사하였다. 조사 결과, 시스템이 작동상태 또는 고장상태에 있을 확률은 시스템이 바로 전기에 어떤 상태에 있었느냐에 의존한다는 사실을 발견하였다. 역사적 자료에 의해 다음과 같은 전이확률을 얻었다.

에서 \ 으로	작동	고장
작동	0.8	0.2
고장	0.3	0.7

(1) 시스템이 작동(상태)에 있을 균형상태의 확률을 구하시오.

(2) 시스템의 고장은 하드웨어의 한 부품 때문으로 밝혀져 이 부품을 교체하기로 하였다. 교체한 후의 전이확률은 다음과 같이 예상된다.

에서 \ 으로	작동	고장
작동	0.9	0.1
고장	0.6	0.4

어떤 기간에 시스템이 고장 나면 50만 원(이익상실과 수리비)의 비용이 발생한다고 하면 새로운 부품의 기간당 손익분기비용은 얼마인가?

10. 13 기상 분석결과 눈(S)/비(R)/구름(C)이 발생한 다음 날 특정 상태의 기상이 발생하는데 다음과 같은 전이확률이 존재함을 확인하였다.

에서 \ 으로	S	R	C
S	0.84	0.09	0.07
R	0.20	0.70	0.10
C	0.14	0.06	0.80

(1) 안정상태의 확률을 구하시오.

(2) 처음에 비(R)가 왔다고 가정할 때, 기간 3에서 눈(S), 비(R), 구름(C)의 기상 상태일 비율을 구하시오.

10.14 춘계체육대회에서 결승에 오른 1중대와 2중대가 배구경기를 하고 있으며 현재 스코어는 듀스(deuce) 상태이다. 출전 선수 중 여생도의 참가 숫자는 각 팀 9명 중 1중대는 2명, 2중대는 3명이고 각 팀의 후보 선수로 1중대는 3명, 2중대는 2명을 추가로 보유 중이며 지금까지의 전적을 통해 1중대가 포인트를 얻을 확률은 0.3, 2중대가 포인트를 얻을 확률은 0.7이다. 특히 2중대는 3학년 이상의 상급생도로 구성된 경험이 많은 팀원으로 구성되었다. 위에 제시된 몇 가지 팀 전력 데이터를 기반으로 하여 아래 물음에 답하시오.

(1) 두 중대의 배구경기를 마코브 체인으로 모델링하기 위한 발생 가능한 상태를 정의하시오.

(2) 위에서 정의한 상태들에 대한 전이확률 행렬을 구하시오.

10.15 귀관은 전방사단 GOP 대대의 정보장교로 근무하고 있다. 대대 경계지역 전방의 적은 '가', '나', '다' 경계초소 3개소 중 야간에 1개 초소에만 경계 병력을 투입하고 있는데 장기간 자료를 수집한 결과는 다음과 같다.

① 전일 '가' 초소에 투입되었을 때
- 다음날 '가' 초소에 투입된 사례: 40회
- 다음날 '나' 초소에 투입된 사례: 60회
- 다음날 '다' 초소에 투입된 사례: 70회

② 전일 '나' 초소에 투입되었을 때
- 다음날 '가' 초소에 투입된 사례: 80회
- 다음날 '나' 초소에 투입된 사례: 30회
- 다음날 '다' 초소에 투입된 사례: 50회

③ 전일 '다' 초소에 투입되었을 때
- 다음날 '가' 초소에 투입된 사례: 60회
- 다음날 '나' 초소에 투입된 사례: 50회
- 다음날 '다' 초소에 투입된 사례: 30회

한편 귀관의 대대장은 위와 같은 보고를 받은 후 이 정보를 이용하여 어제 적이 투입한 초소를 알았을 경우 오늘, 내일, 모레 3일간 어떤 초소에 투입될 확률이 제일 높은지 예측하는 것이 가능한지 그리고 가능하다면 그 확률을 계산해서 보고하라고 지시하였다.

(1) 귀관은 대대장에게 어떠한 내용의 보고를 할 것인가?

(2) 위 정보를 이용하여 약 200일 후에는 어떤 초소에 병력을 투입하게 될 것인지 각 초소별 예상확률을 구하시오.

10.16 귀관은 전방 ○○사단 ○○포병대대의 정보장교로 근무하고 있다. 사단으로부터 입수한 정보에 의하면 전방에 대치하고 있는 북한의 대포병레이더는 사전 위치를 파악한 A, B, C 3개 진지 중 임의의 1개 진지에 위치한다고 한다. 장기간 데이터를 수집한 결과는 아래와 같다. 대대장은 위와 같은 보고를 받은 후 이 정보를 이용하여 적 대포병레이더에 대한 대응사격계획을 수립하려고 한다.

① 전일 'A' 진지에 투입되었을 때	② 전일 'B' 진지에 투입되었을 때	③ 전일 'C' 진지에 투입되었을 때
–다음날 'A' 진지에 투입된 사례: 50회	–다음날 'A' 진지에 투입된 사례: 80회	–다음날 'A' 진지에 투입 된 사례: 80회
–다음날 'B' 진지에 투입된 사례: 90회	–다음날 'B' 진지에 투입된 사례: 30회	–다음날 'B' 진지에 투입된 사례: 60회
–다음날 'C' 진지에 투입된 사례: 60회	–다음날 'C' 진지에 투입된 사례: 90회	–다음날 'C' 진지에 투입된 사례: 60회

(1) 오늘 적 대포병레이더가 B 진지에 위치했다는 첩보를 입수하였다면, 내일 진지별 대포병레이더가 위치할 확률을 예측하시오.

(2) 위 정보를 이용하여 약 200일 후 적 대포병레이더가 위치하게 될 각 진지별 예상확률을 구하시오(소수점 아래 셋째 자리까지).

10.17 ○○군수지원사령부 예하 수송대대 및 정비대대에서 관리하는 대형 타이어 교체에 대한 데이터는 다음과 같다. 대형 타이어는 상태에 따라서 A급(양호), B급(보통), C급(교체 요망)으로 나눌 수 있는데, A급인 타이어는 다음 분기에 각각 0.5 / 0.4 / 0.1의 확률로 A / B / C급으로 상태가 변한다고 한다. B급인 타이어는 다음 분기에 각각 0.0 / 0.6 / 0.4의 확률로 A / B / C급으로 상태가 변하며 C급인 타

이어는 다음 분기에는 모두 A급으로 교체를 한다고 한다(이때 교체 비용이 개당 10,000원이다). 이 상황을 마코브 과정으로 볼 수 있다고 할 때 다음의 물음에 답하시오(※ 분기: 3개월).

(1) 상태전이확률을 구하시오.

(2) 2개 분기 후(2번의 상태전이 후) A급인 대형 타이어가 C급이 될 확률은 얼마인가?

(3) 위의 데이터가 변하지 않는다고 할 때 8년(충분히 오랜 시간) 후에는 200개의 관리대상 대형 타이어의 교체에 한 달에 평균 얼마의 예산을 할당하는 것이 타당한가?

10.18 ○○사단은 사랑과 도움이 필요한 용사들을 위해 '그린해피캠프'라는 특별기구를 설립하여 운용 중이다. 이 캠프에는 상담 및 심리치료의 전문가 집단이 용사들을 3주간 집중하여 관리하며, 용사들의 상태를 안정화하여 원부대로 복귀시켜 임무를 계속 수행할 수 있도록 도와준다. 이러한 용사들은 사랑이 필요한 용사, 도움이 필요한 용사, 관심이 필요한 용사의 분류로 나누어지며 1주일 단위의 등급 분류 간의 전이확률은 다음과 같다.

구분	사랑이 필요한 용사	도움이 필요한 용사	관심이 필요한 용사
사랑이 필요한 용사	0.5	0.4	0.1
도움이 필요한 용사	0.2	0.3	0.5
관심이 필요한 용사	0.1	0.3	0.6

(1) ○○대대장은 대대의 사랑이 필요한 용사 1명을 현재 입소시키려고 준비 중이다. 이 용사가 퇴소 후에 관심이 필요한 용사로 등급이 바뀔 확률을 구하시오(소수점 아래 셋째 자리까지).

(2) ○○사단장은 관심이 필요한 용사로 입소했지만 3주차 시작하는 시점까지 한 번이라도 사랑이 필요한 용사로 등급이 상향될 확률이 궁금하다. 이 확률을 구하시오(소수점 아래 둘째 자리까지).

10.19 군용트럭의 경우 매월 정기점검을 시행하는데, 세 가지 주요계통(엔진 계통, 파워트레인 계통, 서스펜션 계통)의 상태는 전월 정기점검의 결과에만 의존하는 마코브 속성을 따르는 것으로 알려져 있다. 과거의 점검 경험으로 아래 표와 같은

상태전이행렬을 구하였다.

구분	엔진 계통 고장	파워트레인 계통 고장	서스펜션 계통 고장
엔진 계통 고장	0	0.6	
파워트레인 계통 고장		0	0.3
서스펜션 계통 고장	0.9		0

(1) 빈칸을 채워 위에 주어진 상태전이행렬을 완성하시오.

(2) 장시간 흐른 후 각 계통의 안정상태 확률값을 구하시오(소수점 4자리에서 반올림할 것).

10.20 현재 통신 시장을 두 통신회사 A와 B가 점유하고 있다고 가정하자. 고객들의 통신사 이동행태를 매월 관찰한 결과, 고객들은 아래와 같은 전이확률로 통신사를 이동한다고 알려져 있다.

구분	A	B
A	0.8	0.2
B	0.3	0.7

(1) 현재 A사에 가입한 고객이 2개월 후에도 A사로 유지할 확률을 구하시오.

(2) 장시간이 지나 안정상태에서 A사와 B사의 시장점유율을 구하시오.

(3) A사의 최고경영자는 안정상태에서 자사의 시장점유율이 낮다고 판단하고 대대적인 마케팅을 계획하고 있다. 해당 마케팅이 도입 시 1단계 전이확률은 아래와 같이 변경된다고 한다. A사와 B사의 안정상태에서의 고객 점유율을 구하시오.

(4) 고객 점유율이 2.75% 증가 시 1억 원의 수익이 발생한다고 하고 마케팅을 위해서는 1개월을 기준으로 15억 원의 비용이 소요된다고 알려져 있다. 이때 통신사 A는 마케팅하는 것이 좋겠는가, 하지 않는 것이 좋겠는가?

11장 대기행렬이론

11.1 대기행렬이론의 기본 개념

대기행렬(queue, waiting line)은 우리 일상생활의 한 부분이다. 우리는 영화관, 은행, 마트, 우체국, 식당, 유원지 등에서 서비스를 받기 위해 대기행렬에서 기다리며 이 속에서 많은 시간을 보낸다.

우리는 어느 정도의 기다림에는 익숙해져 있지만 예기치 않은 오랜 기다림에는 불쾌감을 느낀다. 그러나 기다리는 것이 단지 고객의 개인적인 불쾌감만 가져다주는 것은 아니다. 대기하는 고객의 부정적인 감정뿐 아니라 대기행렬과 관련된 인건비 또는 시설 유지비 등과 같은 직접적인 비용이 발생할 수 있기에 대기시간은 제한된 자원의 낭비로 해석될 수 있다.

예를 들어 고장 난 기계가 수리 받기 위해 기다리는 것은 생산활동의 손실을 의미한다. 하역을 기다리는 운송기기(선박, 트럭, 화물열차 등)들은 그 다음에 있을 선적을 지연시킨다. 이착륙을 기다리는 비행기는 그 다음 비행 일정에 차질을 줄 수가 있으며, 포화 상태인 회선으로 인한 전송 지연은 데이터 오류를 초래할 수 있다. 제조 공정에서의 작업의 지연으로 인한 대기는 그 후속 작업에 차질을 준다. 납기를 지키지 못하는 서비스 업무는 미래의 사업 기회를 놓치는 결과를 초래할 수가 있다. 따라서 많은 기업은 적정한 인력과 시설을 투입하여 대기하는 시간을 줄이거나 제거하기 위하여 많은 노력을 기울이고 있다.

군 역시 마찬가지로 많은 노력을 기울이고 있는데, 고객이 대기하면서 발생하는 비용은 국방에 있어 전투력과 직결되는 부분이기 때문에 많은 지휘관이 이를 해소하기 위하여 노력하고 있고 다양한 분석기관에서 대기행렬이론을 적절히 적용하여 효율적인 운영을 꾀하고 있다.

대기행렬이론(queueing theory)은 얼랑(Agner Krarup Erlang)이 그가 종사하던 코펜하겐 전화 교환업무를 묘사하기 위해 1909년 고안한 모델로부터 시작되었다. 대기행렬이론은 이러한 여러 가지 형태의 기다림에 대한 연구를 하며, 현실에서 일어나는 여러 가지 형태의 대기행렬 시스템(대기행렬이 있는 시스템)을 표현하기 위해 대기행렬 모형(queueing model)을 사용한다. 각 모형에 대한 공식은 여러 가지 환경 변화 속에서 발생하게 될 평균 대기시간을 포함하여, 해당 대기행렬 시스템이 어떻게 수행되는지를 나타낸다.

그러므로 이러한 대기행렬 모형은 대기행렬 시스템을 가장 효율적으로 운용할 방법을 결정하는 데 매우 유용하게 사용된다. 일반적으로 시스템을 운용하기 위해 지나친 서비스를 제공하면 비용이 많이 들고, 반면에 충분한 서비스를 제공하지 않으면 오랜 기다림이 발생하여 그 결과 바람직하지 않은 결과를 초래할 수도 있다. 이러한 상황에서 모형을 이용하여 서비스 비용과 대기시간 사이에 적절한 균형을 찾을 수 있다.

대기행렬 분석은 확률적이기 때문에 선형계획법에서처럼 최적해를 추구하지는 않는다. 따라서 간단한 구조의 대기행렬 시스템 외의 복잡한 시스템의 경우에는 시뮬레이션 방법으로 해결하는 경우가 일반적이다.

11.1.1 대기행렬 시스템

대기행렬 시스템은 대기행렬과 서비스 시설로 이루어진 모든 시스템을 의미한다. 대기행렬 시스템을 이루는 구성요소는 고객, 대기행렬, 서비스 시설, 서비스 받은 고객으로 나눌 수 있다. 고객은 서비스요구자의 집합이며, 대기행렬은 서비스를 받기 위해 고객이 기다리는 공간이다. 서비스 시설은 서비스 제공자를 의미하며, 서비스 받은 고객은 서비스를 받고 시스템에서 완전히 떠나는 고객을 의미한다.

대기행렬 시스템은 네 가지 기본 구조로 분류될 수 있다. 이들 구조를 그림 11.1에 나타내었다. 여기서 경로는 서비스가 한 곳에서 이루어지는가 혹은 동일한 서비스가 여러 곳에서 이루어지는가에 따라 단일경로와 다경로로 구분되고, 단계

① 단일경로–단일단계 시스템(single-channel, single-phase)

② 단일경로–다단계 시스템(single-channel, multiple-phase)

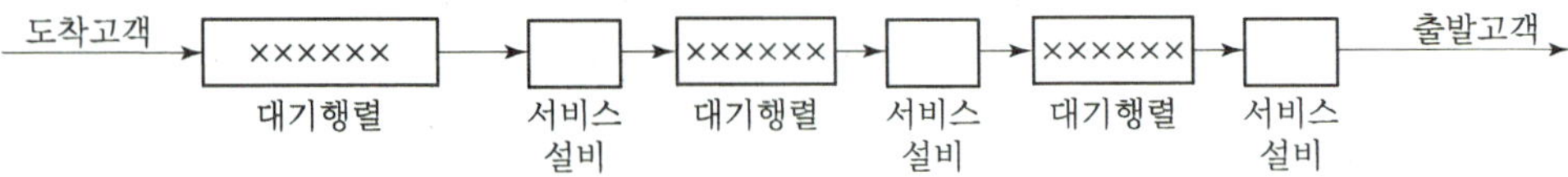

③ 다경로–단일단계 시스템(multiple-channel, single-phase)

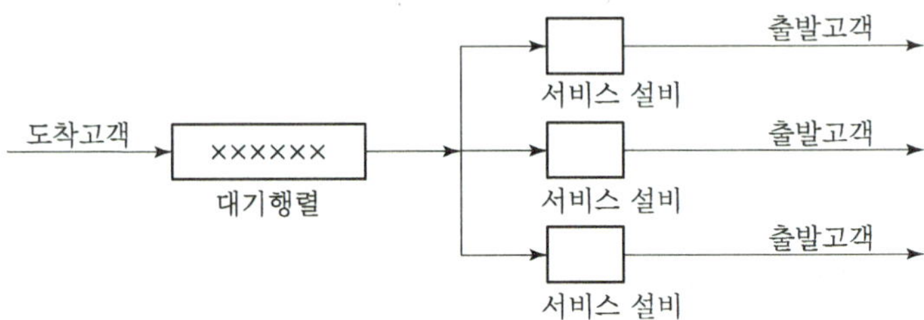

④ 다경로–다단계 시스템(multiple-channel, multiple-phase)

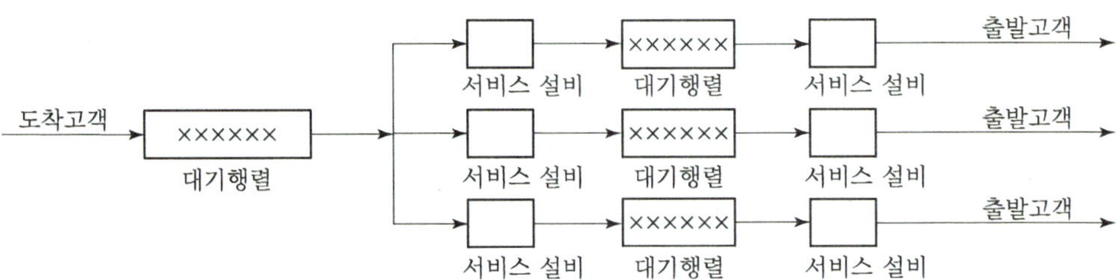

그림 11.1 대기행렬 시스템 기본 구조

는 서비스가 단 한 번의 서비스 제공으로 종료되는가 혹은 순차적 여러 단계를 거쳐서 종료되는가에 따라 단일단계와 다단계로 구분된다.

11.1.2 대기행렬 시스템 분석

단순하게 생각하면 어떤 고객도 기다릴 필요가 없도록 대기행렬을 없애는 것이 가장 이상적인 것으로 느껴진다. 그러나 실제로 그렇게 하기 위해서는 엄청난 비용을 지불해야 하며, 사실상 완전히 대기행렬을 없애는 것은 불가능하다. 따라서 일정 수준의 서비스 제공에 따른 비용과 대기로 인한 비용 사이에 균형을 이루어야 한다. 서비스 비용은 서비스 설비 및 장비의 설치 및 운영비용, 서비스 설비 운영 인건비, 유지 및 수리비용, 보험과 세금 등의 기타 비용으로 구성되며 서비스 수준(service level)을 높이면 서비스 비용은 증가한다. 대기비용은 고객을 기다리게 함으로써 발생하는 비용으로 고객의 상실, 불평, 불만 등으로 비용의 측정이 쉽지 않으며 서비스 수준을 향상시키면 대기비용은 감소한다. 즉, 대기비용과 서비스 비용은 교환적(trade-off) 관계이다.

대기행렬 시스템의 총 기대비용은 서비스 비용과 대기비용의 합으로 나타낼 수 있으며, 총 비용의 최소화가 목표가 된다.

$$\text{Minimize } \text{TC}(s\ell) = I_t \cdot C_i + W_t \cdot C_w$$

여기서, $\text{TC}(s\ell)$: 수준에 해당하는 총 평균비용

I_t: 특정 기간 동안 서비스를 제공하지 않는(idle) 총 평균시간

C_i: 서비스를 제공하지 못하는 것과 관련된 비용

W_t: 특정 기간 동안 모든 도착 고객의 총 평균대기시간

C_w: 단위시간당 고객대기 관련 비용

서비스 수준과 비용을 의사결정변수로 한 관계를 그림 11.2에 나타내었다. 총 시스템 비용은 서비스 비용의 증가와 대기비용의 감소가 일치하는 점에서 최소화된다. 결국 대기행렬이론은 대기행렬 시스템에 대한 수학적 모형을 만들어 효율적으로 운용하는 방법을 연구하는 과정을 의미한다.

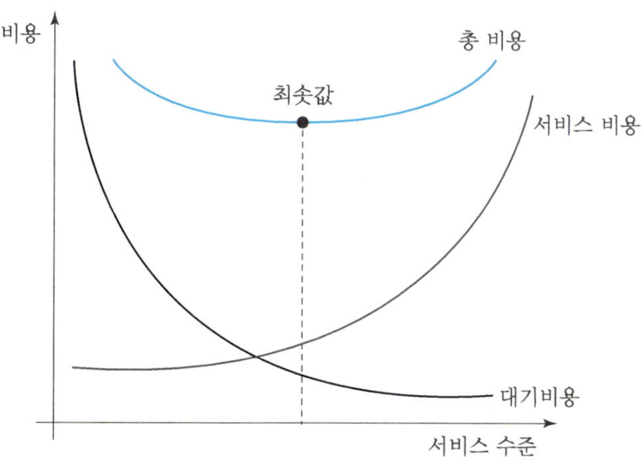

그림 11.2 서비스 수준에 따른 서비스 비용과 대기비용의 관계

11.2 대기행렬 시스템 모형화를 위한 분석

대기행렬 시스템 분석을 위해서 먼저 시스템 운영의 특성을 결정할 필요가 있다. 가장 흔히 사용되는 주요 시스템 운영 특성들은 (1) 시스템에 특정 수의 고객이 있는 확률, (2) 각 고객의 평균대기시간, (3) 대기행렬의 평균길이, (4) 각 고객이 시스템에서 보내는 평균시간, (5) 시스템에 있는 평균고객 수, (6) 서비스 설비가 가동하지 않을 확률 등이다.

위의 시스템 운영 특성을 결정하기 위하여 대기행렬 모수(parameter)에 관한 가정을 필요로 한다. 이 절에서는 대기행렬 시스템의 운영 특성에 영향을 주는 가정과 전제 사항을 논의할 것이다.

11.2.1 도착분포

대기행렬 과정의 각종 요소가 무작위변수(random variable)이기 때문에 대기행렬 모형은 확률적 모형이다. 일반적으로 고객의 도착시간과 서비스 시간은 무작위 변수로 묘사되며 확률분포로 표현된다.

고객의 도착에 대하여 가장 흔히 가정되는 분포는 푸아송분포(Poisson distribution)이며, 이를 수식으로 표현하면 아래와 같다.

$$P(x) = \frac{e^{-\lambda}(\lambda)^x}{x!}$$

여기서, x: 도착 고객 수

$P(x)$: x 고객 도착 확률

λ: 평균 도착률

고객의 도착은 무작위 독립된 도착과 시스템 상태와는 관계가 없는 도착을 가정하는 푸아송분포로 묘사될 수 있다. 푸아송분포는 평균(mean)과 분산(variance)이 일치한다는 특성이 있다. 따라서 평균만 결정할 수 있으면 푸아송분포 전체를 정의할 수 있다. 또한 푸아송분포는 불연속분포(discrete distribution)이므로 정수만을 취급한다.

만약 고객의 도착이 λ의 평균 도착률(mean arrival rate)을 가진 푸아송분포로 묘사될 수 있다면 도착 간 시간(time between arrivals)은 $\frac{1}{\lambda}$의 평균값을 가진 음의 지수분포(negative exponential distribution)로 묘사된다. 도착률과 도착 간 시간의 관계는 아래와 같다.

	도착률	도착 간 시간
분포	푸아송	음의 지수
평균	λ	$\frac{1}{\lambda}$

대기행렬 분석에 필요한 또 다른 중요한 분포는 얼랑분포(Erlang distribution)이다. 얼랑분포는 일반적으로 도착 또는 서비스 시간을 묘사하는 데 적합하다. 얼랑분포밀도함수(Erlang density distribution)는 다음과 같다.

$$f(t) = \frac{(\mu k)^k}{(k-1)!} t^{k-1} e^{k\mu t}$$

여기서, t: 서비스 시간

$f(t)$: t 관련 확률밀도함수

k: 서비스 단계의 수

μ: 평균 서비스율

위의 얼랑분포밀도함수에서 μ는 평균값이며, k는 분포의 분산을 결정하는 모수로서 다단계 대기행렬 시스템을 묘사하는 데 사용된다. 다단계 대기행렬 시스템에서는 한 서비스 제공자가 여러 기능을 수행할 수 있다. 예를 들어 이발소에서 한 이발사가 머리깎기, 면도, 세발, 드라이, 그리고 이발비 계산 등의 여러 기능을 수행한다면, 그리고 k-서비스 기능의 모두가 $\frac{1}{k\mu}$의 평균을 가진 동일한 지수분포를 가지는 것으로 가정한다면 집합(aggregate) 서비스 분포는 평균이 $\frac{1}{\mu}$, 분산(σ^2)이 $\frac{1}{k\mu^2}$인 얼랑분포를 이룬다.

도착분포를 나타내는 기호는 다음과 같이 정의한다.

기호	도착분포
M	푸아송분포
D	상수 또는 일정
E_k	모수 k의 얼랑분포
G_I	일반독립분포

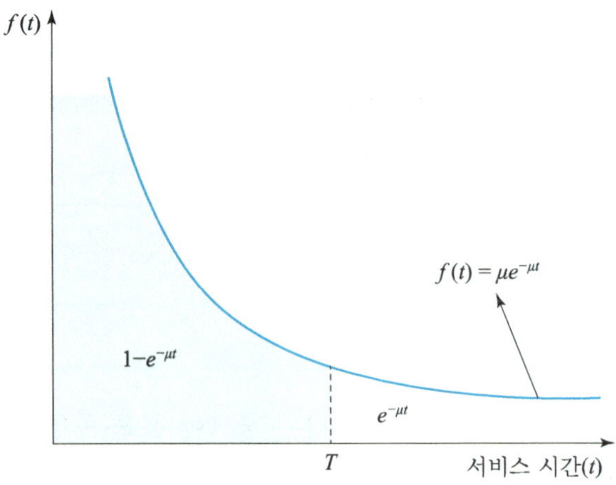

그림 11.3 서비스 시간 분포

음의 지수밀도함수(negative exponential density function)의 일반식은 다음과 같다.

$$f(t) = \mu e^{-\mu t}$$

여기서, t: 서비스 시간

$f(t)$: t 관련 확률밀도함수

μ: 평균 서비스율

$\frac{1}{\mu}$: 평균 서비스 시간

음의 지수분포 곡선 아래의 면적은 누적분포함수(cumulative distribution function)로부터 얻을 수 있다. 그림 11.3에서 어떤 시간 T까지의 곡선 아래의 면적은 $F(T) = f(t \leq T) = 1 - e^{-\mu t}$이며, 이는 서비스 시간이 T 이하일 확률을 나타낸다. 따라서 서비스 시간이 T시간을 초과할 확률은 $f(t > T) = e^{-\mu t}$이다.

서비스 시간 분포를 나타내는 기호는 다음과 같이 정의한다.

기호	서비스 시간 분포
M	음의 지수분포
D	상수 또는 일정
E_k	모수 k의 얼랑분포
G	일반분포

11.2.2 서비스 제공자 수

대기행렬 시스템에 있어서 서비스 제공자는 사람, 장비 또는 사람과 장비의 혼합일 수 있다. 서비스 제공자는 평행되게, 순차적으로, 혹은 이 둘의 혼합으로 배열될 수 있다. 대기행렬 시스템에서는 서비스율이 도착률을 초과해야 한다. 그렇지 못하면 대기행렬은 한없이 길어지게 될 것이다.

11.2.3 서비스 제공 우선순위

대기행렬의 서비스 제공 우선순위는 대기 고객 중 누구부터 먼저 서비스를 제공할 것인가를 결정하는 규칙이다. 대부분의 경우 선착순에 따라 서비스가 제공된다. 그러나 경우에 따라서는 다른 규칙도 가능하다. 대기행렬 서비스 제공 우선순위에 대한 기호를 다음과 같이 정의한다.

기호	서비스 제공 우선순위
FIFO	선착순(First-In First-Out)
LIFO	역선착순(Last-In First-Out)
SIRO	무작위순(Served In Random Order)
PQ	우선권(Priority Queueing)

11.2.4 대기행렬의 길이

대부분의 대기행렬 모형은 대기행렬의 길이가 무한(infinite)할 수 있는 것으로 가정한다. 그러나 현실에 있어서는 대기하는 장소의 제한이나 사람이 무한히 기다리는 것을 원치 않기 때문에 대기행렬의 길이는 유한(finite)하다. 예를 들어 세차를 위한 자동차 대기행렬은 장소의 협소로 대기 자동차 행렬의 길이가 제한된다. 고객들은 대기행렬의 길이가 너무 길면 대기행렬에 합류하지 않는다. 이와 같이 대기행렬이 비교적으로 길어서 고객이 대기행렬에 참가하는 것을 회피하여 필요한 서비스를 포기하는 행위를 회피현상(balking)이라 한다. 무한대기행렬은 수학적으로 문제를 해결하는 데 유한대기행렬보다 더 쉽다. 그러나 회피현상 등으로 종종 한정된 대기행렬의 길이를 갖는 경우가 생기게 된다. 대기행렬의 길이에 대해서는 그 길이의 최솟값을 지정하는 정수, 무한대(∞)로 나타낸다.

11.2.5 고객 모집단

고객 모집단(calling population)은 서비스를 제공받기 위하여 도착하게 될 고객의 투입원을 나타낸다. 대기행렬 시스템 분석에 있어서 무한 모집단의 분석이 유한 모집단의 분석보다 훨씬 용이하기 때문에 서비스 제공 능력에 비해 모집단이 비교적 크면 무한 모집단으로 가정한다. 그러나 고객 모집단의 크기가 모집단의 한 고객을 제거할 때 고객 도착률에 영향을 미칠 정도로 작으면 유한 모집단으로 고려해야 한다. 고객 모집단의 크기를 유·무한에 따라 정수 또는 무한대(∞)로 나타낸다.

11.3 대기행렬 시스템 분석 모형

이 절에서는 가장 흔히 있을 수 있는 대기행렬 상황에 대한 모형을 중심으로 대기행렬의 특성을 분석한다. 대기행렬 시스템은 대기행렬의 시작 단계에서는 과도적인 상태에 있으나 점차 안정된 균형상태로 접근하게 된다. 여기서 논의하는 모형은 안정상태에서의 상황을 분석한다.

대기행렬 모형은 대기행렬 상황에 대한 상이한 가정으로부터 여러 가지로 분류된다. 1953년 켄들(D. G. Kendall)은 대기행렬 시스템의 특성을 묘사하기 위하여 함축된 기호를 소개하였다. 켄들 기호는 대기행렬 모형을 묘사하는 체계적이고 간결한 수단으로 이용된다.

대기행렬의 주요 특성을 요약하는 기호는 통상 다음 형식으로 표준화되어 왔다.

$$a/b/c/d/e/f$$

여기서, 기호 a, b, c, d, e, f는 다음과 같은 모형의 기본요소를 나타낸다.

- a: 도착분포
- b: 서비스 시간 분포
- c: 서비스 제공자 수
- d: 서비스 제공 우선순위
- e: 대기행렬의 최대길이(대기행렬+시스템)
- f: 고객 모집단의 크기

11.3.1 $D/D/1/FIFO/\infty/\infty$ 모형

이 모형의 가정은 도착과 서비스 시간의 분포가 확정적인 단일경로 시스템이며 서비스 제공 우선순위는 선착순이고 대기행렬의 최대길이와 고객 모집단의 크기는 무한한 경우이다. 이는 가장 간단한 대기행렬 시스템 상황을 나타내며, 세 가지 상황이 있을 수 있다. 첫째로 도착률과 서비스율이 같은 경우로 이때는 서비스 설비가 100% 활동되며 대기행렬은 존재하지 않는다. 둘째로 도착률이 서비스율을 초과하는 경우로 대기행렬의 길이가 계속 증가된다. 마지막으로 서비스율이 도착률을 초과하는 경우로 유휴서비스 설비가 발생하며 대기행렬은 발생하지 않는다.

예제 11.1

신명세차장은 단 하나의 세차기계설비를 갖춘 소규모 세차장이다. 세차를 위한 고객은 시간당 6대, 10분마다 1대씩 일정하게 도착하며, 세차시간은 시간당 12대, 5분마다 1대씩 세차가 이루지고 있다.

이러한 상황은 도착과 서비스 시간이 확정적이며 서비스율이 도착률을 초과하는 경우로 대기행렬은 발생하지 않는다. 세차기계설비는 50%의 유휴시간을 가지며, 세차고객은 세차능력의 단 50%만을 이용하고 있다.

11.3.2 $M/M/1/FIFO/\infty/\infty$ 모형

이 모형은 푸아송분포의 도착률과 음의 지수분포의 서비스 시간을 갖는 단일경로 시스템 경우이다. 또한 서비스 제공 우선순위는 선착순이고 대기행렬의 최대길이와 고객 모집단의 크기는 무한하다. 모형을 분석하여 시스템 운영 특성에 관한 부호를 다음과 같이 정의한다.

λ: 평균 도착률($\frac{1}{\lambda}$= 평균 도착 간 시간)

μ: 평균 서비스율($\frac{1}{\mu}$= 평균 서비스 시간)

n: 시스템 내의 고객 수(대기+서비스)

L: 시스템 내의 평균 고객 수(대기+서비스)

L_q: 대기행렬의 평균 고객 수

W: 시스템 내에서 보내는 평균 시간(대기+서비스)

W_q: 대기행렬에서 보내는 평균 대기시간

ρ: 서비스 설비의 이용도

I: 서비스 제공자 유휴시간 백분율

위의 모형 상황과 정의하에 시스템의 운영 특성은 다음과 같이 결정된다.

① 서비스 설비의 이용도(ρ): 시스템 내에 고객이 있을 확률

$$\rho = \frac{\lambda}{\mu}$$

② 시스템 내에 고객이 없을 확률(P_0): 서비스 제공자가 쉬고 있는 확률

$$(P_0) = 1 - \frac{\lambda}{\mu}$$

③ 시스템 내에 n명의 고객이 있을 확률(P_n)

$$(P_n) = \left(\frac{\lambda}{\mu}\right)^n \times \left(1 - \frac{\lambda}{\mu}\right)$$

④ 시스템 내에 고객 수(n)가 바람직한 고객 수(k)를 초과할 확률($P_{(n>k)}$)

$$P_{(n>k)} = \left(\frac{\lambda}{\mu}\right)^{k+1}$$

⑤ 시스템 내에서 T시간 이상 보낼 확률($P_{(t>T)}$)

$$P_{(t>T)} = e^{(\lambda-\mu)T}$$

⑥ 시스템 내에 있는 평균 고객 수(L): 대기행렬에 있는 고객 수와 서비스를 제공받고 있는 고객 수를 합한 수

$$L = \frac{\lambda}{\mu - \lambda}$$

⑦ 대기행렬에 있는 평균 고객 수(L_q)

$$L_q = \frac{\lambda^2}{\mu(\mu - \lambda)}$$

⑧ 시스템 내에서의 평균 소비시간(W): 대기행렬에서 대기하는 시간과 서비스를 받는 시간을 합한 시간

$$W = \frac{1}{\mu - \lambda}$$

⑨ 대기행렬에서 보내는 평균 대기시간(W_q)

$$W_q = \frac{\lambda}{\mu(\mu - \lambda)}$$

⑩ 서비스 제공자 유휴시간 백분율

$$I = P_0 = 1 - \frac{\lambda}{\mu}$$

위에서 나타낸 산출 정보는 모든 문제마다 전부 반드시 필요한 정보가 아닐 수 있다. 필요에 따라 요구정보만 골라서 구하면 된다. 다음에 나타낸 관계식을 이용함으로써 필요정보 산출에 도움이 될 수 있다.

$$P_0 = 1 - \rho$$

$$P_n = P_0 \left(\frac{\lambda}{\mu}\right)^n$$

$$L_q = L - \frac{\lambda}{\mu} = \lambda \cdot W_q$$

$$L = L_q + \frac{\lambda}{\mu} = \lambda \cdot W$$

$$W_q = W - \frac{1}{\mu} = \frac{L_q}{\lambda}$$

$$W = W_q + \frac{1}{\mu} = \frac{L}{\lambda}$$

예제 11.2

K씨는 구두수선공으로 사람의 왕복이 잦은 중심가 사거리 한 코너에서 구두수선점을 운영하고 있다. K씨의 구두수선 솜씨와 저렴한 가격으로 많은 사람이 찾고 있는데, 평균 20분마다 구두수선을 위한 새로운 고객이 찾고 있으며 K씨는 시간당 평균 4건의 수선업무를 처리하고 있다. 이 대기행렬 시스템의 운영 특성을 분석하시오.

위의 대기행렬 시스템은 푸아송분포의 도착률과 음의 지수분포의 서비스 시간을 갖는 단일경로 시스템이며 서비스 제공 우선순위는 선착순이고 대기행렬의 최대길이와 고객 모집단의 크기는 무한하다고 가정하고 있다. 여기서 평균 도착률 λ = 1명/20분 = 3명/시간이고 평균 서비스율 μ = 4건/시간으로 $\lambda = 3$, $\mu = 4$ 이다.

① K씨가 쉬지 않고 일할 확률

$$\rho = \frac{\lambda}{\mu} = \frac{3}{4} = 0.75$$

② 구두수선을 맡은 것이 없어서 K씨가 쉬고 있을 확률

$$P_0 = 1 - \frac{\lambda}{\mu} = 1 - 0.75 = 0.25$$

③ 기다리는 사람은 없고 단 1명이 현재 수선을 받고 있을 확률

$$P_1 = \left(\frac{\lambda}{\mu}\right)^1 \times \left(1 - \frac{\lambda}{\mu}\right) = 0.75 \times (1 - 0.75) = 0.1875$$

④ 시스템 내에 수선 받고 있는 고객을 포함해서 고객이 2명을 초과할 확률

$$P_{(n>2)} = \left(\frac{\lambda}{\mu}\right)^{2-1} = \frac{\lambda}{\mu} = 0.75$$

⑤ 시스템 내에 있을 평균 고객 수(수선 받고 있는 고객 포함)

$$L = \frac{\lambda}{\mu - \lambda} = \frac{3}{4 - 3} = 3(\text{명})$$

⑥ 아직 수선을 받지 못하고 대기하고 있는 평균 고객 수

$$L_q = \frac{\lambda^2}{\mu(\mu - \lambda)} = \frac{3^2}{4(4-3)} = 2.25(\text{명})$$

⑦ 구두수선을 위해서 보내야 하는 평균 소요시간

$$W = \frac{1}{\mu - \lambda} = \frac{1}{4 - 3} = 1(\text{시간})$$

⑧ 대기행렬에서의 평균 대기시간

$$W_q = \frac{\lambda}{\mu(\mu-\lambda)} = \frac{3}{4(4-3)} = 0.75(\text{시간})$$

본 문제를 약간 수정하여 다음의 두 가지 경우, 즉 K씨가 (1) 시간당 평균 3건의 수선업무, (2) 시간당 평균 6건의 수선업무를 처리하는 경우를 분석해보면 다음과 같다.

(1) 시간당 평균 3건의 업무를 처리하는 경우: $\mu = 3, \ \lambda = 3$

$$L = \frac{\lambda}{\mu-\lambda} = \frac{1}{3-3} = \infty, \ W = \frac{1}{\mu-\lambda} = \frac{1}{3-3} = \infty$$

$$P_0 = 1 - \frac{\lambda}{\mu} = 1 - 1 = 0, \ P_n = \left(\frac{\lambda}{\mu}\right)^n \times \left(1 - \frac{\lambda}{\mu}\right) = \left(\frac{3}{3}\right)^n \times \left(1 - \frac{3}{3}\right) = 0$$

(2) 시간당 평균 6건의 업무를 처리하는 경우: $\mu = 6, \ \lambda = 3$

$$L = \frac{3}{6-3} = 1, \ W = 1 - \frac{3}{6} = 0.33$$

$$P_1 = \left(\frac{\lambda}{\mu}\right)^1 \times \left(1 - \frac{\lambda}{\mu}\right) = \left(\frac{1}{2}\right)^1 \times \left(1 - \frac{1}{2}\right) = 0.25$$

$$P_2 = \left(\frac{1}{2}\right)^2 \times \left(1 - \frac{1}{2}\right) = 0.125$$

$$P_{(n>2)} = \left(\frac{1}{2}\right)^{2+1} = 0.125$$

11.3.3 $M/M/1/FIFO/m/\infty$ 모형

이 모형은 대기행렬의 최대길이가 유한한 것을 제외하고는 바로 앞의 두 번째 모형과 같다. 주차장, 주유소, 이발소 등과 같이 대기 설비의 제한을 받거나 어느 정도의 대기행렬에 고객 대기 회피현상이 일어나는 경우에 이 모형이 적용된다. 이 모형에서는 안정상태에 도달하기 위해서 서비스율이 도착률을 초과할 필요는 없다. 이 대기행렬 시스템의 운영 특성은 다음과 같다.

$$m = \text{시스템 내의 최대 고객 수}$$

$$P_0 = \frac{1 - \lambda/\mu}{1 - (\lambda/\mu)^{m+1}}$$

$$P_n = (P_0)\left(\frac{\lambda}{\mu}\right)^n, \text{ (여기서 } n < m)$$

$$L = \frac{\lambda/\mu}{1 - \lambda/\mu} - \frac{(m+1)(\lambda/\mu)^{m+1}}{1 - (\lambda/\mu)^{m+1)}}$$

$$L_q = L - \frac{\lambda(1 - P_n)}{\mu}$$

$$W = \frac{L}{\lambda(1 - p_m)}$$

$$W_q = W - \frac{1}{\mu}$$

$n = m$일 때의 P_n인 P_m은 고객을 시스템으로부터 잃어버릴 확률이다.

예제 11.3

신명이발소는 1명의 이발사가 운영하는 작은 이발소이다. 장소가 협소한 관계로 손님이 대기하면서 쉴 수 있는 의자가 하나밖에 없다. 지금까지의 손님의 경향을 보면 이발 서비스를 받고 있는 고객을 포함해서 2명의 손님이 이발소 내에 있으면 다른 이발소로 발을 돌린다. 또한 지금까지의 자료로 보아 손님 도착률은 시간당 평균 1명이며, 평균 서비스 시간은 50분이다. 이러한 상황에서 이발소가 놀고 있을 확률, 이발소에 손님이 1명 있을 확률, 그리고 이발소에 손님이 있을 확률을 구하시오.

위의 대기행렬 시스템 문제는 아래와 같이 분석된다.

$$\lambda = 1,\ \mu = 60\text{분}/50\text{분} = 1.2,\ \rho = \lambda/\mu = 1/1.2 = 5/6$$

$$P_0 = \frac{1 - \rho}{1 - (\rho)^{m+1}} = \frac{1 - 5/6}{1 - (5/6)^{2+1}} = \frac{36}{91}$$

$$P_1 = P(\rho)^1 = \frac{36}{91} \times \frac{5}{6} = \frac{30}{91}$$

$$P_2 = P(\rho)^2 = \frac{36}{91} \times \left(\frac{5}{6}\right)^2 = \frac{25}{91}$$

$$P_0 + P_1 + P_2 = \frac{36}{91} + \frac{30}{91} + \frac{25}{91} = 1$$

11.3.4 $M/M/1/FIFO/\infty/m$ 모형

이 모형은 고객 모집단의 크기가 유한한 것을 제외하고 두 번째 모형과 같다. 고객 모집단의 유한과 무한의 구분에 대한 명확한 기준은 없으나 소수 고객의 행위가 도착률과 서비스율에 영향을 미칠 때 유한 모집단으로 고려해야 한다. 따라서 고객의 도착률은 시스템 내의 고객 수에 영향을 받는다. 이 대기행렬 시스템의 운영 특성은 다음과 같이 분석된다.

$$m = \text{모집단의 크기},\ n = 1,\ 2,\ \cdots,\ M$$

$$P_0 = \frac{1}{\sum_{n=0}^{M} \frac{M!}{(M-n)!}\left(\frac{\lambda}{\mu}\right)^n}$$

$$P_n = P_0\left(\frac{\lambda}{\mu}\right)^n \frac{M!}{(M-n)!}$$

$$L_q = M - \frac{\lambda+\mu}{\lambda}(1-P_0)$$

$$L = L_q + (1-P_0) \text{ 또는 } L = M - \frac{\mu}{\lambda}(1-P_0)$$

$$W_q = \frac{L_q}{\mu(1-P_0)} \text{ 또는 } W_q = \frac{L_q}{(M-L)\mu}$$

$$W = W_q + \frac{1}{\mu}$$

예제 11.4

신명봉제회사는 4대의 봉제기계를 가지고 운영하는 작은 회사이다. 이들 봉제기계들은 일주일에 평균 1대 꼴로 고장이 나며, 기계수리를 담당하는 정비부서의 수리능력은 일주일에 평균 2대이다. 이 대기행렬 시스템의 특성을 분석하시오.

$$M = 4,\ \lambda = 1,\ \mu = 2,\ \rho = \frac{\lambda}{\mu} = 0.5$$

$$P_0 = \frac{1}{\sum_{n=0}^{M} \frac{M!}{(M-n)!}\left(\frac{\lambda}{\mu}\right)^n}$$

$$= \frac{1}{1+2+3+3+1.5} = 0.0952$$

$$P_4 = \frac{M!}{(M-n)!}\left(\frac{\lambda}{\mu}\right)^4 P_0 = \frac{0!}{4!}\left(\frac{1}{2}\right)^4 0.0952 = 0.1428$$

$$L = L_q + (1 - P_0) = 1.2856 + 0.0952 = 1.3808$$

$$W_q = \frac{L_q}{(\mu - L)\lambda} = \frac{1.2856}{(4 - 1.3808)} = 0.4908$$

$$W = W_q + \frac{1}{\mu} = 0.4908 + \frac{1}{2} = 0.9908$$

11.3.5 $M/G/1/FIFO/\infty/\infty$ 모형

이 모형은 두 번째 모형과 비교한다면 서비스 시간의 분포가 음의 지수분포를 가진다는 가정이 도착률의 푸아송분포 가정에 비해 훨씬 미약하므로 서비스 시간의 분포를 실제로 관측하에 결정하는 것을 제외하고는 동일하다. 만약 평균 서비스 시간이 $1/\mu$이고 표준편차가 σ이라면 다음과 같다.

$$\rho = \frac{\lambda}{\mu}$$

$$P_0 = 1 - \rho = \frac{1-\lambda}{\mu}$$

$$L_q = \frac{\lambda^2\sigma^2 + \rho^2}{2(1-\rho)} = \frac{\lambda^2\sigma^2 + (\lambda/\mu)^2}{2(1-\lambda/\mu)}$$

$$L = L_q + \frac{\lambda}{\mu}$$

$$W_q = \frac{L_q}{\lambda}$$

$$W = W_q + \frac{1}{\mu}$$

예제 11.5

두 번째 모형 예제의 구두수선공 문제에서 서비스 시간 분포를 제외하고는 동일한 상황을 고려해보자. 서비스 시간 분포는 알 수 없으며 이를 특정한 결과 평균 서비스 시간 15분과 표준편차 10분의 분포를 갖는다. 따라서 도착률 $\lambda = 3$, 서비스율 $\mu = 15/1$분 $= 4/1$(시간)으로 $\mu = 4$, $\sigma^2 = (10/60)^2 = (1/6)^2 = 1.36$이다. 이 대기행렬 시스템의 상황을 분석하시오.

$$\rho = \frac{\lambda}{\mu} = \frac{3}{4} = 0.75$$

$$P_0 = 1 - \rho = 1 - 0.75 = 0.25$$

$$L_q = \frac{\lambda^2 \sigma^2 + \rho^2}{2(1-\rho)} = \frac{3^2(1/6)^2 + (3/4)^2}{2(1-0.75)} = 1.625$$

$$L = L_q + \rho = 1.625 + 0.25 = 1.875$$

$$W_q = L_q / \lambda = 1.625/3 = 0.542$$

$$W = W_q + \frac{1}{\mu} = 0.542 + \frac{1}{4} = 0.792$$

만약 서비스 시간이 일정한 경우의 $M/D/1/FIFO/\infty/\infty$ 모형의 분석은 위의 모형 분석에서 분산 σ^2이 0이므로 $\sigma^2 = 0$을 대입한 결과이다. 따라서 여기서는 별도로 $M/D/1/FIFO/\infty/\infty$ 모형은 분석하지 않기로 한다.

11.3.6 $M/E_k/1/FIFO/\infty/\infty$ 모형

이 모형에서는 서비스 제공시간의 분포가 얼랑분포로 가정된다. 이 모형은 서비스 시간분포의 융통성으로 인하여 대기행렬 시스템 분석에 매우 활용적이다. 앞에서 언급한 얼랑분포의 확률밀도함수에서 분포의 형태는 k와 μ에 의해 결정된다. 음의 지수분포는 $k=1$인 얼랑분포의 특수한 경우이고, $k=0$이면 서비스 시간이 $1/\mu$로 일정한 경우이다. 만약 고객이 요구하는 서비스가 복수의 작업기능으로 되어 있고 그 작업들의 소요시간이 동일한 음의 지수분포를 따르면 그 대기행렬 시스템의 서비스 시간분포는 얼랑분포를 따르게 된다. 이 모형은 k의 값이 정해지면 $\sigma^2 = 1/k\mu^2$으로 분석될 수 있으며 바로 앞의 $M/G/1/FIFO/\infty/\infty$ 모형에서 σ^2만 변경된 상황과 동일하다.

$$\rho = \frac{\lambda}{\mu}$$

$$P_0 = 1 - \rho, \quad \sigma^2 = \frac{1}{k}\mu^2$$

$$L_q = \frac{\lambda^2\sigma^2 + (\lambda/\mu)^2}{2(1-\lambda/\mu)} = \frac{(k+\ )\rho^2}{2k(1-\rho)}$$

$$L = L_q + \frac{\lambda}{\mu}$$

$$W_q = \frac{(k+1)\rho}{2k(\mu - \lambda)} = \frac{L_q}{\lambda}$$

$$W = W_q + \frac{1}{\mu}$$

예제 11.6

신명세차장은 세차설비가 완전자동화가 되지 않는 세차장으로 세차는 자동기계 설비에 의해 이루어지며 세차 후 물기제거작업은 수작업으로 이루어지는 두 작업기능으로 되어 있다. 세차와 물기제거작업 각각의 평균 작업시간은 5분이며 고객률은 평균 20분마다 도착하고 있다. 이 대기행렬 시스템의 특성을 분석하시오.

$$k = 2,\ \lambda = 3,\ \mu = 6,\ \rho = \frac{\lambda}{\mu} = \frac{1}{2}$$

$$P_0 = 1 - \rho = \frac{1}{2}$$

$$L_q = \frac{(k+1)\rho^2}{2k(1-\rho)} = \frac{3(1/2)^2}{(2)(1/2)} = \frac{3}{8}$$

$$L = L_q + \rho = \frac{3}{8} + \frac{1}{2} = \frac{7}{8}$$

$$W_q = \frac{L_q}{\lambda} = \frac{(3/8)}{3} = \frac{1}{8}$$

$$W = W_q + \frac{1}{\mu} = \frac{1}{8} + \frac{1}{6} = \frac{7}{24}$$

11.3.7 $M/M/S/FIFO/\infty/\infty$ 모형

이 모형은 다경로-단일단계 시스템을 나타낸다. 고객 도착률은 푸아송분포, 서비스 시간은 음의 지수분포를 따르며 서비스 우선순위는 선착순이고 대기행렬의 최대길이와 고객 모집단의 크기는 무한한 것으로 가정한다. 또한 각 경로의 서비스 설비는 동일하며, 시스템에 하나의 대기행렬만이 존재하고 서비스 설비 전체의 서비스율은 도착률보다 높다. 이 대기행렬 시스템의 시스템 특성은 다음과 같이 분석된다.

S: 서비스 설비 수 또는 경로 수

$$\rho = \frac{\lambda}{s\mu}$$

$$P_0 = \frac{1}{\sum_{n=0}^{S-1} \frac{(\lambda/\mu)^n}{n!} + \frac{(\lambda/\mu)^s}{s!(1-\lambda/s\mu)}}$$

$$P_n = \frac{(\lambda/\mu)^n}{n!} p_0 \quad (n \leq s)$$

$$P_n = \frac{(\lambda/\mu)^n}{S!} S^{(n-s)} P_0 \quad (n > s)$$

$$L_q = \frac{P_0 (\lambda/\mu)^s \rho}{s!(-\rho)^2}$$

$$L = L_q + \frac{\lambda}{\mu}$$

$$W_q = \frac{L_q}{\lambda}$$

$$W = W_q + \frac{\lambda}{\mu}$$

예제 11.7

새롭게 개통된 단거리 구간 고속도로의 톨게이트에는 미래의 통과 차량 증가를 대비해서 다수의 주행권 발행 서비스 창구 시설을 갖추어 놓았다. 그러나 현재로는 통과 차량이 그렇게 많지 않으므로 수행요금 징수인 고용비용을 고려해서 몇 개의 서비스 창구를 개방하는 것이, 다시 말해서 몇 명의 요금 징수원을 고용하는 것이 최적인가 하는 문제를 해결하고자 한다. 최적 대안 선정 기준은 차량 대기시간으로 발생하는 비용과 요금 징수원 고용비용의 합인 총 비용을 최소화하는 것이다. 톨게이트에 도착하는 차량 수는 시간당 평균 150대이고 도착분포는 푸아송분포를 나타낸다. 요금 징수 서비스 시간은 서비스 창구당 평균 18초가 걸리며 서비스 시간분포는 음의 지수분포를 나타낸다. 차량 대기시간에 따른 비용은 시간당 8,000원이고, 요금 징수인 고용비용은 1인 시간당 4,000원일 때, 몇 개의 서비스 창구를 운영하는 것이 최적인가?

$$\lambda = 150, \quad \mu = \frac{3600}{18} = 200$$

① 1개의 서비스 창구를 운영하는 경우: $M/M/1/FIFO/\infty/\infty$ 모형

$$Wq = \frac{\lambda}{\mu(\mu-\lambda)} = \frac{150}{200(200-150)} = \frac{3}{200}$$

차량 대기비용 = $\frac{3}{200} \times 150 \times 8{,}000$(원) = 18,000(원)

요금 징수인 비용 = 1(명) × 4,000(원) = 4,000(원)

총 비용 = 18,000 + 4,000 = 22,000(원)

② 2개의 서비스 창구를 운영하는 경우: $M/M/2/FIFO/\infty/\infty$ 모형

$$P = \frac{\lambda}{s\mu} = \frac{150}{2\times 200} = \frac{3}{8}$$

$$P_0 = \frac{1}{\sum_{n=0}^{2-1}\frac{0.75^n}{n!} + \frac{0.75^2}{2!\left(1-\frac{3}{8}\right)}} = \frac{1}{1.75+1.25} = \frac{1}{3}$$

$$Lq = \frac{P_o(0.75)^2 9}{2!(1-9)^2} = \frac{\frac{1}{3}\times(0.75)^2\times\frac{3}{8}}{2\left(1-\frac{3}{8}\right)} = \frac{9}{128}$$

$$Wq = \frac{Lq}{\lambda} = \frac{\frac{9}{128}}{150} = 0.0004687$$

차량 대기비용 = 0.0004687 × 150 × 8,000(원) = 562.44(원)

요금 징수인 비용 = 2(명) × 4,000(원) = 8,000(원)

총 비용 = 562.44 + 8,000 = 8,562.44(원)

③ 3개의 서비스 창구를 운영하는 경우: $M/M/3/FIFO/\infty/\infty$ 모형

$$P_0 = \frac{1}{\sum_{n=0}^{3-1}\frac{0.75^n}{n!} + \frac{0.75^2}{3!\left(1-\frac{3}{8}\right)}} = \frac{1}{2.03125+0.15} = 0.45845$$

$$Lq = \frac{P_o(0.75)^2 9}{3!(1-9)^2} = \frac{0.45845\times 0.75^2\times\frac{3}{8}}{6\left(1-\frac{3}{8}\right)^2} = \frac{0.0967}{2.34375} = 0.04126$$

$$Wq = \frac{Lq}{\lambda} = \frac{0.04126}{150} = 0.000275$$

차량 대기비용 $= 0.000275 \times 150 \times 8,000$(원) $= 330$(원)

요금 징수인 비용 $= 3$(명) $\times 4,000$(원) $= 12,000$(원)

총 비용 $= 330 + 12,000 = 12,330$(원)

지금까지 서비스 창구를 1개에서 3개까지 운영하는 경우의 비용을 분석하였는데, 총 비용흐름으로 볼 때 차량 대기비용이 서비스 창구를 1개에서 2개로 늘려 운영함에 따라 18,000원에서 562.44원으로 급격히 하락하였으나 서비스 창구를 하나 더 늘리는 데는 아주 미미하게 하락함을 알 수 있다. 그러나 요금 징수인 비용에 있어서는 서비스 창구를 늘릴 때 계속 비례적으로 증가하게 된다. 따라서 서비스 창구를 4개 이상으로 늘려서 운영한다고 하면 총 비용이 증가할 것은 당연하다. 주어진 문제에서 최적 서비스 창구 개방 수는 2개가 된다.

11.4 요약

대기행렬 현상은 조직이나 개인의 일상생활에서 매일 일어나고 있는 너무나 흔한 일이다. 이러한 현상은 서비스 제공을 필요로 하는 고객의 도착 간 시간과 서비스를 제공하는 서비스 제공자 수나 서비스 제공시간 간의 불일치로 일어나게 된다.

대기행렬 이론의 목표는 서비스 설비의 설치, 운영, 유지에 소요되는 직접비용과 대기행렬로 인하여 발생하는 고객의 상실, 나쁜 이미지 등의 간접비용의 합을 최소화하는 것이다. 이를 위하여 측정하는 시스템의 주요 운영 특성으로는 서비스 설비의 이용도, 대기행렬과 대기행렬 시스템 내에 있는 평균 고객 수, 대기행렬과 대기행렬 시스템 내에 있는 고객의 평균 소비시간, 그리고 특정 수의 고객이 대기행렬 시스템 내에 있을 확률 등이다. 대기행렬이론은 소수의 대안에 대한 시스템을 분석함으로써 의사결정자의 의사결정을 지원하는 데 이용되는 기법이다.

대기행렬 시스템 분석을 위한 모형으로는 실제 세계에서 가장 흔히 있을 수 있는 유형을 중심으로 7가지 모형에 대하여 시스템 운영 특성을 분석하였다. 이러한 기본 모형의 가정이 현실적으로는 그 가정을 벗어나는 경우가 많은데, 이러한 경우에는 시뮬레이션 기법을 이용하는 것이 바람직하다.

연습문제

11.1 여러분의 일상생활 주변에서 자주 겪고 있는 대기행렬 상황 중 대표적인 몇 가지를 열거하시오.

11.2 대기행렬 시스템을 수리적으로 모형화하여 주요 시스템 상황을 분석하는 기본 목적은 어디에 있다고 생각하는가?

11.3 우리가 분석한 대기행렬 모형 중에 $M/D/1/FIFO/\infty/\infty$ 모형은 별로 분석하지 않았는데 이는 $M/G/1/FIFO/\infty/\infty$ 모형에서 표준편차(σ)가 '0'인 경우라고 하였다. 이를 이용하여 P_0, L_q, L, W_q, W에 대한 공식을 유도하시오.

11.4 K교수는 학생들의 면담날짜를 일주일에 단 하루 강의가 없는 금요일로 계획하고 있다. 이날 면담을 위하여 찾아오는 학생은 20분마다 1명씩 일정하고, 교수 면담시간도 1명당 15분으로 제한하며 15분 이내에 끝나면 나머지 시간은 휴식을 취한다.

(1) 면담을 위하여 기다리고 있는 평균 학생 수를 구하시오.

(2) 면담을 위해서 기다리는 평균 시간을 구하시오.

(3) 학생이 면담을 위하여 찾아와서 면담을 끝내고 떠날 때까지 보내야 하는 평균 시간을 구하시오.

11.5 J씨는 강남에서 소문난 세신사이다. J씨로부터 세신을 받기 위해서는 반드시 예약해야 하며 J씨의 비서는 30분 간격으로 1명씩 계획하여 예약을 받고 있다. J씨의 세신시간은 1명당 정확하게 25분씩 소요된다.

(1) 세신을 받기 위해서 기다리는 평균 고객 수를 구하시오.

(2) 세신을 받기 위해서 기다리는 고객과 세신을 받는 고객을 포함할 때, 즉 J씨의 에스테틱에 세신을 위해 있는 평균 고객 수를 구하시오.

(3) 세신을 받기 위해서 기다리는 평균 시간을 구하시오.

(4) 세신을 받으러 와서 세신을 끝낼 때까지 보내야 하는 평균 시간을 구하시오.

11.6 L씨는 세무사 자격증 소지자로 세무상담소를 운영 중이다. 다른 고용인은 없으며 혼자서 상담업무를 취급하고 있다. 상담을 위해서 찾아오는 손님은 1시간에 3명꼴로 푸아송분포를 이루고 있으며, 세무상담 평균시간은 1명당 18분으로 음의 지수분포를 나타낸다.

(1) L씨가 쉬지 않고 일하고 있을 확률을 구하시오.

(2) L씨가 손님이 없어서 놀고 있을 확률을 구하시오.

(3) 상담소에 손님이 정확하게 1명 있을 확률을 구하시오.

(4) 상담소에 손님이 정확하게 2명 있을 확률을 구하시오.

(5) 상담소에 3명 이상의 손님이 있을 확률을 구하시오.

(6) 손님이 상담소에서 1시간 이상 보낼 확률을 구하시오.

(7) 상담소에서 상담을 위해서 대기하고 있는 평균 손님 수를 구하시오.

(8) 상담소에 있는 평균 손님 수를 구하시오.

(9) 손님이 상담을 위해서 기다리는 데 보내는 평균 시간을 구하시오.

(10) 손님이 상담소에 찾아와서 상담을 끝낼 때까지 상담소에서 보내야 할 평균 시간을 구하시오.

11.7 문제 11.6에서 세무상담을 위한 고객은 가능한 한 많은 시간의 상담을 통해 상담에 만족을 느끼고 다시 찾아오지만 짧은 시간 상담으로 시간에 제한을 받게 되면 불편함을 느껴 다음에는 찾아오지 않을뿐더러 역홍보를 하는 경향이 있다. 그러나 너무 많은 시간을 한 고객에게 할애하게 되면 손님이 오랫동안 기다려야 하며 너무 많은 사람이 대기하고 있으면 다른 세무사를 찾아 떠나게 됨으로써 고객을 잃게 된다. 따라서 1명의 고객이 상담을 하고 있고 1명이 대기하고 있는 상태를 유지하는 것이 가장 바람직한 상태로 판단된다. 현재는 1명당 평균 서비스 시간이 18분인데, 평균 서비스 시간의 다양한 대안, 즉 10분, 15분, 18분, 20분의 시간을 평균 서비스로 한 분석과 바람직한 상태를 고려하여 최적 평균 서비스 시간을 구하고자 한다.

(1) 평균 서비스 시간이 10분일 때 P_2를 구하시오.

(2) 평균 서비스 시간이 15분일 때 P_2를 구하시오.

(3) 평균 서비스 시간이 18분일 때 P_2를 구하시오.

(4) 평균 서비스 시간이 20분일 때 P_2를 구하시오.

(5) (1), (2), (3), (4)의 분석을 통해서 최적 평균 서비스 시간을 구하시오.

11.8 고객이 서비스 설비에 도착하는 비율은 시간당 8명이다. 도착분포는 푸아송분포를 나타내고, 서비스 시간의 분포는 음의 지수분포를 나타내며 평균 서비스율은 시간당 10명이다. 시스템에서의 최대 고객 수용 수는 3명이다.

(1) 시스템에 고객 수가 0, 1, 2명일 경우의 확률을 각각 구하시오.

(2) 시스템에 고객 최대수용 숫자의 제한으로 인하여 도착 고객을 잃어버릴 확률을 구하시오.

11.9 K씨는 25대의 버스를 소유한 중소규모 운송회사의 수리담당부서를 책임지고 있다. 이 운송회사가 보유한 버스는 주기적으로 고장이 나며 또한 안전운행을 위해서 정비서비스를 받아야 한다. 버스가 고장이나 정비로 인해서 수리부서로 오는 평균 시간 간격은 10일이며 지수분포를 나타내고 있다. 버스를 수리 및 정비하는 데 소요되는 시간은 평균 6일이며 이 또한 지수분포를 따른다.

(1) 버스가 1대의 고장 없이 25대가 모두 운행될 확률을 구하시오.

(2) 버스가 수리나 정비로 인하여 버스 5대가 운행할 수 없을 확률을 구하시오.

(3) 정비나 수리를 위해서 대기하는 평균 버스 대수를 구하시오.

(4) 버스가 수리나 정비를 위해서 기다리는 시간과 수리 및 정비시간을 포함해서 수리담당부서에서 보내야 하는 평균 시간을 구하시오.

11.10 J씨는 20개의 봉제기계를 운영하는 어느 회사의 기계 수리 기술자로 일하고 있다. 봉제기계는 주기적으로 고장이 나며 이를 빠른 시간 내에 수리해줌으로써 회사운영에 차질이 나지 않도록 해야만 한다. 고장이 나는 평균 시간 간격은 7일, 고장 난 기계를 수리하는 데 소요되는 평균 시간은 4일이며, 둘 다 지수분포를 따른다.

(1) 봉제기계 20개가 고장이 나지 않은 상태로 전부 가동될 확률을 구하시오.

(2) 봉제기계 20개가 전부 고장이 나서 수리를 받거나 수리를 위해 대기함으로써 공장이 정지될 확률을 구하시오.

(3) 기계고장으로 인해 수리를 위하여 대기하고 있는 기계의 평균 개수를 구하시오.

(4) 한 번 기계가 고장이 나서 수리를 위해서 대기과정과 수리과정에 걸리는 평균 시간을 구하시오.

11.11 L씨 혼자서 운영하는 세무상담소에 상담을 위해 찾아오는 고객은 평균 15분 간격으로 찾아오며 푸아송분포를 나타내고 있다. 고객을 상담하는 데 소요되는 시간을 측정해보았더니 평균 10분이 소요되며 상담소요시간에 대한 표준편차는 4분이었다.

(1) 손님이 1명도 없어서 L씨가 놀고 있을 확률을 구하시오.

(2) 상담을 위해 대기하는 평균 고객 수를 구하시오.

(3) 세무상담소에 있을 평균 고객 수를 구하시오.

(4) 찾아온 고객이 대기하는 평균 시간을 구하시오.

(5) 고객이 상담소에 찾아와서 상담을 끝내고 나갈 때까지 걸리는 평균 시간을 구하시오.

11.12 A병원의 건강검사는 기본적으로 두 과정으로 구성되어 있다. 첫 번째 과정에서는 등록과 기초자료 측정 과정으로 전문의가 아닌 행정 및 보조요원에 의해서 이루어지고, 두 번째 과정은 전문의에 의한 중요 검사부분으로 구성되어 있다. 건강검사를 위해서는 아침식사 금식 등의 준비와 그날의 기초자료가 중요검사에 직접 연결되기 때문에 이 두 과정은 항상 첫 과정을 시작한 사람은 그날에 반드시 두 번째 과정을 거치게 된다. 다시 말해서 첫 과정을 끝내고 돌아간 후 다른 날에 두 번째 과정을 위해서 병원을 찾는 경우는 발생하지 않는다. 건강검사를 위해서 병원을 찾는 고객은 평균 20분 간격으로 도착하며, 양 과정의 평균 서비스 시간은 각 8분이다.

(1) 건강검사를 위한 고객이 병원에 1명도 없을 확률을 구하시오.

(2) 건강검사를 위해 찾는 고객이 첫 번째 과정을 위해서 대기하고 있는 평균 숫자를 구하시오.

(3) 건강검사를 위해서 병원에 있을 평균 고객 수를 구하시오.

(4) 첫 번째 과정을 위해서 대기해야 하는 평균 시간을 구하시오.

(5) 고객이 병원에 와서 모든 진단을 끝낼 때까지 걸리는 평균 시간을 구하시오.

11.13 A백화점에서는 크리스마스와 새해를 맞이하여 특별할인 선물코너를 개설하였다. 단골 고객에게 편의를 제공하기 위하여 물건값 지불과 포장을 별도로 분리하여 운영하도록 하였다. 고객이 필요한 물건을 선택하여 물건값 지불을 위해서 카운터에 도착하는 시간 간격은 평균 5분이고, 물건값 계산과 포장에 소요되는 평균 시간은 각 2분으로 무작위 분포를 나타낸다.

(1) 고객이 물건값 지불을 위해서 기다리는 평균 시간을 구하시오.

(2) 물건값 지불과 포장을 위해서 있을 평균 고객 수를 구하시오.

(3) 카운터와 포장대에 1명의 고객도 없을 확률을 구하시오.

11.14 새로운 개발지역인 어느 신도시 지역에 여러 복덕방이 한 곳에 모여 있다. 고객들은 통상 창밖에서 복덕방 내부를 살펴보거나 문을 열어본 후 상담요원이 전부 고객을 맞아 상담하고 있어 대기해야 할 경우는 다른 복덕방을 찾는다. A복덕방은 2명의 상담요원을 고용하고 있다. 고객은 1시간에 평균 10명이 찾아오며 푸아송분포를 이루고 있으며, 고객상담시간은 평균 10분이 소요된다.

(1) A복덕방 상담요원 2명이 모두 고객을 맞아 상담을 하고 있어 새로 찾아온 고객이 다른 복덕방으로 갈 확률을 구하시오.

(2) 만약 현재 2명의 상담요원을 고용하고 있는 A복덕방이 1명을 추가로 고용하게 될 때 3명 모두가 고객과 상담함으로써 새로 찾아온 고객이 다른 복덕방으로 가게 될 확률을 구하시오.

(3) A복덕방의 상담요원 2명 모두가 고객이 전혀 없어서 쉬고 있을 확률을 구하시오.

(4) 상담요원 모두가 고객과 상담함으로써 새로운 고객을 잃을 확률을 8% 이내로 줄이려면 고용해야 하는 상담요원의 수를 구하시오.

11.15 육군사관학교 인사참모는 생도회관 관리관으로부터 생도회관 2층의 카페에 편익분석을 위한 지난 한 달간의 시간별 이용현황 데이터를 전달받았다. 데이터 분석 결과 주말에 이용하는 생도는 시간당 평균 4명이며 1명당 평균 10분의 서비스 시간이 소요되며 생도의 도착은 카페(대기행렬 시스템 내)에 이미 있는 생도 수

와 관계없이 일정한 평균 비율로 임의로 발생하고 있었다. 카페의 서비스는 도착 순서로 이루어지며 일반적인 확률과정을 따른다고 보았을 때 위의 사항을 기초로 아래의 각 물음에 답하시오(단, 일반장병 및 면회객을 제외한 순수한 생도의 도착만을 분석한 결과이다).

(1) 카페 내에 생도가 1명도 없을 확률을 구하시오.

(2) 카페 내의 기대 생도 수를 구하시오.

(3) 카페 내에서의 기대대기시간을 구하시오.

(4) 서비스 중인 생도를 제외한 대기행렬의 기대길이를 구하시오.

11.16 군용차량을 생산해내는 아시아 자동차㈜ 공장에서는 조립라인을 통해 제품을 생산한다. 라인에 있는 하나의 기계는 프레스인데 부품들이 한 라인을 이루어 이곳으로 들어간다. 프레스에 들어가는 부품은 평균 7.5분만에 도착한다(지수분포). 작업자는 시간당 평균 10개의 부품을 처리한다(푸아송분포).

(1) 기다리는 평균 부품 수를 구하시오.

(2) 작업자가 작업을 할 확률을 구하시오.

(3) 기계가 쉴 확률을 구하시오.

(4) 회사의 경영층은 작업자가 90%의 확률로 작업하기를 희망한다. 이를 만족시키기 위한 부품과 부품 사이의 도착시간을 구하시오.

11.17 군용차량 엔진부속품들을 조립하는 A회사에서는 1명의 수리공에게 3대의 기계를 담당토록 하고 있다. 기계고장은 하루 평균 3대씩이고(푸아송분포) 수리공은 하루 평균 4대씩(푸아송분포) 수리할 수 있다. 기계가 고장이 나서 쉬는 시간의 가치는 하루 기계당 150원이다.

(1) 이 시스템이 쉴 확률(P_0)을 구하시오.

(2) 이 시스템에 기계가 2대 있을 확률(P_2)을 구하시오.

(3) 대기행렬에 있을 기계의 평균 대수를 구하시오.

(4) 대기행렬에서 기계가 기다리는 평균시간을 구하시오.

(5) 이 대기행렬 시스템의 대기비용을 구하시오.

11.18 육사에서는 최근 시험지 복사작업으로 인해 늘어난 복사량을 커버하기 위해 최신복사기를 임대하기로 했다. 복사기는 모델 I 형과 II 형이 있는데, I 형은 하루

에 5천 원의 비용이 소요되지만, 시간당 20건의 작업을 처리할 수 있다. 반면, Ⅱ형은 시간당 24건의 작업을 처리할 수 있지만 하루에 8천 원의 비용이 소요된다. 복사실은 하루 10시간 가동할 수 있고 복사기에는 시간당 평균 18건의 작업이 도착한다고 한다. 복사는 각 부서에서 무작위로 도착하는 인원들에 의해 수행되는데 그들의 시간당 임금은 5천 원이다. 여기서 작업인원들의 복사를 위한 서비스율은 복사량이 모두 다르므로 일정하지 않다고 가정한다.

(1) 두 복사기 Ⅰ, Ⅱ형에 대해 ρ, W_s, L_s, P_0를 계산하시오.

(2) 경제적인 선택을 위해 어떤 기계를 임대하는 것이 좋은가?

11.19 사단 정비대대에 정비를 받기 위하여 도착하는 장비 수는 주당 평균 18대이며 푸아송분포를 따른다고 가정하자. 그리고 사단 정비대대는 교육훈련 등 여러 임무를 병행하여 수행하기 때문에 정비팀을 1팀만 운용할 수 있으며 그 정비팀은 장비 1대를 정비하기 위해 평균 2시간을 필요로 하며 정비시간은 지수분포를 따른다고 가정할 수 있다. 한편 정비팀은 주 5일, 1일 8시간 근무한다.

(1) 사단 정비대대 내에 정비 중이거나 정비 대기 중인 장비가 1대도 없을 확률을 구하시오.

(2) 정비를 받기 위해 대기하고 있는 장비의 예상대기시간을 구하시오.

(3) 현재 정비대대에는 정비 대기 중인 장비를 위한 대기장소를 2개소 보유하고 있어 장비 2대가 대기 가능하다. 이는 적절한 것인지 판단하고 적절하지 않을 경우 대기장소를 얼마나 더 확보해야 하는지 설명하시오.

(4) 정비대대장은 정비팀의 근무여건을 개선하기 위해 근무시간 중 총 1시간의 휴식시간을 보장해주고자 한다. 정비팀의 정비능력을 파악한 결과 정비병 1명을 추가 투입할 경우 1대당 정비시간을 10분 감소시킬 수 있는 것으로 판단되었다. 추가로 투입해야 할 최소 정비병의 수를 구하시오.

11.20 ○○사단 의무대에서 간부들을 대상으로 정기 신체검사를 진행한다. 신체검사를 받기 위하여 도착하는 간부 수는 시간당 평균 5명이며 푸아송분포를 따른다고 가정한다. 신체검사는 간부 1명당 평균 10분이 소요되며 지수분포를 따른다. 검사를 주관하는 의료기관은 하루 8시간 진료한다. 간부의 도착은 의무대에 있는 간부 수와 관계없이 일정한 평균 비율로 임의적으로 발생하고 있으며, 신체검사

는 도착순서로 이루어진다고 가정한다.

(1) 신체검사를 받고 있거나 대기 중인 간부가 1명도 없을 확률을 구하시오(소수점 아래 둘째 자리까지).

(2) 검사를 받기 위해 대기하고 있는 인원의 예상대기시간을 구하시오.

(3) 현재 신체검사를 받기 위한 의무대의 대기장소에는 총 3명이 대기할 수 있다. 이는 적절한 것인지 판단하고 적절하지 않을 때 몇 명을 더 수용할 수 있도록 대기장소를 확보해야 하는지 설명하시오.

(4) 신체검사 여건을 개선하기 위하여 중식시간에는 신체검사를 하지 않는 것으로 하여 1시간의 검사시간이 줄어들었다(단, 하루 기준 도착하는 간부 수는 같다). 대신 흉부 X-Ray 촬영 기계를 1대 투입하였다. 1대 더 투입될 경우, 검사시간을 개인당 4분 감축시킬 수 있는 것으로 사전 판단하였다. 이와 같은 조치로 검사를 받기 위한 예상대기시간은 얼마나 단축될 수 있는지 구하시오(소수점 아래 둘째 자리까지).

11.21 귀관은 ○○군사학교의 인사참모로서 장병 PX 이용에 대한 만족도와 관련하여 계산대 시스템을 분석 중이다. PX를 이용하는 대상 장병은 하루 평균 144명이 도착하며, 계산대의 병사 1명의 계산(주문 처리) 능력은 하루 평균 180명이다. 장병의 도착은 푸아송분포를 따르며 계산에 걸리는 시간은 지수분포를 따른다고 한다. PX 운영시간은 10시부터 17시까지 실시한다고 할 때(점심시간인 12:00~13:00 제외) 다음의 물음에 답하시오(계산은 선착순으로 이루어지며 PX의 대기공간은 무한한 것으로 가정한다).

(1) 위 시스템을 대기행렬 시스템으로 볼 때 이 시스템의 매개변수를 구하시오.

(2) 이 시스템의 성과측정치를 구하시오.

(3) 만족도 설문조사 결과 PX에서 소비하는 시간이 너무 길다는 불만이 증가하고 있다. 이에 참모장으로부터 장병이 PX에서 보내는 시간을 4분 이하로 줄이라는 지시를 받았다. 현재 다음의 개선안을 검토 중이다.

개선안	계산을 돕는 병사 1명 추가 운용 → 계산(주문 처리) 가능인원 증가(하루에 240명 처리 가능)

위 개선안을 시행했을 때 한 장병이 PX에서 소비하는 평균 시간(대기시간 + 계산시간)은 얼마인가? 참모장의 지시사항을 만족시킬 수 있는가?

찾아보기

2판

군사 OR

2017년 2월 10일 1판 1쇄 펴냄 | 2018년 8월 10일 2판 1쇄 펴냄 | 2022년 8월 31일 2판 2쇄 펴냄
지은이 이규헌 · 조성식 · 이병진 · 강원석 · 안남수 · 이종길 · 박선욱 · 김수찬 · 김민수
펴낸이 류원식 | **펴낸곳 교문사**

편집팀장 김경수 | **책임편집** 안영선 | **표지디자인** 신나리 | **본문편집** OPS design

주소 (10881) 경기도 파주시 문발로 116(문발동 536-2)
전화 031-955-6111~4 | **팩스** 031-955-0955
등록 1968. 10. 28. 제406-2006-000035호
홈페이지 www.gyomoon.com | **E-mail** genie@gyomoon.com
ISBN 978-89-363-1767-6 (93550)
값 30,000원